U0112614

后浪出版公司

Svante Pääbo

NEANDERTHAL MAN

尼安德特人

[瑞典]斯万特·帕博——著

夏志——译　　杨焕明——审校

浙江教育出版社·杭州

图书在版编目（CIP）数据

尼安德特人 / (瑞典) 斯万特·帕博著；夏志译. -- 杭州 : 浙江教育出版社, 2018.12
ISBN 978-7-5536-7835-1（2022.10重印）

Ⅰ.①尼… Ⅱ.①斯… ②夏… Ⅲ.①古人类学—人类基因—研究 Ⅳ.①Q981

中国版本图书馆CIP数据核字(2018)第207850号

引进版图书合同登记号 浙江省版权局图字：11-2018-121

尼安德特人

[瑞典] 斯万特·帕博 著　　夏志 译　　杨焕明 审校

筹划出版：后浪出版公司	出版统筹：吴兴元
责任编辑：江雷	特约编辑：包凤　费艳夏
美术编辑：韩波	责任校对：吴颖华　余理阳
责任印务：曹雨辰	装帧制作：墨白空间·韩凝
营销推广：ONEBOOK	

出版发行：浙江教育出版社（杭州市天目山路40号 邮编：310013）
印刷装订：北京盛通印刷股份有限公司
开本：889mm×1194mm 1/32　　印张：10.5　　字数：240 000
版次：2018年12月第1版　　印次：2022年10月第3次印刷
标准书号：ISBN 978-7-5536-7835-1
定价：68.00元

读者服务：reader@hinabook.com 188-1142-1266
投稿服务：onebook@hinabook.com 133-6631-2326
直销服务：buy@hinabook.com 133-6657-3072
网上订购：www.hinabook.com（后浪官网）

后浪出版咨询 (北京) 有限责任公司　版权所有，侵权必究
投诉信箱：copyright@hinabook.com　fawu@hinabook.com
未经许可，不得以任何方式复制或抄袭本书部分或全部内容
本书若有印、装质量问题，请与本公司联系调换，电话：010-64072833

探索现代人起源的不同尝试

　　杨焕明院士审校、夏志翻译的这本书虽然名为"尼安德特人"，但实际上是作者，位于德国莱比锡的马普演化人类学研究所所长斯万特·帕博博士科研生涯的一本自传，也为古DNA分析和研究提供了大量生动的历史素材。研究埃及古物，进医学院求学，毕业后研究腺病毒，瞒着上级"偷偷地"试着提取埃及木乃伊DNA，"扮演PCR警察"对"恐龙DNA"进行科学打假，特别是克服多种磨难终于绘制出尼安德特人（以下简称尼人）基因组草图，同时通过古DNA发现丹尼索瓦人，本书将作者这些特别曲折饶有兴味的科研经历和众多学者在古DNA研究领域的辛勤耕耘娓娓道来，引人入胜，使笔者频频感受宋代陆游诗"山重水复疑无路，柳暗花明又一村"的美好意境。此外，书中还穿插着一些轻松的个人生活故事，更添情趣。

　　本书用最大篇幅，突出重点述说从无到有绘制尼人基因组草图的全过程。为什么这项贡献十分重要呢？现代人起源是近年学界和公众十分关注的热点之一。1987年夏娃假说横空出世，很快就成为关于现代人起源的主流观点，其与主要对立面多地区进化假说矛盾的关键点之一就是主张尼人和欧、亚同时的古人类被来源于非洲的现代人完全替代，对现代人起源没有丝毫贡献，非洲是现代人的唯一起源地。历史真相究竟如何？学界争论，相持不下，多年不得化解。帕博及其科研团队不屈不挠，经历无数次沮丧和庆幸、危机和转机、挫折和成功交替的跌宕起伏的"痛苦的过程"，但是一直努力保持乐观和生活情趣，奋勇前进，终于在2010年查明现代人与尼人确有杂交，证明了不仅是非洲，而且欧、亚大陆的古老型人类也曾对现代人起源有所贡献，导致主张现代人只源自非洲，不承认欧、亚古老型人类有过贡献的夏娃假说从此退出历史舞台。而被冷落多年的同化假说东山再起，将其取而代之。同化假说主张现代人主要源自非洲，欧、亚的古老型人类也有贡献，虽然贡献的分量与多地区进化说所主张的有所不同，但两者均认同现代人具有多地的来源。本人一向认为，相信夏娃假说和多地区进化假说，乃至同化假说的学者探寻的都是人类历史，大家都通过符合科学的途径进行探索，得到的成果应该都可能反映部分的历史真相，却都还未能破解错综复杂的历史全貌，只能各执一词。事实上历史真相只有一个，因此我总是盼望多种学科的研究殊途同归，逐步走向协调，接近历史真相。通过古DNA分析，确定尼人与现代人有过杂交，很快便被此前尖锐对立的不同假说的拥护者所接受，达到初步的协调，因而帕博及其团队将关于现代人起源的争论推进到一个新的阶段，厥功至伟。我与他分属不同学科，都探索现代人起源，虽然对他的观点不能完全认同，但深深为其丰硕贡献及书中描述的艰辛努力所感动，故在此敬献数语向读者推荐。

古人类学家、中国科学院院士　吴新智

2018年3月17日

科学领域的文学之作，文学之作中的严谨科学

　　我长得很像母亲，圆脸，皮肤光洁少须；与父亲棱角分明的长相差距很大，也不似他那般浓重的络腮胡子。我对我的出身一直好奇，我从哪里来？祖上是哪里人？

　　父亲早年背井离乡，戎马抗战，活下来是个侥幸。在我的山东荣成镆铘岛老家村里，只有我们一大家族姓马，孤独一支。幸亏曾祖父修了份家谱，我们才能查到马家于永乐四年（1406年）由安徽迁徙至山东文登，如果再往前溯源，安徽马家定由陕西扶风马援一支扩展而成。有一说法，天下汉马皆源出于此。

　　这对我来说，更像一个传说。我年轻时就希望有一天能通过科学手段，清晰地告诉我，我是谁，来自哪里，我身上是否留有异族的血液。这在过去就是个神话，只有上苍能够知道。我们在这神话的笼罩下，磕磕绊绊地前行了数千年，直到DNA的研究成果出现，我们才看见自己生命的链条是那么诡异，那么绚烂，那么不可思议。

　　我们这么一个伟大的物种，这么渺小的一个个体都与

DNA有着密不可分的关系。我们的长相、肤色、头发、眼睛等一切，都由这么小之又小的分子链决定；而决定我们每个个体诞生的那一刻，是男女生命最伟大的碰撞，这一刻不光有快乐和希望，还有传说中上苍的那只无形的大手。

这就是我们的基因。达尔文一百多年前就告诉我们：我们只是一个物种，由黑猩猩分支演化而来；科学家们估计，大约距今700万至500万年间，人类从黑猩猩的共同祖先分支出来，后发展成若干人属物种，但不幸的是均已灭绝。这些灭绝的包括我们熟知的北京人、蓝田人、元谋人等，也包括栖息在欧洲大陆大名鼎鼎的尼安德特人。

我最早知道尼安德特人是通过一部电视节目，这部电视节目的细腻无限地吸引了我。它在讲述史前文明时，不停地提示我们人类生存的不易，包括我们今天主宰这个星球实属侥幸中的侥幸。由于基因技术的进步与使用，现在几乎已经确定我们这些除非洲之外的现代人都是尼安德特人与非洲智人的后裔。

我们身上居然有尼安德特人的基因？那么，我们真应该向我们的祖先致敬。由于他们不懈的努力，在浩瀚的宇宙空间下，在广袤的大自然中，才有了我们人类幸福的今天。其实，仅在数万年前，人类还是个濒危物种，度过了人类历史上最黑暗的时刻，我们才以爆炸式形态迅速占领这个星球。

毫无疑问，我们人类今天处在智能加信息革命的节点上，我们的生活将发生巨变。此次革命不仅将左右人类文明的走向，更重要的是让我们深刻地了解了自己。《尼安德特人》这本书无疑是一个极好的范例。多了解一些我们不知的领域，就会帮我们在未来多争取一些主动权。

《尼安德特人》一书的著者我并不相识，经译者和后浪出版公司相邀，希望我为书作序，这让我诚惶诚恐。对于科学，我是外行，本应谨言慎行；但我实在太喜欢这样一部科学领域的文学之作了，于文学中又有严谨的科学表达。对于我们每一个人的成长，一方面需要人文的滋养，另一方面也需要科学的哺育。

　　谨向著者、译者致以真诚的敬意。是为序。

马未都

2018年3月5日深夜

科学家的好奇心

　　古DNA是从化石和考古材料中所能获取的生物遗传信息。生物死亡后，因为自身修复功能的停止，以及水解、氧化和微生物作用等降解因素的影响，其组织细胞中能残留下来的DNA总是以微量、高度片段化的小分子形式存在，这无疑大大地增加了其研究的难度。20世纪80年代，还在瑞典乌普萨拉大学医学院攻读博士学位的斯万特·帕博凭着自己对人类演化的浓厚兴趣，开始了对埃及木乃伊古DNA的探索性研究工作，依据当时的实验技术和手段试图从古代材料中获取DNA并加以测序，那真是一件难以想象的事情。但他克服种种困难，成功地从2000多年前埃及木乃伊中得到了线粒体DNA片断并成功地对其进行了克隆和测序，该成果于1985年发表在《自然》杂志上后，引起了学术界对古DNA的关注。斯万特·帕博等少数先驱者的开拓性工作，在20世纪80年代拉开了古DNA研究的序幕。

　　古DNA研究作为一个富有挑战性的研究领域，其发展历程可谓跌宕起伏。美国化学家穆利斯发明的多聚酶链式反应

（PCR）技术以及第一台商业化的PCR仪于1987年的面世，使扩增古代材料中微量的DNA变为可能，从而在全球范围内掀起了古DNA研究的热潮。20世纪80年代末到90年代初，世界上许多大学和研究机构纷纷建立古DNA实验室，并开始了从不同动植物及古人类材料中获取古DNA的探索研究，发表了很多成果，曾经一度忽视了古DNA的保存年限问题，有一种追求材料年代越古老、研究结果越新奇的趋势。随后，人们发现高灵敏的PCR技术不仅能够扩增古代生物的微量DNA，同时也可以扩增非古代生物的外源DNA，很多已发表的成果难以得到重复性实验的验证，古DNA研究在20世纪90年代中期到21世纪初曾经历了饱受实验污染困扰的低谷期，很多古DNA实验室关门，一些古DNA研究者转行到其他领域。21世纪初的第二代测序技术的发展，使得短时间内古DNA的获取数量大大增加，并且较好地解决了对外源DNA污染的识别问题，古基因组研究成为现实。目前古DNA研究在生物的分子系统演化、分子种群遗传学与谱系地理学、分子演化速率、人类的起源和演化、动植物的家养驯化过程等方面发挥着越来越重要的作用。毫无疑问，古DNA领域的发展一方面离不开以测序手段为主的实验技术的改进，其中斯万特·帕博等古DNA研究者对测序技术的改进起到了很重要的促进作用；另外一方面，也离不开以斯万特·帕博为代表的一批古DNA领域专家在困难时期的坚守、并不断改进和完善古DNA实验分析体系。

斯万特·帕博所著的《尼安德特人》一书，以尼安德特人古DNA及古人类基因组研究过程为主线，采用讲故事的方式生动地叙述了他从事古DNA研究30多年里所经历的探索未知的乐趣、采集样品和实验过程的艰辛、遭受失败和挫折时的沮丧、获得成功后的喜悦。作者用逻辑清晰、深入浅出而又不失幽默诙谐的叙述方式，带着读者身临其境地体验了古DNA作为新兴研究领域的萌芽、发展及壮大历程。一些原本非常专业的概念和细节，在其笔下变得通俗易懂，妙趣横生，且令人深思。那些可以载入古DNA发展史册的瞬间，在帕博举重若轻的描述中，让人尤感科研工作因严谨、压力而衍生的魅力。作者与家人、团队成员、合作者、竞争者之间那些有趣的故事，行云流水般穿插在其对科研工作的阐述中，更是让人体会到帕博作为杰出的科学家在工作和生活中对新事物的好奇心以及其对人性的敏锐洞察力。尤其值得提出的是，阅读本中译本时，未曾因不同的语言习惯和表达方式而感到别扭，由此体现出译者在语言文字上的深厚功底及扎实精准的专业能力。

　　我于20世纪90年代末开始涉足古DNA研究领域，见证了古DNA的发展过程，也有幸结识了古DNA研究领域中的一些专家，其中包括斯万特·帕博培养的学生。在同行心目中，斯万特·帕博教授是一位个性强、率直的科学家，他不仅是古DNA研究的开拓者，也是该领域的一面旗帜。他所著的《尼安德特人》对于古DNA和分子演化生物学研究者是一部很好的参考读物，对于广大科研工作者和立志从事科学研究的青年学子也有重要的启示意义。

中国地质大学（武汉）副校长　赖旭龙

2018年3月21日

见证新科学分支的诞生和发展

　　本书展示了一位科学家如何将科研融入生活的过程。斯万特·帕博面对一次次失望，不轻易放弃，在克服一个个困难的过程中，让研究成为经典和永恒。如作者所说，他记录的是完成了一个个科研项目的人和事的组合。这让我们身临其中，感受科学和生活的魅力，真实面对自己的优缺点。

　　在科学研究方面，斯万特·帕博告诉读者科研过程中的不确定性，告诉我们通过一天天的努力，沿着感兴趣的科学问题，一点点攻克难关，最终发现科学的真相。斯万特·帕博作为古DNA领域的开创者之一，就某种意义而言，他让我们通过古DNA这一新的工具去理解人类的本质。30多年前，斯万特·帕博证明DNA可以留存在古人类组织中。他的团队也一直在克服技术困难，开发了很多重要手段来获得古代遗存中的DNA序列。随着相关实验技术的发展，古DNA的研究取得了一系列突破性成果，为研究人类起源与迁徙、文明传播与碰撞、重大历史事件与历史悬案提供了全新的视角与方法。

　　虽然现代人类是唯一存活至今的人类，但是考古研究显示，在远古时代，地球上存在过数量不少的其他类型的人类。1997年，帕博团队获得了第一个远古人类——尼安德特人的线粒体DNA序列。2005年，他发起了尼安德特人基因组测序计划。2010年，他发表了第一个尼安德特基因组草图，第一次直接比较了尼安德特人基因组与现今人类的基因组。这个研究让我们知道，在非洲以外的现代人的基因组中，有高达2%的成分来自尼安德特人，从而证明尼安德特人与现代人类有过混血。正是因为有了尼安德特人基因组等古人类基因组，我们才可以开始探索我们为什么成为人类，什么使我们成为人。

2010年，帕博团队对西伯利亚阿尔泰山发现的一段小指骨进行了DNA测序。这是一个未知的人类，因发现地点而被命名为丹尼索瓦人。这是第一次通过遗传方法发现了灭绝古人类，但到目前为止，我们还不知道她的体质特征。帕博团队已发现遗传自尼安德特人和丹尼索瓦人的基因在当今人类中具有重要作用，和糖尿病、心脏病、抑郁症等疾病相关。此外，西藏高原上藏族人的高海拔适应性也与丹尼索瓦人有关。这些关于古老基因变异如何影响现代人生理的研究才刚刚开始。2014年，帕博团队确定了尼安德特人的高深度基因组序列，其质量可以与现代人类的基因组相媲美。这让我们了解到，不仅古人类与现代人类有基因混合，古人类之间也存在多次混合。他们团队的工作还在继续，这些都让我们见证了一个新的研究领域的快速发展。

总之，斯万特·帕博告诉读者，科学研究是复杂的、非线性的。而《尼安德特人》让我们看到古DNA研究作为一个新的科学分支的诞生和发展。

作为斯万特·帕博曾经的博士生，我曾有幸参与到尼安德特人、丹尼索瓦人基因组项目。直到现在，我还清晰记得在我曾经负责的第一个基因组项目中，他的科研作风给了我很多能量。他对我确立科研态度有很大的帮助，如将巨大的压力转化为强大的动力、在好奇心的驱动下不断激励自己、重视严谨的科研作风。每当得到一个可能改变之前认识的结果时，我的第一反应经常都是"我是不是犯了什么错误"，担心样本有污染或者分析方法有错，接着就是不停地自我找碴和论证。所有找碴的办法都试过了，确信无疑后，我才能高兴地放松下来。

阅读本书，我重温了当时很多研究的酸甜苦辣。我相信本书对于帮助读者理解科学探索的过程，有着非常重要的作用。

中国科学院古脊椎动物与古人类研究所古DNA实验室主任
付巧妹
2017年4月

前　言

　　写作本书的想法源于约翰·布罗克曼（John Brockman）的建议。如果没有他的倡议和鼓励，我绝不会花时间写这本书，要知道，这比我曾经署名的简短科学文章要长得多。不过，自我开始动笔，我便喜欢上了这个过程。感谢这一切的发生！

　　很多人阅读了这部书稿并帮我提出了改进建议。首先要感谢我的妻子——琳达·维吉兰特（Linda Vigilant），她总是支持我的辛勤付出，即便这意味着我会远离家庭。基本图书公司（Basic Books）的莎拉·利平科特（Sarah Lippincot）、卡罗尔·罗尼（Carol Rowney）、克里斯汀·阿登（Christine Arden），特别是汤姆·凯莱赫（Tom Kelleher），他们都是非常优秀的编辑。真希望我能从他们那里学到许多东西。卡尔·汉内斯塔（Carl Hannestad）、克斯廷·莱克桑德（Kerstin Lexander）、维奥拉·米塔格（Viola Mittag）以及其他人阅读了部分或全部书稿，并给予了重要的建议。还有日本西光寺（Saikouji）的檀上宗谦（Souken Danjo），在我想要静修的时候，他热情地招待了我。

　　我叙述的都是我记得的事情，但恐怕已经混淆了某些琐碎的细节。例如，关于柏林和454生命科学公司的各种会议与旅程等。此外，我是从自己的主观角度来描述事情的，并就我的观点对具体事件进行评判，但是我知道，这种观点并非看待事情的唯一方式。为了不赘述太多名字和细节，我没有提及许多同样重要的人。在此我向每一位觉得受到冷落的人致歉！

目 录

第一章
尼安德特人横空出世

1996年的某个深夜，我刚在床上睡下，电话就响了。那是我在慕尼黑大学动物学研究所实验室的研究生马蒂亚斯·克林斯（Matthias Krings）打来的。他就说了一句话："那不是人类的。"

"我马上过来。"我嘟囔着，套上衣服，开车穿过整座城市来到实验室。那天下午，马蒂亚斯启动了我们的DNA测序仪，放入他之前提取和扩增好的DNA——这些DNA取自收藏在波恩莱茵博物馆的尼安德特人上的一小块肩胛骨。多年来我们得到过太多令人失望的结果，所以我并不抱太大希望。无论我们怎样提取，得到的十之八九都是自其出土约140年来渗入到骨头中的细菌或人类的DNA。但在电话里，马蒂亚斯听起来很激动。他真的提取到了尼安德特人身上的遗传物质？还是别抱过多期望为好。

来到实验室，我发现马蒂亚斯和拉尔夫·施米茨（Ralf Schmitz）在一起。这位年轻的考古学家曾帮助我们从存放在波恩的尼安德特人化石中取到一小块肩胛骨。当他们给我看一串从测序仪中得出的A、C、G、T序列时，这两人都情不自禁地笑了。我和他们以前都不曾见过这样的序列。

对于外行来说，这似乎只是一个由四个字母组成的随机序列，事实上，它们是DNA化学结构的简明表示，而作为遗传物质的DNA几乎存在于身体的每个细胞。DNA的双螺旋结构为人们所熟知，其中的两股链由核苷酸腺嘌呤、胸腺嘧啶、鸟嘌呤和胞嘧啶组成，分别缩写为A、T、G和C。这些核苷酸的排列顺序储存着让我们身体成形并维持各项功能运作的遗传信息。我们所研究的特殊DNA片段是线粒体基因，即mtDNA，它经由母亲的卵细胞转递给后代。线粒体DNA的数百份拷贝都储存在细胞内的微小结构——线粒体中，并且这些DNA携带的特定信息对于线粒体的产能来说十分必要。我们每个人都只携带一种线粒体DNA，它只占了我们基因组的0.000 5%。由于我们的每个细胞均携带着成千上万个同类型线粒体DNA的拷贝，所以特别容易研究。它不像我们携带的其他的DNA只有两份拷贝，一份来自母亲一份来自父亲，且均存储在细胞核内。截至1996年，我们已研究了几千份来自世界各地的人类线粒体DNA序列。通常这些序列会被拿来与第一个已确定的人类线粒体DNA序列进行比较，因而这个常见的参考序列可以用来编译列表，展示不同位置的具体差异。让我们大喜过望的是，从尼安德特人骨中得到的序列所包含的变化，不曾出现在之前研究过的数千份人类DNA序列中。我简直不敢相信这是真的。

每每得到激动人心或意想不到的结果时，我的心中便会充满怀疑。我会仔细检查所有出错的可能。也许有人用牛皮制成的胶处理了骨头的某个部位，所以我们才会在实验结果中发现牛的线粒体DNA。但是这种可能很快被否定了。我们立即检查了牛的线粒体DNA（已经由别人完成测序），发现两者之间存在非常大的差异。这个新的线粒体DNA序列显然非常接近人类的序列，但与已经测过的几千份人类DNA序列相比还是略有不同。我开始相信，这确实是首个提取并测序自一种已灭绝人类的DNA片段。

我们打开一瓶存放在实验室咖啡厅冰箱里的香槟。我们知道，如果我们所看到的真的是尼安德特人的DNA，那么自此便开启了无限可能。也许有一天，我们真的能比较尼安德特人和现存人类的所有基因或任何特定的基因。当我穿过漆黑静谧的慕尼黑走回家时（我喝了太多香槟无法开车），我简直不敢相信所发生的事情。回到床上，我辗转反侧无法入睡。我一直在想尼安德特人的事情，以及我们刚刚获得的那个线粒体DNA样本。

1856年，达尔文的《物种起源》出版的前三年，在杜塞尔多夫以东约10千米处的尼安德特河谷，工人在清理采石场的一个小山洞时，发现了一个头盖骨和一些骨头。他们认为这些骨头来自熊。但几年之后，这些遗骸被鉴定为来自一种已灭绝的人类。这是首次有人描述此类遗骸。此发现震惊了博物学界。多年来，关于这些骨头的研究一直在持续开展，并且发现了更多类似的骨头。这些研究想要知道尼安德特人是谁？他们是如何生活的？他们为什么在大约3万年前消失？在欧洲和尼安德特人共存的数千年间，我们现代的祖先与他们是如何互动的，他们是朋友还是敌人？尼安德特人是我们的祖先，抑或我们失

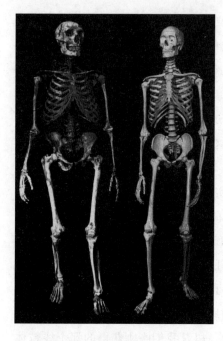

图1.1　重建的尼安德特人骨架（左）以及现代的人类骨架（右）。照片来源：肯·幕布雷（Ken Mowbray），布莱恩·梅利（Blaine Maley），伊恩·塔特索尔（Ian Tattersall），加里·索耶（Gary Sawyer），美国自然历史博物馆。

联已久的表亲（见图1.1）？尼安德特人行为特征方面的迷人细节对我们而言并不陌生，如照料伤患、举行葬礼仪式，甚至创作音乐等。考古遗址的发掘结果告诉我们，相较任何现今的猿类，尼安德特人与我们更相像。那么，到底有多像呢？他们是否会说话？他们是否是人类家族演化分支中走入末路的一个物种？抑或是，他们的一些基因流传至今，现在仍隐藏在我们体内？这些问题都已成为古人类学的重要课题。可以说这个学科领域在那些骨头从尼安德谷发现之时便开始建立，而现在已经可以从那些骨头中得到遗传信息了。

　　这些问题本身就足够有趣。不过在我看来，尼安德特人的骨头片段会带来更大的惊喜。尼安德特人是现代人类最为近缘的已灭绝的亲属。如果研究他们的DNA，我们无疑会发现他们的基因和我们的非常相似。几年前，我的团队对黑猩猩基因组中的大量DNA片段进行了测序。结果表明，在我们人类与黑猩猩共有的DNA序列中，只有略高于1%的核苷酸存在差异。显然，尼安德特人肯定比这个结果更接近于我们人类。但是（这令人倍感欢欣鼓舞），我们在尼安德特人的基因组中找到的这些差异，其中一定有一些会将我们区别于早期的人类祖先。这些祖先不仅仅是尼安德特人，还有生活在大约160万年前的图尔卡纳男孩（Turkana Boy）、大约320万年前的露西（Lucy）以及50多万年前的北京人（Peking Man）。也正是由这些少数差异构成的生物学基础，使现代人类诞生之后又演化出了全新的行为模式，包括出现迅速发展的技术、我们如今所熟悉的艺术形式，以及目前已知的语言和文化。如果可以研究尼安德特人的DNA，那么我们便可以解开以上所有谜题。怀揣着这样的梦想（或幻想），我终于在旭日东升时进入梦乡。

　　第二天，马蒂亚斯和我都较晚才到实验室。检查完昨晚的DNA序列，确保我们没有犯任何错误之后，我们坐下来，计划下一步该做什么。从尼安德特人化石中得到一小段看起来有趣的线粒体DNA序列是一回事，但要让我们自己信服这是一个生活在（在如此特殊情况下）大约4万年前的人类的线粒体DNA，又完全是另一回事，更不用说让世界上的其他人都相信了。过去12年的工作经验让我清楚地知道下一步该如何做。首先，我们必须重复试验——不只是最后一步，而是所有的步骤，从提取一块新骨头开始，从而证明我们所获得的序列并非来自骨头中严重损坏和历经变化的现代线粒体DNA分子。其次，我们必须延伸线粒体DNA序列，这些序列是通过骨头提取物的重叠DNA片段而得到的。这样我们能够重建一个更长

的线粒体 DNA序列，从而开始估计尼安德特人的线粒体DNA
与当今人类相比是多么不同。接下来的第三个步骤也是必需
的。我自己经常要求，来自古老骨骼的DNA序列需要经由特
别的证据证实——即在另一个实验室重复试验。在竞争尤为激
烈的科学领域，这是一个不同寻常的步骤。我们肯定会因为宣
称获得了尼安德特人DNA而被视为异类。为了排除实验室中
未知的错误来源，我们需要与一个独立的实验室分享一些珍贵
的骨头材料，并希望他们能重复我们的结果。我与马蒂亚斯和
拉尔夫讨论了所有想法。我们制订了工作计划，并彼此发誓在
研究团队之外，每个人对于这项研究绝对保密。在确定我们所
获的结果真实无误之前，我们不想引起关注。

马蒂亚斯立即开始工作。他曾花了近三年时间试图从埃及
木乃伊中提取DNA，不过均徒劳无果。这次前景看好，他信
心满满。拉尔夫回到波恩后似乎有些沮丧，因为他只能在那里
焦急地等待我们的结果。我试着专注于手头的其他项目，但我
很难将马蒂亚斯在做的事完全抛于脑后。

马蒂亚斯要做的事情并非都那么容易。毕竟，我们处理的
不是从活人血液样本中提取的完整而纯净的DNA。教科书中
干净利落的双链螺旋DNA分子，其核苷酸A、T、G、C以两
股糖–磷酸骨架互补配对（腺嘌呤与胸腺嘧啶，鸟嘌呤和胞嘧
啶）。当储存在细胞核和细胞线粒体之中时，DNA不是一个静
态的化学结构，相反，DNA不断受到化学损伤、被复杂的机
制识别和修复。此外，DNA分子非常长。细胞核中的23对染
色体中的每一个都包含一个巨大的DNA分子。一组23条染色
体全部加起来大约有32亿对核苷酸。由于细胞核有两份基因

组拷贝（每份拷贝存储着一组23条染色体，分别继承自我们的母亲和父亲），所以细胞核中包含约64亿个核苷酸对。相较之下，线粒体DNA太小，只包含约16 500个核苷酸对。但考虑到我们的线粒体DNA是古老的，因而测序的挑战极大。

无论是核DNA还是线粒体DNA，最常见的自发损伤都是胞嘧啶核苷酸（C）失去氨基，然后变为一个核苷酸；这个核苷酸不是DNA自然产生的，它被称作尿嘧啶（简称为U）。细胞中有酶系统。酶系统会去除这些U并替换成正确的C。丢弃的U最终成为细胞垃圾。通过分析随尿液排出的受损核苷酸，我们计算出每天每个细胞大约有1万个C变成U，这些都要被移除并加以更换。这只是我们基因组遭受的几种化学攻击之一。例如，核苷酸会丢失，产生空的位点并导致DNA分子链迅速断裂。在断裂发生之前，有些酶会填补丢失的核苷酸。如果发生断裂，其他酶会将DNA分子重新结合在一起。事实上，如果这些修复系统不复存在，我们细胞中的基因组连保持1个小时的完整状态都做不到。

当然，这些修复系统的运作需要能量供给。我们死后会停止呼吸，体内的细胞耗尽氧气，也就无法制造能量。DNA的修复一旦停止，各种损伤会迅速积累。除了活细胞中不断发生的自发化学损伤，一旦细胞开始分解，很多死亡后的损伤也会开始出现。活细胞的重要功能之一是保持酶和其他物质相互分离隔断。有些隔断中含可以切割DNA链的酶，这些酶对于某些类型的修复而言十分必要。其他隔断中含有可以分隔DNA与各种微生物的酶，这些微生物有的会进入细胞，有的会被细胞吞入。一旦生物体死亡并耗尽能量，隔断膜就会恶化分解，这些酶就会泄漏，并开始不受控制地降解DNA。死亡后的几小时到几天内，我们体内的DNA链被切割成越来越小的碎片，而其他各种形式的损伤也逐步累积。同时，当我们的身体无法维持原有的隔离细菌的屏障时，生活在我们肠道和肺部的细菌开始失控生长。这些过程将一起最终摧毁储存在我们DNA中的遗传信息——这些信息曾调控我们身体的形成、持续运转以及各项功能。历经完这个过程，我们便失去了彰显生物独特性的最后一道痕迹。从某种意义上说，我们的肉体已彻底死亡。

不过，我们身体中的几万亿个细胞，每个都几乎包含整套DNA。因此，只要身体的某个角落有一些细胞内的DNA逃过被完全分解的过程，那么就会留存下遗传痕迹。例如，酶降解和改变DNA的过程需要水才能运作。如果我们身体的某些部分在DNA降解之前就变干燥，酶降解和改变DNA的过程就会停止，我们的DNA片段有可能会保存很长时间。这种情况是可能发生的。例如，躯体存放在干燥的地方而变成了木乃伊。这样的全身干燥有时是意外发生的，取决于生命终结时所处的环境；也可能是刻意为之。众所周知，古埃及人经常将死者做成木乃伊。在大约5 000至1 500年前，为了能给他们的灵魂提供死后的栖身之所，数十万人的尸体被做成了木乃伊。

即使没有变成木乃伊，身体的某些部位，如骨骼和牙齿，可能在尸体埋藏之后长期保存。这些硬组织含有细胞，这些细胞位于用显微镜才能看到的小孔中，负责骨折后新骨的生成。当这些骨细胞死亡，它们的DNA可能外渗，并与骨头的矿物成分结合在一起，从而阻止酶的进一步攻击。因此，幸运的话，有些DNA可以避开身体死亡后的降解和损伤侵袭而残存下去。

但是，即使有些DNA在死亡后的身体乱战中幸存下来，其他进程仍会继续降解我们的遗传信息，尽管速度较慢。例如，来自太空的背景辐射不断冲击地球，进而产生了修改和破坏DNA的活性分子。此外，一些过程需要水的参与才能进行（如C失去氨基，生成U），即便DNA被保存在相对干燥的条件下，这些过程仍将持续。因为DNA有亲水性，因此即使在干燥的环境中，水分子还是会附于两股DNA链之间的沟槽中，让需水的自发性化学反应得以发生。C失去氨基（去氨基）是其中最快的过程，它会破坏DNA的稳定，并最终打破DNA链。大部分这样或那样的过程，仍然未知。它们会不断瓦解在细胞死亡浩劫中幸存下来的DNA。虽然破坏速率取决于许多因素，诸如温度、酸度等。但很清楚的是，即使在最好的条件下，使人之为人的遗传程式的残存信息终将被摧毁。那块经过我和同事分析的尼安德特人骨头，即便已经历4万年之久，所有这些过程还未完成终极破坏任务。

马蒂亚斯得到了一个序列长度为61个核苷酸的线粒体DNA。要做到这一点，他必须得到此DNA片段的多个拷贝。在这个过程中，他用到了聚合酶链反应（PCR）。为了证实我们的发现，他从重复初次所做的PCR实验着手。这个实验要用到两条很短的合成DNA片段，我们称之为引物（primer）。设计引物的目的是结合线粒体DNA的两个部位，并让61对核苷酸分开。这些引物与从骨骼中提取的少量DNA以及DNA聚合酶混合，这种酶能以引物为起点和终点，合成新的DNA链。加热这个混合物使两条DNA链解链，然后在混合物降温之时，A与T配对、G与C配对，引物便能与目标序列结合。酶会以引物与DNA链结合为起点，合成2股新链、复制骨头中原有的2

股链，这样2股原始链便变成了4股。这样不断重复扩增，可制造出8股、16股、32股等，总共可重复三四十次。

美妙绝伦的PCR技术威力巨大，由特立独行的科学家凯利·穆利斯（Kary Mullis）于1983年发明。原则上一个DNA片段经过40个周期之后可获得约万亿份拷贝，这才使我们的研究成为可能。所以在我看来，穆利斯理应获得诺贝尔化学奖，而1993年他的确实至名归地得到了。然而，PCR的高灵敏度也使我们的工作变得困难。从一个古老的骨头中获得提取物，其中可能含有极少数幸存的古DNA分子，或者根本就没有，甚或是包含一个或多个现代人的DNA分子，而这些DNA分子会污染实验：它们可能来自我们使用的化学品、实验室的塑料制品或空气中的灰尘。在人类生活或工作的房间里，大多数尘埃颗粒中都含有人体的皮肤碎屑，而皮肤碎屑中都是满含DNA的细胞。另外，处理骨头的人，如博物馆的工作人员或挖掘人员，他们的DNA也可能污染样品。正是基于这些方面的考虑，我们选择研究尼安德特人线粒体DNA中差异最多区域的序列。由于许多人的序列在这个特定区域有所不同，我们至少可以知晓有几个人的DNA纳入了我们的实验之中，并觉察出其中的差错。这就是为什么我们看到一个前所未有的DNA序列变化会如此兴奋。如果序列看起来与当今人类相似，我们无法确定这到底意味着尼安德特人与当今人类的线粒体DNA确实是相同的，抑或是我们找到的只是隐伏于某处（如一粒尘埃）的当今人类的线粒体DNA片段。

我对污染这事太了解了。我从事古DNA的提取和分析方面的工作超过了12年。古DNA主要来源于那些已灭绝的哺乳动物，如洞熊、猛犸象以及大地懒等。得到一连串令人沮丧的结果（在所有用PCR分析的动物骨头中，几乎都检测到了人类线粒体DNA）之后，我花了很多时间思考和设计方法，把污染降到最小。因此，马蒂亚斯在一个保持得尤为干净，且与实验室其余部分完全分离的小实验室里进行所有的提取和其他试验，直到PCR的首个温度循环。把古DNA、引物以及其他必要的PCR组分都一齐放入试管中，并将试管密封起来，然后再将温度循环和随后的所有实验移至常规实验室进行。在洁净实验室里，每周都用漂白剂冲洗一次所有东西的表面；每天晚上都用紫外线照射实验室，以破坏尘埃中携带的任何DNA。马蒂亚斯进入洁净实验室之前必须通过一个前厅，他和其他人在那里穿上防护服、防护面罩、发网和无菌手套。所有试剂和仪器都被直接送到洁净实验室，研究所其他地方的任何东西都不允许带入实验室。马蒂亚斯和他的同事每天在洁净实验室开始一天的工作，而不是在我们实验室的其他地方（那里正在分析大量的DNA）。一旦进入实验室的其他地方，这些人当天就不许再进入洁净实验室。说得婉转一点，我对控制DNA污染已近乎偏执，且觉得理应如此。

即便如此，在马蒂亚斯一开始的实验中，我们还是看到了一些受现代人类污染的证据。在使用PCR扩增骨头中的线粒体DNA片段之后，他在细菌中克隆出了一批DNA拷贝——它们理应完全相同。他这样做是为了观察克隆出的分子中是否含有多种线粒体DNA序列。每个细菌中一段长达61个核苷酸分子的序列都会与一种名为质粒的载体分子结合，然后克隆出数百万个细菌。每个克隆均携带首个细菌包含的61个核苷酸分子的拷贝。所以通过测序大量克隆，我们能够概览分子群体中存在的DNA序列差异。在马蒂亚斯最初的实验中，我们看到了17个彼此相似或相同的克隆分子，它们与已知的2 000多个现代人类线粒体DNA有所不同（我们加入现代人类的线粒体DNA进行比较）。但我们也看到其中一个序列与某个当今人类的序列相同，这清楚地表明污染的存在。污染也许来自博物馆馆员或骨头发现至今140多年来曾处理过它的其他人。

所以，为了重现原始结果，马蒂亚斯首先便要重复PCR和克隆。这一次，他发现了10个带有独特序列的克隆，这让我们兴奋不已。还有2个克隆应该来自现代人类。然后他用骨头再提取了一次，也做了PCR和克隆，得到了10个有趣的克隆以及4个看似是现代人类的线粒体DNA。现在我们很满意：我们的原始结果已经通过了第一项测试。我们可以重复结果，每次重复都能看到同样独特的DNA序列。

接下来，马蒂亚斯开始"沿着"线粒体DNA一鼓作气，用设计好的其他引物扩增与第一个片段有部分重叠的片段，而这个片段会进一步延伸到线粒体DNA的其他区域（见图1.2）。我们再一次从这些片段的部分序列中观察到从未在当代人类中出现过的核苷酸改变。在接下去的几个月里，马蒂亚斯扩增了13个大小不同的DNA片段，每个片段至少重复两次。要想解释这些序列谈何容易，任何一个DNA分子会因为各种各样的原因而携带突变：曾经的化学改变，测序错误，或者仅仅只是某个人的某个细胞中的线粒体DNA分子出现了罕见的自然突变。因此，我们使用了我先前研究古动物DNA时所采用的策略（见图1.2）。我们能在每次实验的每个位置上找到确切的共有核苷酸——就我们检测的大部分分子而言，该位置上总携带有特定的核苷酸（A、T、G或C）。我们也要求在两个独立实验中，每一个位置都是相同的。这是因为在极端的情况下，

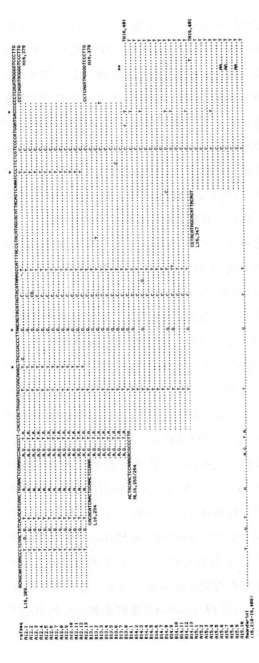

图1.2　尼安德谷的尼安德特人的线粒体 DNA 片段重构。第一行是现代人类的参考序列，下面的每一行代表从尼安德特人标本扩增而来的一个克隆分子。在这些序列与参考序列相同的地方，我用点来标示；在它们的核苷酸存在不同的地方，我就写出来了。底部那行是重建的尼安德特人核苷酸序列。每个位置与参考序列的不同，我们均要求至少在两个独立的 PCR 实验中（至少显示其一）的大多数克隆中看到。Matthias Krings et al., "Neandertal DNA sequences and the origin of modern humans," *Cell* 90, 19–30 (1997)。

PCR可能只从一条单一的DNA链开始复制。在这种情况下，由于首次PCR循环中的一些错误，或特定DNA链的一些化学改变，所有的克隆会在同一位置带有相同的核苷酸。如果在一个位置出现两次PCR差异，我们就再重复做第三次PCR，观察哪种核苷酸会再次出现。马蒂亚斯最终用123个克隆的DNA分子拼凑出线粒体DNA变异最大的由379个核苷酸组成的序列。根据我们之前已经确定的标准，这便是这个尼安德特人生前携带的DNA序列。一旦有了这个较长的序列，我们就可以开始激动人心的工作：将它与现代人类存在的变异进行比较。

此时，我们将包含379个核苷酸的尼安德特人线粒体DNA序列与来自世界各地的2 051个现代人的线粒体DNA序列进行比对。尼安德特人和现代人类之间平均存在28个不同位点，而现代人类彼此之间平均只存在7个差异。尼安德特人线粒体DNA与现代人类的差异是现代人类之间的差异的4倍。

接下来，我们想要寻找一切可表明尼安德特人线粒体DNA与现代欧洲人线粒体DNA更为相像的迹象。有人可能会很想找到这样的证据，毕竟尼安德特人曾在欧洲和亚洲西部演化和定居。事实上，一些古生物学家认为，尼安德特人是当今欧洲人的祖先之一。我们将尼安德特人的线粒体DNA与510个欧洲人的线粒体DNA进行比较，发现平均存在28个差异。接着我们将尼安德特人的线粒体DNA与478个非洲人以及494个亚洲人的线粒体DNA进行比较，他们的线粒体DNA平均差异也为28个。这意味着，以平均差异而言，欧洲人的线粒体并不比现代的非洲人和亚洲人的更接近尼安德特人。但也有人认为，尼安德特人遗传了一些线粒体DNA给某些欧洲人，因此这些欧洲人中的线粒体DNA可能更接近尼安德特人的线粒体DNA。

我们进行了检查并发现，样本中最像尼安德特人的欧洲人线粒体DNA，存在23个差异；最接近尼安德特人的非洲人和亚洲人分别存在22个和23个差异。总之，我们发现尼安德特人的线粒体DNA不仅非常不同于全世界现代人类的线粒体DNA，且没有任何迹象表明，尼安德特人的线粒体DNA和现今某个欧洲族群的线粒体DNA有着任何特殊的关联。

然而，仅依据计算出的差异数目还不足以重建一段DNA的演化历史。DNA序列之间的差异代表了过去发生的突变。不过某些突变会更频繁地发生，并且DNA序列中的某些位置也更易发生突变。在DNA序列的演化史中，这些位置可能发生过不止一次突变，尤其针对那些更为频繁发生的突变。因此，为了评估这个特殊线粒体DNA片段的历史，我们需要用模型来模拟线粒体DNA如何变异和演化，并谨记某些位置可能发生过不止一次突变，因此会掩盖先前的突变。这番重建的结果可以用一张树状图来呈现。分支顶端的DNA序列是共同祖先的DNA序列，树上侧分支的连接点为古DNA序列（见图1.3）。当重建完这样一张树状图时，我们发现，现今所有人类的线粒体均可溯源到一个共同的线粒体祖先。

早在20世纪80年代，这一发现就因艾伦·威尔逊（Allan Wilson）的研究而为人所知。[1]对于线粒体DNA而言，这一追溯结果早在预料之中。因为我们每个人都只有一种线粒体DNA，且无法与群体中的其他人交换线粒体DNA分子。线粒体DNA只能通过母亲传递，如果一位女性没有女儿，她的线粒体DNA血脉就会断绝，因此每一代中都有一些线粒体DNA血脉消亡。这也意味着，曾经一定有这么一个女人（所谓的线粒体夏娃），她携带线粒体DNA血脉，是当今所有人类线粒体

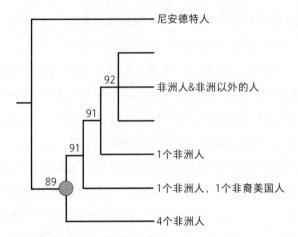

图1.3　线粒体DNA的树状图。图中显示了现代人线粒体DNA是如何溯源到共同祖先的（所谓的线粒体夏娃，图中用圆圈表示）。较之于尼安德特人的共同线粒体DNA祖先，她存在的时间更为新近。我们用核苷酸差异来推断各分支的顺序，相关统计数字也支持所显示的分支顺序。改自：Matthias Krings et al., "Neandertal DNA sequences and the origin of modern humans," *Cell* 90, 19–30 (1997)。

DNA的共同祖先——但这纯属偶然，因为其他所有血脉自那时起都因为各种原因断绝了。

　　但是，根据我们的模型，尼安德特人的线粒体DNA没有回溯到这位线粒体夏娃，而是回溯到更早以前的现代人类的共同祖先。这一发现令人欣喜过望。毫无疑问，这表明我们的确已经找到尼安德特人的DNA片段；同时还指出，至少在线粒体DNA层面，尼安德特人和我们大相径庭。

　　我和同事一起用该模型估计尼安德特人线粒体DNA与现代人类线粒体在多久之前开始拥有共同祖先。这两种线粒体DNA的差异数目表明了它们之间的代际时间长短。相隔很远的物种的突变速率（如小鼠和猴子）会有所不同，但非常相近的物种之间（如人类、尼安德特人和类人猿）的突变速率很稳定。根据看到的差异，科学家足以估计出两份DNA序列最晚拥有共同祖先的时间。通过线粒体DNA中不同类型突变的速率模型，我们估计目前所有人类的线粒体DNA祖先（线粒体夏娃），生活在20万至10万年前，这恰好与艾伦·威尔逊及其团队的发现相吻合。然而，尼安德特人线粒体DNA和现代人类线粒体DNA的共同祖先则生活在大约50万年前，也就是说，比现今人类线粒体DNA的祖先（线粒体夏娃）还要古老3～4倍。

这个发现很棒。我现在完全相信，我们已经得到了尼安德特人的DNA，它与现代人类的DNA非常不同。然而，在公布这项发现之前，我们需要克服最后一道障碍：我们需要找到一个独立的实验室，重复我们所做的事情。这个实验室不需要确定所有379个核苷酸的线粒体DNA序列，只需要得到一个突变区域，这个区域携带有使尼安德特人与当今人类区别开来的一个或多个突变。这样才能证明，我们确定的DNA序列真的存在于骨骼之中，而不是漂浮在我们实验室里的一些奇怪和未知的序列。但是，我们能找谁帮忙呢？这是个微妙的问题。

毫无疑问，许多实验室都想参与这样一个颇具前景且吸引人眼球的项目。不过我们有风险：如果我们挑选的实验室不像我们那样努力减少污染和解决其他所有有关古DNA的问题，实验人员可能无法成功提取并扩增到相关序列。如果发生了这样的事，我们的结果会被认为是不可重复的，因而无法发表。我知道没有人能像我们这样，花大量的时间和精力在这类工作上，不过我们最终还是选择了美国宾夕法尼亚州立大学群体遗传学家马克·斯托金（Mark Stoneking）的实验室。马克曾在伯克利的艾伦·威尔逊实验室攻读研究生并做过博士后。我在20世纪80年代后期做博士后时就结识了他。他是发现线粒体夏娃的幕后功臣之一，也是现代人类起源的"走出非洲"学说的构建者之一。"走出非洲"学说认为现代人类于20万至10万年前起源于非洲，然后分散到世界各地，没有杂交便取代了所有早期人类，如欧洲的尼安德特人。我敬重他的判断和正直，也知道他是一个随和的人。此外，他的一个研究生安妮·斯通（Anne Stone），曾于1992～1993年间在我们实验室工作。安妮是一位认真且雄心勃勃的科学家，曾与我们一起从美国原住民的遗骸中获取线粒体DNA，所以熟知我们的技术。我觉得如果有人能重复我们的结果，非她莫属。

我联系了马克。正如预期的那样，他和安妮都很想试试，所以我们把拉尔夫给我们的最后一块骨头分给了他们。我们告诉安妮和马克，他们应该尝试扩增哪部分的线粒体DNA，这样他们将最有机会命中携带我们获得的尼安德特人序列特有突变的位点。但我们没有给他们寄送引物或其他试剂，只给了他们一块来自波恩的一直保存在一个密封管中的骨头。这种预防措施降低了污染从我们实验室传给他们的概率。我们也没有告诉他们尼安德特人线粒体DNA的特征位点在哪儿，并不是因为我不信任他们，而是因为我希望尽我们所能避免一切甚至是无意识的偏见。简言之，安妮必须合成引物，独立完成所有工作，且不知我们预期的结果是什么。我们用联邦快递给她寄送骨头之后，能做的就只有翘首以盼了。

通常来说，这些实验所花费的时间会比预期的长：因为公司没有在承诺的时间内提供引物；用来测试污染的试剂竟然有人类的DNA；重要样品等待测序时，操作测序仪的技术员生病了。我们望眼欲穿，静候安妮从宾夕法尼亚打来的电话。一天晚上，她终于打来了。从她的声音语调中，我立即知晓她并不开心。她从要研究的区域克隆了15个扩增得到的DNA分子，它们都像现代人类的DNA，事实上，很像我自己或安妮的线粒体DNA。简直当头一棒。这意味着什么？我们扩增了一些怪异的线粒体？我不敢相信是这样。如果这些线粒体来自一些未知的动物，它不会如此像人类的线粒体DNA。而且它与已研究的人类线粒体DNA之间的差异是现代人类之间差异的4倍，所以它也不可能来自异常人类。还有一种可能，即我们得到的序列是古DNA序列经化学改变并在同一位点持续受到攻击而形成的。然而，最后一种可能中的线粒体DNA序列看起来会是由未知化学过程改变的人类序列，而不是像一个从过去人类族谱中分支出来的序列。即便如此，为什么安妮无法找到和我们同样的序列呢？唯一合理的解释似乎是，安妮的实验中存在的污染比我们多得多——多到远超那些稀少的尼安德特人分子。我们能做什么呢？我们不可能再找拉尔夫，让他再给我们一块珍贵的化石，并寄希望于下一次实验会比第一次更成功。

　　或许，即使安妮的实验所受的污染更多，她也可以测序她那块骨头中的数千个线粒体DNA分子，从而发现一些与我们类似的罕见突变。但与此同时，我们开展实验，从而估计在用于 PCR 的尼安德特人骨提取物中，可以获得的尼安德特人线粒体DNA分子数目。结果证明，大约只能得到50个。相比之下，如粉尘颗粒这样的污染源，可能包含着数万个甚至几十万个线粒体DNA分子。所以这番大海捞针的工作很可能失败。

　　我仔细地研究了这个难题，不只是与马蒂亚斯讨论，还在每周的实验室会议上与从事古DNA研究的团队进行讨论。在我的职业生涯中，我发现与实验室的科学家们进行这种广泛的讨论非常有用。事实上，我觉得他们是我们获得成功的关键所在。在这样的讨论中，只局限于自己手头研究的人往往难以开创新的研究思路。此外，跟项目没有任何利害关系的科学家才能真正地检查结果，因为他们没有一厢情愿的想法；而参与其中的人喜欢自己的研究，且他们未来的科学生涯全依赖于此，因此很可能无法客观判断。通常，我在这些讨论中扮演的是折中的角色，我会从中选出看起来有前途的点子。

　　我们的会议又一次卓有成效。我们想出了一个计划，即要求安妮准备与现代DNA不完全匹配的引物，但该序列的最后一个核苷酸需改得与我们所推定的尼安德特人序列相匹配。这些引物不会（或很弱地）引发现代人类线粒体DNA的扩增，而是更容易扩增与尼安德特人类似的线粒体DNA。我们非常仔细地讨论了这个计划，尤其针对以下关键问题：如果她利用我们得到的序列信息制备引物，那么这是否可以被认定为独立重复了我们的结果。显然，倘若在毫不知情的情况下，安妮仍能得到与我们相同的序列，那再好不过。不过，我们可以告诉她合成尼安德特人的特有引物，此引物能够夹住另两个带有独特核苷酸的位点。我们不会告诉她这些位点的位置和个数，如果她找到了与我们发现相一致的独特核苷酸变异，那么我们便可以确信，这些分子确实来源于骨头本身。经过进一步讨论，我们一致认为这是一种真正合理可靠的方法。

　　我们告诉了安妮必要的信息，然后她订购了新的引物，我们则等待结果。这时已是12月中旬，安妮曾告诉我们，她打算在圣诞节期间飞到北卡罗来纳去看望她的父母。我显然不能让她取消行程，尽管我希望如此。近乎两周之后，电话终于响了。安妮已经从她的新PCR产物中测序到了5个分子，它们均含有我们在尼安德特人序列中看到的2个变异，而此变异很少或几乎没有出现在现代人类中。这让我们颇感宽慰。我觉得我们都应该在圣诞节休假。我们给在波恩的拉尔夫打了个电话，并转达了这个好消息。就像在慕尼黑的那些年，我依旧和许多野生动物学家到奥地利边界的阿尔卑斯山，在偏远的山谷中滑雪，庆祝新年。这一次，当我在壮观的峡谷滑雪时，我不禁构思起首篇描述尼安德特人DNA序列的论文。对我来说，我们将要描述的事情比现在周围陡峭的雪景更为壮观。

圣诞节后，马蒂亚斯再次和我在实验室里会面，我们坐下来撰写论文。有一个大问题，那就是应该把这篇论文投给哪份杂志？英国的《自然》，以及它的美国对手《科学》，均在科学界和大众媒体中享有极高的声望和知名度，显然两者都是不错的选择，但是它们都对论文长度严加限制。我想解释我们所做的一切细节，不仅是为了让世界相信我们的结果千真万确，而且还想推广我们提取和分析古DNA的艰苦卓绝的方法。

我与托马斯·林达尔（Tomas Lindahl）讨论了这一切。他是一名出生在瑞典的科学家，在伦敦帝国癌症研究基金会的实验室工作。托马斯是DNA损伤方面的知名专家，言语轻柔，可一旦确信自己是对的，就会毫不回避争议。1985年，我在他的实验室里花了六周时间研究古DNA的化学损伤，自此他就成了我的良师益友。托马斯建议我们把论文送到《细胞》，这是一份备受尊重且颇有影响力的期刊，主要刊登分子和细胞生物学方面的论文。如果把论文发表在这份期刊上，我们传递给社会的信号便是，古DNA测序是扎实的分子生物学，不是为了生产哗众取宠的结果。更重要的是，《细胞》接受长文章。托马斯给《细胞》的著名编辑本杰明·卢因（Benjamin Lewin）打了电话，咨询他的意见。因为我们的手稿长度有些超出《细胞》的惯常篇幅。卢因让我们提交文章，并说他会将其发送给专家，进行常规的同行评审。这是个很好的消息。我们现在有了充分的篇幅来描述我们的实验，并陈述所有令我们坚信得到了真正的尼安德特人DNA的论据。

今天，我仍然认为这篇是我最好的论文之一。文中除了描述我们重建线粒体DNA序列的艰辛过程，以及为什么我们认为这真的是尼安德特人DNA。这篇论文还摆出证据证明我们得到的尼安德特人线粒体DNA序列突变超出如今看到的突变范围，并暗示尼安德特人没有对现代人的线粒体DNA有所贡献。这些结论与艾伦·威尔逊、马克·斯托金以及其他人所提出的"走出非洲"人类演化模型兼容。正如我和同事们在论文中所述的："尼安德特人的线粒体DNA序列支持以下观点：现代人类在非洲作为一个独特的物种出现，几无杂交便取代了尼安德特人。"

我们也试图描述所有能想到的注意事项。我们特别指出，就一个物种的遗传史而言，线粒体DNA仅提供了一小部分内容。由于它只由母亲传递给后代，所以只反映女性那一支的历史。因此，如果尼安德特人与现代人类杂交，只有当女性在两群之间往来过，我们才会发现线粒体DNA。但实际在最近的人类历史中，当不同社会地位的人类群体相遇并交往时，他们总会发生性行为，并产生后代。但是，关于男性和女性在该过程中所扮演的角色，人们通常存在偏见。换句话说，社会的主导群体往往是男性，而这样结合的后代往往留在母亲所在的群体中。当然，我们不知道在大约3.5万年前，现代人类来到欧洲并碰到尼安德特人时，是否也是按照这个模式交往。我们甚至不知道，在何种意义上而言，当时现代人类的社会主导地位能与目前在人类群体中所看到的群体组成进行比较。但很显然，仅研究女性方面的遗传，只能得到半部历史故事。

此外，线粒体DNA的继承方式也为研究带来了严重的限制。如之前所指出的，个体的线粒体DNA并不与另一个体的线粒体DNA交换片段。此外，如果一个女人只有儿子，那么她的线粒体DNA便会断绝。线粒体DNA的流传受到偶然因素的剧烈影响，即使一些线粒体DNA已于3.5万至3万年前的某个时候从尼安德特人传递给了欧洲早期的现代人类，它们也很可能已经消失。但是细胞核中的染色体就不存在这方面的限制：它们成对地存在于每个个体之中，其中一条染色体来自母亲，另一条来自父亲。当精子或卵子细胞形成，染色体会以舞蹈般错综复杂的方式断裂并重组，使得染色体中的某些片段进行交换。因此，如果研究某个人核基因组的几个部分，我们得到一群人的不同版本的遗传史。例如，尼安德特人所贡献的变异在某些部分中丢失了，但并非所有部分均如此。因此，通过寻找核基因组中的这些部分，我们可得到一幅不受偶然因素影响的人类历史图景。因此，我们在文中总结道，我们的结果"不排除尼安德特人给现代人类贡献了其他基因的可能"。但就手头的证据而言，我们当然倾向于支持"走出非洲"假说。

我们的论文经过同行评审和微小修改后，便被《细胞》接受并刊载。正如常见于所有顶级杂志的安排那样，《细胞》的编辑坚持，论文将于7月11日那期出版。[2]他们准备了新闻稿，在此之前，我们不得对外谈论研究结果。论文发表当天，我飞到伦敦参加他们举办的新闻发布会。这是我第一次出席新闻发布会，也是初次成为媒体的焦点。令我惊讶的是，我乐于解释我们工作的要点，并尽最大努力阐述我们的结论和涉及其中的注意事项。这并不容易，因为我们的数据直接攸关一场在人类学领域持续争斗了十多年的论战。

这场战役源起于"走出非洲"假说。艾伦·威尔逊和他的同事们主要基于现代人类线粒体DNA的变异模式而提出此理论。起初，此学说遭到了古生物界的嘲笑和敌视。几乎所有的古生物学家当时都支持所谓的多地区模型，认为现代人类源自直立人，在各大陆或多或少地独立演化。他们认为如今的人类群体很早就开始以各自的分支分开演化：比如认为当前欧洲人的祖先是尼安德特人，以及更早期的欧洲古人类；认为目前亚洲人的祖先是亚洲的其他古人类，可追溯到北京人。然而，越来越多重要的古生物学家认为，"走出非洲"假说与化石记录和考古证据更吻合，这其中的有力捍卫者是来自伦敦自然历史博物馆的克里斯·斯特林格（Chris Stringer）。《细胞》邀请了克里斯参加新闻发布会，他宣布，我们得到的尼安德特人DNA对古生物学而言，就好比登月之于太空探索。我当然很高兴，但并不感到意外。更令我高兴的是，支持"另一方"的多地区学家也赞扬了我们的工作——特别是其中最喜欢表达强烈意见的密歇根大学的米尔福德·沃尔波夫（Milford Wolpoff），他在《科学》的一篇评论中表示："如果有人能做到这一点，那一定是斯万特。"

总之，我被文章所引发的广泛关注所震惊。它出现在许多主要报纸的头版，全世界的广播和电视新闻节目也大幅报道。文章发表一周后，我大部分时间都在和记者通电话。自1984年开始从事古DNA工作，我已逐渐意识到，从理论上来说，我们重新得到尼安德特人的DNA是绝对有可能的。自马蒂亚斯打电话叫醒我，说他从一台测序仪中得到了一个不像人类的DNA序列起，时间已过去九个月了。因此，我已经适应了这个想法。但是世界上的其他人不一样，他们被我们的成就震撼。然而，当媒体平息下来后，我觉得我们需要反思。我得回顾一下引领此番发现的那些岁月，并思考下一步该何去何从。

第二章
木乃伊与分子

　　我一开始并没有研究尼安德特人，而是研究古埃及木乃伊。在我13岁的时候，妈妈带我去了埃及，自此我就迷上了那里的古老历史。但是当我在乌普萨拉大学开始认真进行这项研究时，我越来越清晰地意识到，我所迷恋的法老、金字塔、木乃伊只是青少年时期的浪漫梦想而已。我做了功课、记住了象形文字和历史事实，甚至曾连续两个夏天在斯德哥尔摩的地中海博物馆编撰陶片和其他文物的目录。我或许会成为瑞典的一位埃及古文物学者，并在同一家博物馆工作。但是我发现，同一个人第二个夏天所做的事情与第一个夏天几乎一样。此外，他们在同一时间去同一家餐馆吃同样的饭菜，讨论同样的古埃及之谜和学术八卦。事实上，我开始意识到，对我而言，埃及古文物学这个领域发展太慢。这不是我想要的那种职业生活。我想经历更多的兴奋，想要与我所看到的周围世界有更多的关联。

　　这种觉醒使我陷入了各式各样的危机。我父亲曾是一名医生，后来成了生物化学家。受其启发，我决定学医，尔后再从事基础研究。所以我进了乌普萨拉大学的医学院，几年后惊讶地发现自己非常喜欢问诊病人。医生似乎是为数不多的不仅可以遇到各式各样的人，还可对其生活发挥积极作用的职业。而与人们交流、建立关系的能力是我没想到自己会具备的才能。经过四年的医学研究，我又面临一个小小的危机：应该成为一名医生，还是转行到原本打算从事的基础研究呢？我选择了后者，并认为拿到博士学位后还可以（最有可能）回到医院。我加入了彼尔·帕特森（Per Pettersson）的实验室，他是当时乌普萨拉最炙手可热的科学家之一。不久之前，他的研究小组首次克隆了一类重要的移植抗原的基因序列。这些蛋白分子位于免疫细胞表面，并介导对病毒和细菌蛋白的识别。帕特森不仅提出了与临床实践相关的令人兴奋的生物学见解，而且他的实验室还是乌普萨拉少数几个已掌握通过引入细菌操纵DNA克隆这一新方法的实验室之一。

　　帕特森邀请我加入研究腺病毒编码蛋白的团队。腺病毒是一种会引起腹泻、类似感冒等其他扰人症状的病毒。人们认为这种病毒蛋白与细胞内的移植抗原相结合，因此一旦被运送到细胞表面，它就会被免疫系统细胞识别，然后激活免疫系统，杀死体内其他受感染的细胞。在接下来的三年里，我和其他人一起研究这种蛋白质，并开始意识到我们对这种蛋白质的看法是完全错误的。我们发现，病毒蛋白并非是免疫系统攻击的倒霉目标，相反，病毒蛋白能够寻找到细胞内部的移植抗原、与它们结合，并阻止它们被运输到细胞表面。由于受感染的细胞表面没有移植抗原，所以免疫系统无法识别它是否受到感染。可以这么说，这种蛋白质掩护了腺病毒。事实上，它使得细胞内的腺病毒可以存活相当长一段时间，甚至可能活得与感染者一样久。这种病毒可以以此方式屏蔽宿主的免疫系统，这着实是一项意外的发现。最后，我们以多篇备受瞩目的论文把工作成果发表在顶级期刊上。实际上，后来诸多研究发现，其他病毒也使用类似的机制逃避免疫系统的攻击。

这是我第一次体验到从事尖端科学研究的滋味，非常着迷。这也是我第一次（但不是最后一次）看到，科学的进步往往是一个痛苦的过程：认识到自己和同龄人的想法是错误的，而说服你最亲密的伙伴以及全世界的大部分人好好考虑新的想法甚至需要更长的时间。

但不知何故，虽处在对生物学的兴奋之中，我仍无法完全摆脱对古埃及的迷恋。只要有时间，我就去埃及学研究所听课。我一直选修科普特语课，这是一种古埃及法老所说的语言。我同罗斯季斯拉夫·霍尔特尔（Rostislav Holthoer）成为朋友。他是一名快乐的芬兰埃及古物学者，在社会、政治和文化方面拥有强大的人脉。20世纪70年代末和80年代初，我经常在罗斯季斯拉夫的乌普萨拉家中享用晚餐，度过漫漫长夜。我经常抱怨，虽然我热爱埃及古文物学，但很难看到未来。我也喜欢分子生物学，它可以不断提升人类的福祉。我得在两条同样诱人的职业道路之间做出抉择——这太痛苦难解。当然这看起来并不值得同情，因为这个年轻人虽然不知道如何做决定，但面对的两个选择都堪称绝佳。

但罗斯季斯拉夫对我很有耐心，他一直在倾听。我解释科学家们现在如何能从任何生物中提取DNA（可以是真菌、病毒、植物、动物或人），然后将其插入质粒（一种来自细菌病毒的DNA载体分子），并将质粒引入细菌，与细菌宿主一起复制出成百上千份外来DNA。我还解释了如何确定外源基因的四个核苷酸序列，如何发现两个个体或两个物种DNA序列之间的差异。两个序列越相似（即两者之间的差异越少），两者之间的关系就越密切。事实上，透过共有突变的数量，我们不仅可以推断，在数千年和数百万年间，特定的序列如何从共同祖先的DNA序列演变而来，还可推断出这些祖先DNA序列存在的大致年月。例如，在1981年的一项研究中，英国分子生物学家亚历克·杰弗里斯（Alec Jeffreys）分别分析了一个人类和猿类血液中的血红素蛋白基因的DNA序列，并推断出该基因何时开始在人类和猿类中独立演化。我解释说，此方法可能很快就会应用于许多基因上，任何物种的许多个体都有这些基因。这样，科学家就能确定过去不同物种之间的亲缘关系，以及它们何时开始各自的演化，这种方法比形态学或化石研究更可靠。

当我向罗斯季斯拉夫解释这一切时，一个问题逐渐浮现在我的脑海中：此方法只能用于测序当今人类及动物的血液或组织样本中的DNA吗？这种方法能否用于测序那些埃及木乃伊的DNA呢？DNA分子能否在木乃伊中留存下来呢？它们也能插入质粒并在细菌中复制吗？我们是否有可能通过研究古DNA序列，从而阐明古埃及人彼此之间以及与现今人类之间是否关联呢？如果可以做到，那么我们便可以回答埃及学研究中常规方法所无法回答的问题。例如，今天的埃及人与生活在大约5 000年至2 000年前法老统治时期的埃及人有何关联？是否由于政治和文化的重大变化造成了埃及的大量人口被更替，例如公元前4世纪亚历山大大帝的征战和7世纪阿拉伯人的入侵？或者这些军事和政治事件只是让当地居民采用了新的语言、新的宗教以及新的生活方式？总体而言，如今居住在埃及的那些人和曾经建造金字塔的人是否一样？或是他们的祖先与侵略者混杂在一起，所以现在的埃及人和古代埃及人完全不同？诸如此类的问题令人激动不已。当然其他人应该也想到了。

　　我到大学图书馆查阅了相关的期刊和书籍，但没有发现任何关于从古代材料中获取DNA的报告。似乎从没有人试图获取古代的DNA；或者如果有，他们没有成功，因为如果成功了，他们肯定会公布他们的发现。我与帕特森实验室中比较有经验的研究生和博士后讨论此事。他们说，鉴于DNA的敏感性，为何你认为它能保存几千年呢？我们的谈话令人沮丧，但我没有放弃希望。我在查阅文献时找到了几篇文章，那些作者声称他们从博物馆上百年的动物皮肤中检测到了蛋白——蛋白仍能被抗体检测到。我还发现，有研究声称已在显微镜下发现了古埃及木乃伊的细胞轮廓。所以的确有些东西保存了下来。我决定开展实验。

　　第一个问题是DNA能否在死后的组织中长期存活。我推测，如果组织变得干燥，如古埃及尸体防腐人员制作的木乃伊那样，那么DNA或许可以长期保存良好，因为降解DNA的酶需要水来激活。这是我需要测试的第一件事情。1981年夏天，实验室里没有太多人，我去超市买了一块小牛肝。我把商店的收据黏在一个崭新的实验笔记本的首页，我要用它记录这些实验。我给这本笔记本贴上自己的名字标签，不为别的，只是因为我想尽可能地让我的实验处于保密状态。如果帕特森认为这些实验并不必要，还发现我为此分心，他或许会禁止我做这些实验。毕竟免疫系统的分子机制研究竞争激烈，我该好好全身心投入其中。无论如何，我都希望一切保密，以免失败后遭到同事们的奚落。

为了模仿古埃及木乃伊，我决定将牛肝封存在实验室的烤箱中并加热到50℃，让其木乃伊化。这样做的第一个后果便是我的秘密项目将公之于众。第二天，怪味招致了许多闲言碎语，我不得不在大家发现并处理掉牛肝之前公开我的项目。所幸随着脱水过程的进行，气味不再浓郁，于是也就没有腐烂的气味或埋怨的话传到教授那里。

几天之后，肝脏就变得坚硬、干燥，并变成黑褐色，就像埃及木乃伊一样。我开始从中提取DNA，大获成功。我获得的DNA是只有几百个核苷酸的短片段，不像从新鲜组织中提取的DNA那样有数千个核苷酸，不过依旧足够用于实验。我的想法得到了证实。认为DNA可以在一个死组织中存活至少几天或几周，这并不荒谬。但是，几千年呢？很明显，下一步便是在埃及木乃伊中尝试同样的方法。此时我跟罗斯季斯拉夫的友谊派上了用场。

罗斯季斯拉夫早知道我在埃及学和分子生物学上的苦恼，也乐于支持我尝试把埃及学带进分子时代。他是一家小型大学博物馆的馆长，博物馆中收藏了一些木乃伊。他同意了我取样木乃伊的请求，当然，他不会让我切开木乃伊并取走它们的肝脏。但如果木乃伊已经被撕开，并且其肢体已经断裂，罗斯季斯拉夫允许我从木乃伊断裂处取一小块皮肤或肌肉组织，进行DNA提取。一共有三个这样的木乃伊可供使用。当我把手术刀放到一个曾存活于3 000年前的人的皮肤和肌肉上时，我发现它的组织质地与我烤箱中的小牛肝不一样。小牛肝质地坚硬，易于切割。但木乃伊很脆，切割的时候其组织易碎成棕色粉末。我用提取肝脏的相同流程来提取木乃伊。木乃伊提取物不同于肝脏提取物，前者与木乃伊一样是棕色的，后者则清澈如水。我通过外加电场，使木乃伊提取物在凝胶中迁移以获取DNA，并用染料染色。如果染料与DNA结合了，那么便会在紫外灯下发出粉红色荧光。不过结果是除了棕色的东西，我什么也没看到。事实上，紫外灯光下的确有荧光，但是呈现蓝色而非粉红色，所以不是我们所预期的DNA。我在其他两个木乃伊样品上重复这个过程。同样，没有DNA。所有我期待含有DNA的提取物，最后都发现只是不明的棕色物质。我的实验室同事似乎是对的：即使在细胞内，脆弱的DNA分子也需要被不断地修复才能保持不被分解。它们怎么可能残存数千年？

我把秘密的实验笔记本放在书桌抽屉的底部，重新回去研究通过小蛋白聪明地欺骗免疫系统的病毒，但我无法将木乃伊从脑海中移去。其他人怎么可能在木乃伊中看到残存的细胞呢？也许那些棕色的东西实际上就是DNA，只是经历了某种化学修改，以至于它们看起来是棕色，并在紫外灯下发出着蓝色荧光。也许期待每个木乃伊中均残存DNA过于天真。也许需要分析许多木乃伊才能找到一个足够好的样本。找到答案的唯一办法是说服博物馆馆长们牺牲许多块木乃伊，也许会徒劳无功，但还是要怀着渺茫的希望，期待能从其中一块中找寻到古DNA。我也不知如何才能得到他们的支持。我似乎需要一个快速、低损的方法来分析很多木乃伊。我的医学教育背景给了我一条线索。例如，用活检针从可疑的肿瘤中取出很小的组织块，将其固定和染色，然后在显微镜下观察。其中可识别的细节一般很明显，受过训练的病理学家既可从中区分肠道黏膜、前列腺或乳腺中的正常细胞，又可以发现开始改变的细胞，从而检测出早期肿瘤。此外，研究人员可以在显微镜玻片中使用特定的DNA染料，检验是否存在DNA。我需要做的就是从大量木乃伊中收集少量样本，然后进行DNA染色和显微镜观察。显然，想要获得大量木乃伊，必须从最大的博物馆着手。但一个来自瑞典的过于亢奋的学生，为了异想天开的项目而想要获得哪怕一丁点组织，这无疑会引起馆长的怀疑。

罗斯季斯拉夫还是很同情我。他告诉我，有一个收藏了大量木乃伊的大博物馆，可能愿意合作。那就是柏林国家博物馆群（Staatliche Museen zu Berlin）。这个综合性博物馆群位于当时德意志民主共和国的首都柏林（东柏林）。罗斯季斯拉夫曾在那里花了好几周时间研究古埃及陶器收藏。他作为一名瑞典教授获得了在博物馆工作的许可。不过，他能和该馆群的几个馆员成为亲密朋友，主要有赖于他深入发展跨国界友谊的能力。1983年夏天，我坐上去往瑞典南部渡口的火车，第二天早上抵达民主德国。

我在柏林待了两个星期。每天早上，我都要通过数道检查关卡才能进入国家博物馆群之一的博德博物馆（Bode Museum）的储存间。博德博物馆位于近柏林中心施普雷河中的一个岛上。二战过去已将近40年了，但博物馆仍清晰地保留了战争的痕迹。我看到窗户周围的墙面上有弹孔，那是苏联军队攻陷柏林之时用机枪扫射所留下的。第一天，他们带我去参观战前的古埃及文物展，并给了我一顶建筑工人用的安全帽。我很快就明白这是为了什么。展览馆的屋顶有炮击和炸弹所留下的巨大孔洞。鸟儿飞进飞出，有的甚至在法老的石棺里筑巢。一切脆弱的文物材料，如今已被明智地存储在别处。

在接下来的几天里，主管埃及文物的馆员带我参观了所有木乃伊。午餐前几小时，我在他那满是灰尘的破旧办公室，从已裂开且破损的木乃伊上切下了几小块组织。午餐颇费一番工夫，因为需要通过所有安全检查才能到达河对岸的一家餐馆。那里的食物很油腻，需要就着大量啤酒和杜松子酒才能下咽。回到展馆，我们继续喝了一下午杜松子酒。虽然我们花了数小时讨论关于未来的种种假设，我还是设法采集了30多份木乃伊样品，并带回瑞典。

在乌普萨拉，为了制作供显微镜观察的样本，我把标本浸泡在盐溶液中补充水分，然后将它们置于载玻片上染色，再观察组织中细胞保存的状况。为了避免太多人知道我在做什么，我只在周末和深夜开展这项工作。当我透过显微镜观察时，古老组织的模样让我沮丧。我几乎无法从肌肉样本中看到纤维，更不用说任何可能存有DNA的细胞核痕迹了。我几近绝望，直到有一天晚上，我观察了一个木乃伊外耳软骨部分的切片。和骨头中的细胞一样，软骨里的细胞生活在致密硬组织的腔隙之中。观察软骨时，我看到腔隙内似乎有细胞残骸。兴奋之余，我将带有DNA的部分染色。当我把玻片放于显微镜下时，双手一直在颤抖。软骨细胞内的确残留有DNA染色的迹象（见图2.1）。软骨里面残存有DNA！

我的精神为之一振，继续处理其他所有从柏林带回的样品。有几个样品看起来颇有希望。特别值得注意的是其中一块取自一个儿童木乃伊左小腿的皮肤，其上带有明显的细胞核。当我给一段带有DNA的皮肤染色时，细胞核发光了。由于这种DNA存在于细胞核中，所以它们虽然会随机出现在生

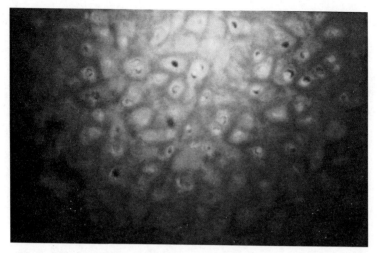

图2.1　取自柏林的埃及木乃伊软骨组织的显微图像。一些腔隙间的细胞残留物在发光，这表明很可能残存着DNA。照片来源：斯万特·帕博，乌普萨拉大学。

长着细菌或真菌的组织中，却不可能来自细菌或真菌。这确实证明，该儿童自身的DNA被保存了下来。我拍了很多显微镜照片。

　　经过细胞核染色，我发现3具木乃伊样品中残存有DNA。那个儿童的样本保存了最多完好的细胞。但现在另一个疑虑开始侵袭我。我怎样才能确定这真的是一具古老的木乃伊？有时为了从游客和收藏者那里赚到少数的钱，骗子们会把新近的尸体伪造成古埃及的木乃伊。这些木乃伊有的后来会被捐赠到博物馆。柏林博物馆的工作人员无法给我出具任何关于这个木乃伊的出处记录，也许是因为相关记载已经惨遭战火摧毁。只有通过碳测年方法才能确定它的年代。幸运的是，碳测年专家戈兰·波士兰德（Göran Possnert）就在乌普萨拉大学工作。他利用加速器，通过测量碳同位素的比值来测定微量古代残骸的年份。我问他测年木乃伊需要花多少钱，我担心自己微薄的学生津贴负担不起。他对我表示同情并许诺测年是免费的。他体贴地一笔带过价格。毫无疑问，真实价格大大超出我的承受范围。我把一小块木乃伊交给戈兰并等待结果。对我来说，这是科学研究中最令人沮丧的状况之一：当你的工作在很大程度上取决于其他人时，除了等待一个可能永远不会响起的电话，你无能为力。但几周之后，我终于等到了一直苦苦等待的电话。结果是个好消息！那就是木乃伊有2400年的历史。2400年前，差不多是亚历山大大帝征服埃及时期。我长舒一口气，出门买了一大盒巧克力寄给戈兰。然后我开始考虑发表这一发现。

在民主德国的时候我已经了解到，生活在当时氛围之下的人很敏感。我还知道，博物馆馆长和其他接待我的博物馆工作人员会对我仅在论文末敷衍地致谢而失望。我想以恰当的方式处理这件事情，所以与罗斯季斯拉夫以及史蒂芬·格鲁纳特（Stephan Grunert）商量。史蒂芬是我在东柏林结交的年轻但雄心勃勃的民主德国埃及古文物学者。最后，我决定在民主德国的科学期刊上发表首篇关于木乃伊DNA的文章。我用仅有高中水平的德语，艰难地写出发现，并附上木乃伊本身以及DNA染色组织的照片。同时，我还从木乃伊身上提取DNA。这一次，我可以用凝胶证明提取物中含有DNA，并在文中附上该实验的结果图。大部分DNA降解，但有些片段依然有几千个核苷酸长，与从新鲜血液样本中提取的DNA差不多长。我写道，这似乎表明，有些远古组织的DNA分子或许大到足以供我们研究个体基因。我畅想着，如果能系统地研究古埃及木乃伊的DNA，将来还会迎来什么可能。在论文最后，我满怀希望地写下："未来几年的工作将昭示这些梦想是否会成真。"我将文稿寄给史蒂芬，他修正了我的德语。1984年，这篇论文发表在由民主德国科学院出版的期刊《古代》（*Das Altertum*）上。[1]但是接下来什么都没有发生。没有一个人写信给我，更不用说索要复印本了。纵然我为自己得到的结果兴奋，但其他人似乎并非如此。

我意识到，世界上大部分人并没有阅读民主德国出版物的习惯。之后，我从一个木乃伊男人的头骨片段中得到了类似的结果，同年10月，我将以此结果撰写好的论文提交给看似很合适的西方期刊——《考古学杂志》（*Journal of Archaeological Science*）。但让我沮丧的是，整个发表过程出奇的慢，比我在民主德国发表论文还要慢。但是在民主德国杂志发表论文时，需要由史蒂芬斧正语言。我觉得，这反映出考古相关领域的进展如同冰川移动一样缓慢。最终在1985年年底，《考古学杂志》刊载了我的论文[2]，那时，论文中的结果已被其他实验盖过。

既然我手头已有一些木乃伊DNA，下一步工作就很清楚了：我需要在细菌中克隆它。我用酶处理，使DNA的末端与其他DNA结合，然后与细菌质粒混合，再加入一种酶，使DNA片段连接在一起。如果实验顺利，就会得到木乃伊DNA片段与质粒DNA结合在一起的混合分子。将这些质粒导入细菌后，混合分子不仅会在细菌细胞中大量复制，还会使细菌对我加进培养基中的抗生素产生抗性，因此只有那些含有混合质粒的细菌才能生存。在含有抗生素的生长板上培养细菌时，如果实验成功，就会出现细菌菌落。每个菌落都来自单一的细菌，它们各自携带一份特殊的木乃伊DNA。为了检查实验，我设置了对照组，这在任何实验中都是必需的。我还同时重复了两组完全一样的实验，只是一组没有在质粒中添加木乃伊DNA，另一组则添加了现代人类DNA。将相应的DNA添加入细菌后，我把它们涂抹在含有抗生素的琼脂平板上，然后放入37℃的恒温箱中过夜。不出所料，隔天早上我一打开恒温箱，就感受到带有培养基味道的潮湿空气扑面而来。加了现代人类DNA的平板上满满覆盖了数千个菌落。这表明我的质粒已经发挥作用：因为携带了质粒，所以细菌能存活下来。而没有在质粒中加入外来DNA的实验，几乎都没有长成菌落，这表明我的实验中没有未知来源的DNA。加了东柏林木乃伊DNA的那组实验，长出了数百个菌落。我欣喜若狂。很显然我复制了2 400年前的DNA！但是，它是否可能来自寄生在该儿童体内的细菌，而非她自身的DNA呢？我怎样才能证明我在细菌中克隆的DNA至少有一部分来自人类呢？

我需要确定一些DNA序列，表明它是人类DNA，而非细菌的。但如果我只是随意对克隆进行测序，其中有些可能来自人类基因组（1984年，人类全基因组还未解码，科学家当时花了很大力气才测出了零星序列），有些可能来自某些微生物，而它们的DNA序列几无人知。因此，我必须挑出一些重要的克隆进行测序，而不是随意选择。帮助我解决这个问题的，是一项可以识别哪些克隆中含有与我所想找的序列相似的DNA技术。这项技术包括将数百个菌落中的一些细菌转印到纤维素滤纸上，细菌在纤维素滤纸上破裂，它们的DNA就附着纸上。接着我用放射性物质标记DNA片段，即制成一个单链"探针",然后与滤纸上的单链DNA互补序列杂交。我选用的DNA片段含有重复DNA元件(即Alu元件),长约300个核苷酸。人类基因组中约有100万份Alu元件,而猿、猴等生物中都没有。事实上,这些Alu元件是如此之多,人类基因组的10%以上都由其组成。如果能在克隆中发现Alu元件,那就可以表明我从木乃伊中提取的DNA至少有一些来自人类。

我在实验室研究过的基因中,有一个包含Alu元件。我将其与放射性物质结合,然后与滤纸混合在一起。正如期望的那样,如果含有人类的DNA,这些克隆里就会含有放射性物质。我挑了放射性最强的杂交克隆,它包含一个大约由3 400个核苷酸组成的DNA片段。在我们研究组的DNA测序专家达恩·拉哈玛(Dan Larhammar)的帮助下,我测序了一部分克隆,发现其中确实包含有Alu元件。我很高兴。我的克隆中有人类DNA,并且它们可以在细菌中复制。

1984年11月,当我还在努力地与测序凝胶打交道时,《自然》上发表了一篇对我来说意义重大的论文。在加州大学伯克利分校和艾伦·威尔逊(现代人类起源"走出非洲"理论的主要构建者,也是当时最著名的生物演化学家之一)一起工作的罗素·樋口(Russell Higuchi),从一头100年前的斑驴(一种已经灭绝的斑马亚种,100多年前仍存在于非洲南部)皮肤上成功提取并克隆了DNA。罗素·樋口获得了2条线粒体DNA片段。他指出,正如预期的那样,斑驴与斑马更为近缘,与马的关系更远。这项工作极大地鼓舞了我。如果艾伦·威尔逊也研究古DNA,如果《自然》认为一篇研究120年前的DNA的论文足够有趣、值得发表,那么我做的事情既不疯狂,也不枯燥。

这是我第一次坐下来写关于这项研究的论文,我相信全世界的很多人都会对此感兴趣。受艾伦·威尔逊例子的启发,我投给《自然》。我描述了针对东柏林木乃伊开展的实验,还在参考文献的开头列上了自己发表在民主德国杂志上的那篇论文。不过,在把论文寄到《自然》的伦敦办公室之前,我需要做一些事情。我需要和我的论文导师彼尔·帕特森谈谈,并把已写好并准备投稿的论文给他看。带着些许惶恐,我走进他的办公室,告诉他我所做的这些事情。我问他是否愿意以导师身份,和我一起成为论文的共同作者。显然,我想多了。他不仅没有责备我滥用科研经费和浪费宝贵的时间,似乎还很高兴。他答应看论文,但拒绝挂名共同作者,原因很明显,他之前完全没意识到有这项研究。

几周后,我收到了《自然》的回信,编辑说,如果我能回复审稿人的一些小意见,他们之后就可以发表我的论文。没过多久,校样寄来了。那时,我正想着如何接近艾伦·威尔逊(在我看来,他如同神一般的存在),并询问他,等我博士答辩之后,我是否可以和他一起在伯克利工作。我不知该如何开口,于是便把校样稿的复印本寄给了他,没有附上任何说明。我觉得如果能提前看到未正式发表的论文,他会很高兴。我想以后再写信给他,询问是否可以在他的实验室工作。《自然》的进度很快,甚至设计了一幅DNA序列巧妙环绕木乃伊的封面插画。更为迅速的是,我收到了艾伦·威尔逊的回信。他称呼我为"帕博教授"——那个时候还没有互联网和谷歌,所以他没法知晓我是谁。回信的其余部分更令我惊奇不已。他问我,是否能在即将到来的休假年到"我"的实验室访学!这真是个美丽的误会,全因为我什么介绍都没附。我跟伙伴们开玩笑说，最有名的分子演化学家艾伦·威尔逊或许会给我洗一年的凝胶板。然后我静下来给他回信，解释我不是教授，甚至还不是博士，也没有可以供他学术休假访问的实验室。相反，我倒想知道我是否有机会去他伯克利的实验室做博士后。

第三章

放大历史

艾伦·威尔逊给我写了一封亲切的回信，邀请我加入他所在的团队进行博士后研究。这是我职业生涯的转折点。获得博士学位之后，我有三种选择：一是继续完成医学院的医学课程，但刚经历这番刺激之后，这种选择显得甚为无趣；二是留在帕特森的世界一流实验室，继续博士阶段颇为成功的工作，研究病毒和免疫防御；三是接受艾伦的建议，在博士后阶段试图寻找古代的基因。我和一些同龄人及教授讨论了这些选择，他们都建议我选择第二种。他们认为我对木乃伊DNA的兴趣是一种古怪的嗜好，最终会与严肃的工作渐行渐远，无法为未来的研究奠定坚实的基础。我当然对第三种选择情有独钟，但仍犹豫不决。我不知道坚持主流的病毒学研究，而把"分子考古学"作为一种业余爱好，是否不切实际。不过，1986年的冷泉港研讨会改变了这一切。

美国长岛的冷泉港实验室是分子遗传学的研究圣地。冷泉港实验室组织了许多颇具声望的会议，特别是一年一度的计量生物学研讨会（Symposium on Quantitative Biology）。由于那篇发表在《自然》上的论文[1]，我受邀参加了1986年的研讨会，在那里首次就有关木乃伊的研究做了报告。但这还不够刺激，观众中有许多是我只在文献中看到过的人，包括艾伦·威尔逊本人，以及凯利·穆利斯。凯利·穆利斯在同一个分会场讲述聚合酶链式反应（PCR）。PCR是一项真正具有突破性的技术，因为它消除了在细菌中克隆大多数DNA非常烦琐的问题。而且很明显，研究古DNA很可能会用到这项技术。从理论上来说，即便研究需要的DNA片段数量很少，PCR还是能把它找出来并将其大量扩增。事实上，针对我的演讲内容，凯利在结束报告时指出，PCR非常适合研究木乃伊！我迫不及待地想回实验室试试看。

　　会议上的其他事情也同样令我欢欣鼓舞。议程还安排了针对如何协调人类基因组全序列测序的首次讨论，并公开募集资金。虽然这次会议让我觉得自己更像个新手，但依然兴高采烈地看着大佬们讨论数百万美元的经费、成千上万台仪器，以及各种研究所需的新技术。在热烈的辩论中，一些知名科学家指出该项目技术上的不可行，不太可能得到有意思的结果，并且可能转走那些原本用来资助更有价值的个人研究的宝贵资金。对我来说，这非常刺激，我想参与基因组的冒险。

　　与大多数在睾酮刺激下精力充沛并主宰会议的科学家不同，艾伦·威尔逊声音低沉、言语轻柔，正如我想象中的伯克利人。他是一个目光温暖、留着长发的新西兰人。他让我感到很自在，并鼓励我追求自己的喜好、做自己认为最有前途的事情。与他的此次会面消除了我的疑虑，我告诉他我想去伯克利。

不过有一个麻烦。因为无法到"我"的实验室进行学术休假，艾伦决定去英国和苏格兰的两个实验室待一年，这意味着这段时间我需要找点别的事做。读博期间，我曾在沃尔特·沙夫纳（Walter Schaffner）的苏黎世实验室工作了几个星期。沃尔特·沙夫纳是一名著名的分子生物学家。他发现了"增强子"，一种影响基因表达的关键DNA分子。他总是对非正统的思想和项目充满热情，现在邀请我去他的实验室进行为期一年的古DNA研究。他对袋狼（*Thylacinus cynocephalus*）特别感兴趣，那是澳大利亚一种已灭绝的像狼一样的有袋动物。我能从博物馆的动物标本中克隆到袋狼的DNA吗？我答应他，一旦通过乌普萨拉的博士答辩，就动身前往苏黎世。

与此同时，我希望在《自然》上发表的论文能激起足够的关注，从而让我获得更多来自民主德国的木乃伊样品，以便得到更多克隆并寻找有趣的基因，而非寻常的Alu序列。所以在《自然》发表论文几个月后，当罗斯季斯拉夫去东柏林为我安排再次采集木乃伊样品时，我以为会一帆风顺。不过他带回的消息令人不安。博物馆里的朋友都没有时间接待他，事实上，他们似乎都在故意避开他。最后，凑准某个家伙离开博物馆的时机，他将其堵在墙角质问。原来，《自然》刊登我的论文之后，民主德国秘密警察斯塔西（Stasi）出现在博物馆。他们在小房间里轮流审讯每个接待过我的工作人员，审问他们与我和罗斯季斯拉夫做了什么。因为引起了国家安全部门的注意，稍有常识的民主德国公民都不会再想和我们有任何瓜葛。

我为与民主德国政府打交道的徒劳无功而沮丧。也许通过科学方面的合作，两个国家或许会变得不那么针锋相对。我希望自己可以为此做出一点小小的贡献。我不知道民主德国会在我的生活中扮演什么样的角色，不过那时，无论是样品还是合作，似乎都不太可能了。

在苏黎世，我开始从剩下的少量木乃伊和袋狼样品中提取DNA。尽管我热衷PCR，但是参照凯利·穆利斯的方案并非易事。他的方案包括把DNA放到98℃的水浴中加热，使DNA双链分开，之后放到55℃水浴中冷却，让合成引物与目标序列结合，接着加入热敏感的酶，在37℃的水浴中孵化混合物，合成新的链。每一次实验，如此烦琐的操作过程至少需要重复30次。我花了几个小时在热气腾腾的浴缸跟前，而在试图扩增DNA片段的过程中，我浪费掉了许多管昂贵的酶。有时我能够从现代DNA中得到少量的产物，但想从袋狼和木乃伊样本中得到严重降解的DNA，可就没那么好运了。通过电子显微镜，我确实看到了许多木乃伊和袋狼的DNA短片段。但是一些DNA分子通过化学反应相互缠绕，所以无论是在细菌中还是在试管中，用PCR复制它们都很困难。这并不奇怪，我想到1985年在托马斯·林达尔实验室访问几周时的一些发现。他的实验室位于伦敦郊外的赫特福德郡。托马斯祖籍瑞典，是DNA化学损伤和生物演化修复系统方面的世界级专家。在他的实验室，我发现从古老组织中提取出的DNA有几种损伤形式。这些结果以及我在苏黎世的新成果都是扎实的科学研究，但它们对于读取早已灭绝生物的DNA序列毫无帮助。我在浴缸前（以及阿尔卑斯山的滑雪道上）度过了几个月，但是没有任何突破。1987年春天，艾伦·威尔逊归来，我离开苏黎世前往伯克利，倍感解脱。

　　到达加州大学伯克利分校的生物化学系之后，我很快意识到，自己在对的时间来到了对的地方。凯利·穆利斯曾是这里的研究生，之后换到湾区的赛特斯（Cetus）公司，也正是在那里发明了PCR。艾伦以前的几个研究生和博士后都在赛特斯公司工作。所以当我独自一人在苏黎世努力让PCR奏效的时候，伯克利的许多人都在从事这项工作，并对PCR做了许多改进。在赛特斯，他们已经克隆了一版DNA聚合酶。该酶来自一种生活在高温下的细菌，在PCR中负责合成新的DNA链。由于这种酶可以在高温下存活，所以每次PCR周期循环均不需再次打开试管并添加这种酶。这意味着，整个过程可以完全自动化。事实上，同实验室的一个博士后已经打造了一整套奇妙的小装置，通过电脑控制三个大水浴槽，轮流给一个小水浴槽注入不同温度的水，使得PCR自动完成。在苏黎世的浴缸前研究了几个月后，我当然对这番改进颇为赞赏。我可以在傍晚开始一个PCR，然后回家（当一个阀门没有像预期那样关闭，并使得实验室遭遇大水后，这种行为遭到了我和同事的摒弃）。我们新奇但并不牢靠的实验设备很快就被赛特斯生产的第一台PCR仪所取代。这台仪器中有一个可以放置试管的带孔金属转盘。令我们高兴的是，PCR仪可以加热和冷却我们的样品，无论做多少次循环都可以，而且全程由电脑控制。我记得当它运转的时候，我们都对它充满敬畏。我天天扑在这台仪器上，在实验室伙伴能容忍的范围内，尽量多地预约使用它。

　　罗素·樋口克隆了已灭绝的非洲斑马——斑驴的两个线粒体DNA片段，这为获得斑驴基因跨出了第一步。罗素已经离开艾伦的实验室去了赛特斯公司，但仍然留下了一些斑驴样品。我从一块斑驴皮中提取了DNA，并且为了克隆同样的线粒体序列而合成引物，然后在新仪器上开始PCR。PCR奏效了！我扩增了美丽的斑驴DNA片段。测序时，我发现它们和罗素在细菌中克隆、测定的DNA非常相似。我的突出优势是可以一次又一次地重复。细菌克隆非常低效，而且几乎不可能重复结果，因为这个过程不可能产生同样的DNA片段。我得到的斑驴序列与我在细菌克隆时得到的序列非常相似，但它们与罗素的序列有两处不同。可能是当细菌吸收和复制这个样品时，由于分子损伤而产生了错误。有了PCR，我现在可以多次重复相同的序列，以确保它可以完全再现。这就是科学本来的面貌：结果具有可重复性！

　　我在《自然》发表了斑驴的数据。艾伦成为论文的共同作者。[2]显然，我们现在可以通过系统、可控的方式来研究古DNA。我深信那些已灭绝的动物、斯堪的纳维亚人、罗马人、法老、尼安德特人以及其他人类的祖先很快也可以用这个强大的分子生物学方法研究，虽然这个过程需要一些时间（毕竟我得与实验室同仁竞争使用PCR仪）。艾伦的兴趣之一是人类起源。不久之前，他才同马克·斯托金以及丽贝卡·卡恩（Rebecca Cann）一起在《自然》上发表了一篇颇有争议的论文。通过烦琐的分析，他们利用酶在已知序列的多个不同位点剪切DNA，比较来自世界各地的人们的线粒体DNA。结果表明，线粒体DNA可追溯到20万至10万年前居住在非洲的一个共同祖先。[3]现在通过研究更多个体的DNA序列，这项工作得以扩展开来。一位名叫琳达·维吉兰特的年轻研究生负责这项工作，她每天早上骑着摩托车来实验室。我注意到她所散发出的男孩子般的魅力，但大多时候把她视为觊觎PCR仪的竞争者。我根本不知道，我们将来会在另一个国家结婚生子。

　　到目前为止，科学家用遗传数据重建人类演化过程，得到的数据仅限于研究现代个体DNA序列的差异，以及推断过去的迁徙是怎样导致这些差异的。DNA序列中的核苷酸变化会随时间积累，会在群体中的代际间传递。科学家据此建立模型并导出推论，但这些模型不可避免地把过去发生的事情过度简单化处理了。例如，这些模型假设：在一个群体之中，每个个体与其他异性产下后代的机会都是平等的；它们还假设每一代都是一个独立的实体，没有代际交配，所研究的DNA序列在生存方面亦没有差异。有时我觉得，这种方法只不过比编造过去的故事好一点点，而且很明显，这一切都是间接的。而回到过去，亲眼看到过去真实存在的遗传变异才是"真正逮到演化的过程"。正如我想说的，必须研究过去许多个体的DNA序列，并在琳达正在做的现代人类的研究中直接加入历史观察。

　　这些都是雄心勃勃的想法，所以我试图花点时间研究几千年前的样本。伯克利分校脊椎动物博物馆收藏有大量的小型哺乳动物标本，它们是过去数百年来由在美国西部工作的博物学家所集到的。我在博物馆的研究生弗兰西斯·比利亚布兰卡（Francis Villablanca），以及艾伦实验室的博士后凯利·托马斯（Kelley Thomas）的协助下，开始着手研究更格卢鼠（kangaroo rat）。它们是一种小型啮齿动物，因其常用非常硕大的后腿跳来跳去而得名（见图3.1）。在加利福尼亚、内华达、犹他以及亚利桑那州交界的莫哈韦沙漠（Mojave Desert）有很多更格卢鼠，它们是响尾蛇最喜欢的美食。我从博物馆一些标本的皮肤中提取和测序线粒体DNA，这些标本是动物学

图3.1　加州大学伯克利分校脊椎动物博物馆馆藏的百年前更格卢鼠标本和现今的更格卢鼠。照片来源：加州大学伯克利分校。

家分别于1911年、1917年和1937年在三个不同的地方收集到的。然后，弗兰西斯、凯利和我复印了动物学家的田野笔记和地图，开始了一系列莫哈韦沙漠之旅，并在同一地点设置陷阱。我们按照过去的野外地图的指示，驱车进入沙漠，并找到了我们的动物学家前辈在70至40年前曾经来过的地方。太阳落山时，我们在北美艾灌丛和短叶丝兰树之间设置陷阱。在清凉而宁静的沙漠之夜，我们沉睡于星空之下，偶尔被啮齿动物陷阱夹关上的声音吵醒。与夜以继日的城市工作相比，这种变化令人愉悦。

　　回到实验室后，我们从逮到的更格卢鼠中提取出线粒体DNA并进行测序，然后将它与那些70至40年前的更格卢鼠序列进行比对。我们发现，随着时间的推移，这些变异并未有明显的变化。此结果并非完全出乎意料，但它仍然令人满意，毕竟这是第一次窥探到存活至今的动物的先祖基因。我们把我们的研究结果发表在《分子演化杂志》(*Journal of Molecular Evolution*)[4]，并欣喜地发现崭露头角的演化生物学家贾雷德·戴蒙德(Jared Diamond)在《自然》[5]上发表了一篇关于我们工作的热评。他表示，用PCR构建出的新技术，意味着"古老的标本构成了巨大且不可替代的材料，我们可以利用它们直接确定历史上基因改变的频率，而这些都是演化生物学中重要的数据"。他还说："这个示范项目将使得过去那些对博物馆标本的科学价值持有狭隘理解的人生活得更艰难。"

然而，对我来说，人类演化史是最终的研究追求，我想知道PCR能否为我们打开一扇回望过去的窗口。在乌普萨拉，我得到了一个发掘自令人毛骨悚然但叹为观止的佛罗里达州天坑中的样本。在这些充满水的碱性沉积之中，人们发现了美国原住民的骨骼。虽然它的头骨、大脑略有萎缩，但其保存之完好实在令人啧啧称奇。利用以往的技术手段，我发现它的样品中包含有保存完好的人类DNA。在冷泉港，我连同我的木乃伊实验一并报告了这些结果。通过艾伦，我从佛罗里达州出土的一个有7 000年历史的大脑中找到了类似的样本。我提取DNA，得到了一个非同寻常的线粒体DNA序列短片段。它存在于亚洲人中，但是从未出现在美国原住民身上。虽然我在两次独立实验中均发现了该序列，但那时的我已经意识到，现代DNA的污染是一个非常普遍的问题，在研究远古人类遗骸时尤为常见。因此，我在论文中警告说："无可辩驳的证据表明，报告所呈现的扩增得到的人类序列，其是否拥有古老的起源，亟待更多的深入研究。"[6]

尽管如此，这项研究似乎仍然很有希望。也许我需要更深入地了解人类群体遗传学。来自新西兰的瑞克·沃德（Ryk Ward）联系艾伦的实验室，表达了想要学习PCR技术的意愿，我自愿与他一起工作。他是一名理论群体遗传学家，在盐湖城工作。这样我每个月都得飞一次犹他，前往瑞克的实验室，教他们如何进行PCR。作为一个优秀的群体遗传学家，瑞克属于怪得可爱的那种人。即便天气寒冷，他仍穿着短裤和及膝袜。他承担着许多项目和各种行政任务，但从没完成过。这一拖沓的习惯使得他在大学里并不受欢迎。但另一方面，他喜欢讨论科学，并且拥有近乎无限的耐心，对像我这样没有接受过正式数学训练的人解释复杂的算法。我们一起研究温哥华印第安努特卡族（Nuu-Chah-Nulth）原住民的线粒体DNA变异。努特卡族是温哥华岛上的小型第一民族①族群，人口很少，瑞克多年以来都在研究他们。令人惊讶的是，我们发现该民族的数千个体中，包含着几乎一半存在于整个北美大陆原住民体内的线粒体DNA变异。这一发现意味着，过去认为这种部落群体在基因上呈现同质化的想法是错误的，相反，人类或许一直生活在具有遗传多样性的群体之中。

回到伯克利后，我们尝试的所有事情几乎都成功了。一名加拿大的博士后理查德·托马斯（Richard Thomas）来到实验室学习PCR，并需要构思一个新的研究项目。我便建议他研究在苏黎世逗留期间让我深受打击的袋狼。袋狼原产于澳大利亚和新几内亚岛，看上去很像狼，却如袋鼠以及其他澳大利

①　第一民族，加拿大境内数个民族的通称，不包括因纽特人与梅蒂人。

亚的动物那样，是有袋动物。因此，这是教科书式的趋同演化（convergent evolution）范例：毫不相关的动物在类似的环境压力之下，常常演化出类似的构造和行为。通过测序袋狼的一小块线粒体DNA片段，我们发现它与该地区其他的食肉有袋动物，如袋獾（Tasmanian devil）等密切相关。但它与南美洲的有袋类动物相距甚远，虽然其中某些已灭绝的有袋类动物也很像狼。这意味着，类似狼这样的动物已演化了不止两次，而是三次，其中一次是在胎盘哺乳动物期间，另两次是在有袋类动物期间。因此，从某种意义上说，演化是可重复的——在研究其他生物群体时，我们可以再次观察到之前观察到过的结果。我们把文章投给《自然》，艾伦慷慨地让我作为最后作者。要知道此位置属于领导研究工作的科学家。[7]对我而言，这是第一次作为最后作者署名，也让我意识到在科学研究上的角色开始发生改变。在这之前，我一整天都闷头在实验室工作台研究，甚至很多个晚上也都在做实验。即使有想法，我也要和导师讨论，从而获得启迪和协助。现在我意识到这一切开始改变。我不再需要亲自做所有实验了。渐渐地，我必须成为领导和激励他人的人。想象这样的未来似乎令人望而生畏，但我却发现自己很自然地就这样做了。

鉴于我和其他人一起多次应用PCR研究古DNA，因此我集中精力想去了解获取古DNA的错综复杂的技术细节。我总结了在乌普萨拉、苏黎世、伦敦以及伯克利工作期间积累的知识，写成文章，发表在《美国国家科学院院报》（*Proceedings of the National Academy of Sciences*）上。我在文中指出，古代遗骸中的DNA通常长度较短，且含有多种化学改变，有时分子之间相互交联。[8]用降解的DNA做PCR有几个不利影响，主要后果是利用PCR无法获取较长的古DNA片段，基本不可能得到任何高于100或200个核苷酸长度的DNA片段。我还发现，如果只有很少或没有足够长的核苷酸满足DNA聚合酶从一个引物到另一个的连续操作，那么聚合酶有时会把短的DNA片段缝合在一起，产生科学怪人般的组合，这都不曾存在于古生物的原始基因组中。我把这个形成杂交分子的过程称为"跳跃PCR"（Jumping PCR），是关键的技术难题，会混淆古DNA的扩增结果。我在两篇论文中描述了这种情况，但却完全忽略了它更为深远的意义。碰巧的是，几年后，一名注重实践的科学家卡尔·斯泰特尔（Karl Stetter）进行了基本相同的剪接过程。他结合不同的基因片段产生新的"马赛克"基因，并生成具有新特性的蛋白质。这个想法（我全心专注在获取古DNA片段上时，对此毫无察觉）为一个全新的生物技术产业提供了基础。

虽然许多事情在艾伦的实验室都进展顺利，但是我也开始清楚地意识到新技术和DNA保存的局限性。首先，并不是所有的古代遗骸都含有可以获取和研究的DNA，即便是通过PCR获取；事实上，除了博物馆中那些在动物死亡后迅速处理好的标本，我们很少能从老样本中获取到可扩增的DNA。其次，在可获取DNA的老旧样本中，许多DNA都已经降解，这意味着一般只可以扩增得到100或200个核苷酸长度的片段。再者，从老旧样本中往往无法扩增得到核DNA；我在乌普萨拉时曾幻想找到古代核DNA的长片段，但那似乎只是一个不切实际的美梦。

我在湾区的生活节奏紧凑且令人满意，不论是在实验室内，还是实验室外，我均如鱼得水。在湾区，艾滋病的蔓延速度呈指数级增长，带走了成千上万年轻人的生命。我觉得要帮助他人，因此我加入了东湾的艾滋病项目，并成为一名义工。在那里我见识了美国社会最美的两面：自我组织和义工服务。这在欧洲很少见。然而，尽管我在美国受到欢迎且有很好的科研机会，但我还是想回欧洲。我当时的女朋友对我的生活轨迹起了决定性影响。她名叫芭芭拉·维尔德（Barbara Wild），是一位来自德国的遗传学研究生。她来伯克利访学，沃尔特·沙夫纳将她安排到我这里，并介绍我们认识。她精力充沛、漂亮、聪明。我们短暂而密切地交往过，甚至在她回到出生地慕尼黑之后，我们仍旧维持恋人关系。我一有机会就去欧洲，有一次我们在威尼斯度过了一个浪漫到可笑的周末，和芭芭拉一起行走在威尼斯是令人兴奋的经历。

由于我经常找机会跑去慕尼黑，所以数次访问了德国慕尼黑大学（全称为路德维希–马克西米利安大学，Ludwig-Maximilians-Universität，后均简称为慕尼黑大学）的遗传学系，因为芭芭拉是那里的研究生。有一次，我甚至在那里开了一场关于古DNA实验的研讨会。研讨会后，分子生物学家赫伯特·雅克勒（Herbert Jäckle）告诉我，几个月后他那里将空出一个助理教授的职位，询问我是否感兴趣。我答应了，因为这样我就能与芭芭拉更长久地在一起。但随后再访慕尼黑时，我发现她已经与另一位和她一样研究果蝇的科学家交往。事实上，他后来成为她的丈夫。我飞回伯克利，希望尽量忘记芭芭拉和慕尼黑。

6个月后，我开始努力找工作。我去剑桥大学应聘讲师，去乌普萨拉大学应聘研究助理。然而，一天深夜，德国人又找上了我。不过这回是在美国出生的慕尼黑大学生物系主任查尔斯·达维德（Charles David）。他从伯克利给我打来电话，询问我：如果慕尼黑大学给我提供一个正教授而非助理教授的职位，是否会考虑去慕尼黑？

对我的职业生涯来说，这是跨度很大的一步。一般情况下，在成为一名教授之前，一个人必须担任很多年助理教授。正教授不仅是一个头衔，还有随之而来的各种资源，如大型实验室、人员和资金。但我迟疑了。我对德国知之甚少，我不知道自己能否适应这个国家。最后，查利和赫伯特一起说服了我。他们告诉我，慕尼黑是一个适合生活和科研的地方，所以我决定试试看。我计划接受慕尼黑大学提供的教授职位，并做几年好研究，然后返回瑞典。我接受了他们的提议。1990年1月的一个清晨，我拎着两个大箱子来到慕尼黑，准备在这个全新且有点吓人的世界开始独立的科学生涯。

第四章

实验室里的恐龙

    建立实验室很可怕，尤其是第一次尝试且面对一个陌生的环境。以我为例，各方面的环境均是新的。首先是该环境承载了德国的历史。我工作的地方是大学的动物研究所。这幢建筑是由美国的慈善组织于20世纪30年代捐赠给慕尼黑大学的，战争期间遭到美国的轰炸；战争结束后，又在原来基础上重建。所以它集中反映了德国和美国之间复杂、多面的关系。研究所位于火车站和一群复杂的建筑物之间。这些复杂建筑曾被希特勒设为纳粹党总部。据说地下室下面有一条隧道，元首及其同伙通过隧道往返于车站与总部之间。不管真相如何，谣言象征着我对法西斯曾经在德国投下的阴影感到恐惧。

    另一个新奇的方面在于我是在动物研究所任职。我上大学时从没学过动物学，甚至连生物学都没学过，我只学过医学。因为在瑞典，高中毕业后可以直接进入医学院。这一不足很快就显现出来了。在我刚到研究所时，一位资深教授问我下学期能否教授昆虫分类学。那时我仍有时差，脑子里塞满了其他问题，所以想都没想，直接表示了惊讶：动物研究所居然要与昆虫打交道，昆虫几乎不能算是动物。在我的脑海中，"动物"有爪子、毛皮，最好还有松软的耳朵。教授用怀疑的目光瞪着我，一句话没说就走了。在开始新工作的头一周，我为自己的愚蠢感到非常羞愧。但好消息是，再也没有人建议我教授任何分类学或昆虫学。

安顿下来后，我得知自己接替的前任教授死于意外食物中毒。很显然，要赢得所有同事的信任并不容易。他们其中的某些人认为我是一个没有经验且古怪的外国人——某种意义上的篡位者。我与汉斯约赫姆·奥特鲁姆（Hansjochem Autrum）紧张的相遇让这种处境变得更为尴尬。汉斯约赫姆·奥特鲁姆是前任教授的导师，曾是德国动物学界颇有影响力的人物，在我赴任时已经退休。当我到达慕尼黑时，他还在负责编撰颇有影响力的德国生物学期刊《自然科学期刊》（Naturwissenschaften）。他的办公室与我的实验室在同一层楼。到达慕尼黑的第一天，我与他在楼梯上打照面，我友善地同他打招呼，但没有得到回应。我的一位技术人员告诉我说，后来听到他大声抱怨很多优秀的年轻德国科学家无法找到工作，但是系里却聘请了"国际垃圾"（internationaler Schrott）。从那时起，我就决定不再理会他。多年以后他去世了，那时我也参加了他曾隶属的一个著名的德国团体。我在会刊上读到他的讣告，作者指出，1945年之前，奥特鲁姆教授不仅已是纳粹党员，而且还是冲锋队[①]成员。他还在柏林的一所大学教授国家社会主义思想课程。虽然我一直渴望自己受到

---

① 希特勒于 1932 年创立的武装组织。

所有人的喜爱，但回过头来看，我觉得自己没能与他成为朋友也理所当然。

幸运的是，奥特鲁姆教授是研究所的例外。同样幸运的是，他所代表的那代人已淡出德国。渐渐地，由于坦白自己在分类学以及大多数有关动物学和行政上的无知，我成功地把许多资深实验员聚集到了我的团队。很快，他们便想要帮助我建立全新和令人兴奋的研究。查利和赫伯特非常支持我；当实验室改造所需的费用超出预期经费时，学校增拨了额外的经费。虽然进度缓慢，但我需要的设备还是被组装了起来，且一切安排妥当。更重要的是，一些学生很有兴趣和我一起工作。

从科学角度而言，我觉得我们需要系统地建立可靠的古DNA扩增流程。在伯克利的时候，我便开始认识到，现代DNA对实验的污染是一个严重的问题，特别是在使用PCR时。有了新的PCR仪和耐热DNA聚合酶，这个过程就变得足够敏感，以至于在适当的条件下，很少量的DNA分子，哪怕只是一个单一的分子，便足以启动反应。这听起来不错，但会造成不少麻烦。例如，如果一个博物馆标本中没有残存的古DNA，但含有博物馆馆员的一些DNA片段，那么我们或许会不知不觉地研究了馆员的 DNA，而非古埃及祭司的DNA。当然，已经灭绝的动物误导我们的概率很小。事实上，在开始古DNA研究时，我第一次意识到污染这个巨大的潜在威胁。有时我试图扩增动物残骸的线粒体DNA，得到的却是人类的线粒体DNA序列。1989年，在我要离开伯克利前往慕尼黑之前，我曾与艾伦·威尔逊以及罗素·樋口（我重复了他的斑驴工作）共同发表了一篇论文，其中介绍了我们所谓的"可靠性准则"

（criteria of authenticity）。我们认为，在确认利用PCR获取到的是真的古DNA序列之前，必须执行这项准则。[1]我们建议：每次从老旧标本中提取DNA时，必须同步进行"空白提取物"实验，即提取物中没有使用古代组织，但其他所有试剂都相同。这使得我们能够检测出由于各种原因潜伏于试剂本身，且出现在实验室中的DNA。此外，提取和PCR的过程需要重复多次，以确保DNA序列至少重复出现两次。最后我意识到，古DNA的碎片长度都不会超过150个核苷酸。简而言之，我的结论是，许多声称获得古DNA的实验，尤其是在PCR出现之前，都只是无可救药的天真想法。

由于后续的工作表明，古DNA常常降解为小片段，所以我已经意识到，1985年发现的木乃伊序列长得令人怀疑。我找到该序列的原因有二，其中之一正如另一研究团队所证实的，它们来自移植抗体基因[2]（这和我在乌普萨拉实验室研究所处理的基因类型完全相同）：要么是因为我用这些基因探针找到了这个序列，要么是因为实验室的一个DNA片段污染了我的实验。鉴于序列的长度，污染的可能性似乎更大。我安慰自己，这就是科学的进步：老实验被新近且更好的实验所取代。我很高兴能成为改进自己工作的人。随着时间的推移，来自外界的帮助也推动了这一进步。1993年，托马斯·林达尔在《自然》上发表短评，他认为建立诸如我们于1989年所提出的准则[3]，对古DNA研究领域来说非常必要。[4]由一个其他领域广受尊敬的科学家指出这点，我们备受鼓舞。尤其是考虑到古DNA研究领域往往吸引了许多并无坚实分子生物学或生物化学背景的人，他们被媒体对许多古DNA结果的关注所吸引，于是采用PCR研究他们碰巧感兴趣的老旧样本。在实验室里，我们私下喜欢称这些研究"无分子生物学从业资格"。

当为新实验室考虑研究项目时，我特别倾向于采用分子方法来研究人类历史。这是一个迷人的项目。但先入为主的历史观念引发了猜想和偏见，使得这个项目开展起来并不容易。我希望通过研究古人类DNA序列变异，为人类历史研究注入新的严谨风貌。我当时很想研究保存于丹麦和德国北部泥炭沼泽中的青铜时代人类，但查阅更多关于他们的资料后发现，这些尸体之所以能保存下来是因为沼泽的酸性条件对它们进行了鞣酸处理。但是酸会使核苷酸受损，使DNA链断裂。因此酸性条件对于DNA的保存极端不利。更糟糕的是，既然能在动物遗骸中发现人类DNA，那么远古人类研究会十分令人头疼。

所以，我们开始反过来收集已灭绝动物的标本，如西伯利亚猛犸象。我们开始系统地设置对照组的实验。例如，我最早的研究生奥利瓦·汉特（Oliva Handt）和马蒂亚斯·赫斯（Matthias Höss）采用了专门为人类线粒体DNA设计的引物。令我沮丧的是，他们发现从所有的动物样本中都可以扩增出人类DNA，而且从空白组的提取物中也扩增出了人类DNA。我们用刚送到实验室的新鲜容器配制新试剂，但还是徒劳无功。我们一次又一次地尝试，尽可能做到一丝不苟。但几个月过去了，我们几乎在每一次实验中都发现了人类DNA。我开始绝望。除非它们完全符合我们的预期，如从袋狼中发现有袋动物的序列，否则我们如何能够相信这些数据？但如果我们只相信预期的结果，古DNA领域会非常无趣，因为我们永远不会发现意外的结果，而后者显然是实验工作的本质和每一个科学家的梦想。

我每晚都带着因为实验失败的沮丧和不耐烦回到家。但是我渐渐意识到，对于污染问题我还是太天真。我没有从PCR极端敏感的认识中得出合乎逻辑的结论。在伯克利以及慕尼黑的初期，我们在实验室长台上提取DNA标本——也正是在同一长台上，我们处理了大量人类和其他我们感兴趣生物的DNA。即便很微小的一滴现代DNA溶液进入古DNA提取物，前者也会淹没极少的古代组织分子。即便我们没有明显的操作失误，这种情况还时有可能发生，比如忘记更换吸液管的塑料头。

我清楚地知道，我们需要把提取DNA和处理老旧组织的过程与实验室的其他实验过程进行物理分隔。特别是，我们需要把实验室的其他实验和PCR进行隔离，因为PCR能够产生万亿个分子。我们需要一个专门用于古DNA提取和扩增的实验室，所以我们在同楼层找到一个无窗的小房间，将其清空并全部粉刷一新，然后花时间思考如何去除潜伏在新实验台和实验室新购设备上的DNA。我们想出了一些严苛的处理方法。我们用漂白剂清洗整个实验室，因为漂白剂会氧化DNA。我们在天花板上安装紫外线灯，让它们彻夜亮着，因为紫外线会破坏DNA分子。我们为新实验室买了新的试剂，这是全世界第一个致力于古DNA研究的"洁净室"（见图4.1）。这些措施带来了显著的改变，我们的空白提取物不再含有DNA。而让我高兴的是，我们仍能从一些样本中得到DNA。但几个月后，空白提取物又出现了DNA。我很生气。到底发生了什么？我们扔掉了所有试剂，又购买了新的。

事情再次好转，但只维持了一段时间。那时我变得很偏执，对保持洁净室的干净充满狂热。我还建立了洁净室工作铁律——这些规矩至今仍在沿用。首先，只有特定的人才能在那里做实验——即我最早的两个研究生，奥利瓦和马蒂亚斯。然

图4.1　奥利瓦和马蒂亚斯在慕尼黑的首个"洁净室"。照片来源：慕尼黑大学。

后在进入洁净室之前，他们每个人都要穿上特殊的实验室外套、特殊的鞋，戴上手套、面罩和发网。不过还是有一些污染出现在空白提取物中。沮丧之余，我下了命令：他们一早从家出来后，必须直接进到洁净室。如果他们走到可能存在PCR产物的房间，当天将禁止再进入洁净室。所有的化学品必须直接送到洁净室，新购置的设备也直接送去那里。慢慢地，情况开始出现好转。不过，所有新的溶剂和需要的化学品都要经过PCR检测，看是否有人类DNA的痕迹。丢弃一批批的货是常有的事。对奥利瓦和马蒂亚斯而言，这一切都是繁重的工作。他们加入我的实验室是想研究古人类和灭绝动物，后来却发现自己总是在检查化学品，担心有污染。

但实验室的总体气氛得到了改善，我们的努力开始得到回报。当提取物变得干净，我们可以开始解决其他方法论上的问题了。到目前为止，我们所有的工作都基于软组织，如皮肤和肌肉。但我记得在乌普萨拉时，我得到的DNA来自木乃伊样本的软骨。软骨与骨骼并没有很大区别。如果既可以从软组织，也可以从古老的骨骼中提取DNA，那么显然会增加成功的概率，因为通常远古个体最容易留下的就是骨骼。1991年，埃里卡·哈格尔贝格（Erika Hagelberg）和牛津大学的J. B. 克莱格（J. B. Clegg）发表了一篇关于从古人类和动物的骨骼中提取DNA的论文。[5]所以当污染问题得到控制后，马蒂亚斯尝试了许多方法，期望从骨骼中获得DNA。他把重点放在污染风险小得多的动物上（因为大部分动物的DNA很少在我们实验室出现）。有一篇相关研究报告描述了一种微生物DNA提取方案；其中依据的基础是：在高浓度盐溶液中，DNA结合到二氧化硅颗粒（本质上是一颗很细微的玻璃粉）上。然后，为了洗掉样品中许多未知并可能干扰PCR的成分，实验人员会彻底清洗二氧化硅粒子。最后，通过降低盐浓度，DNA可以从二氧化硅颗粒中释放出来。这个提取方法虽费力，但很有效，是DNA提取方法的一次重大进步。

我和马蒂亚斯于1993年发表了这个二氧化硅提取方法。我们研究了更新世的马骨，所得的线粒体DNA序列表明，我们可以从2.5万年前的骨头中提取到DNA——这是首次有人发表最后一个冰河时期之前的可靠DNA序列。[6]该提取方案经过略微改进，今天仍应用于大多数古DNA的提取。这篇论文发表之前，我们遭遇了种种挫折，因此我们在论文开篇便明确指出：该新兴领域"问题重重"。但情况正在慢慢改变。事实上，那时我们并没意识到，马蒂亚斯和奥利瓦为未来几年的研究工作奠定了基础。1994年，马蒂亚斯得到了首个西伯利亚猛犸象的DNA序列，它们分别来自4头生活在5万多年前到9 700年前的猛犸象。我们把这项工作成果投到了《自然》，同期发表的还有埃里卡·哈格尔贝格的文章。埃里卡·哈格尔贝格从2头猛犸象的骨头中得到了类似的结果。[7]虽然这些线粒体DNA序列很短，但却表明，如果可以得到更多的序列，我们可以开展更详尽的研究。例如，我们发现，4头猛犸象的DNA序列之间有着很多不同。可以想象，此结果不仅可以明确猛犸象和如今健在的2个同类物种——亚洲象和非洲象之间的关系，也可追踪更新世晚期和约4 000年前猛犸象灭绝的历史。我们终于看到了古DNA研究的曙光。

这时，我们的DNA提取和PCR方法也应用到了其他非同寻常的生物材料之上。同校的野生动物学家费利克斯·克瑙尔（Felix Knauer）有一天突然出现在我的办公室，询问关于把我们的DNA技术应用到"保护遗传学"的可能。"保护遗传学"试图用遗传学回答：如何最好地保护濒危物种。费利克斯已经收集到幸存的野生亚平宁棕熊的粪便，这种熊主要生活在阿尔卑斯山的南坡。我邀请费利克斯和其他几个学生，尝试用我们的二氧化硅提取方法和PCR技术，从熊粪中提取DNA。我们发现，我们可以从粪便中扩增得到熊的线粒体DNA。而在此之前，想要得到野生动物DNA，要么杀死动物，要么用镇静枪射击，然后抽血。这个过程具有很大的风险，因为动物显然非常不安。现在我们不必打扰熊，便可以研究亚平宁熊与其他欧洲熊种群之间的遗传关系。我们以短文形式将这个研究结果发表在《自然》上。我们还在这篇论文中指出，可以通过熊所吃下的植物提取熊的DNA，构建其饮食组成。[8]从此之后，在野外收集排泄物并提取DNA便成为野生动物生物学和保护遗传学的普遍研究方法。

　　在我们煞费苦心地开发方法进行检测和消除污染时，《自然》和《科学》发表的一些华而不实的论文令我们很沮丧。这些文章的作者只做表面工作，却比我们更成功。我们付出艰辛努力却只得到"少量"数万年之久的DNA序列。我们与他们相比就相形见绌了。这种趋势始于1990年，当时我还在伯克利。加州大学欧文分校（UC Irvine）的科学家研究了在爱达荷州克拉克（Clarkia）中新世沉积中发现的亚雷它木兰（*Magnolia latahensis*）树叶，然后发表了已有1 700万年历史的DNA序列。[9]这是一项惊人的成就。这么看来，人们可以研究数百万年前的DNA演化，甚至回到恐龙时代！但我对此持怀疑态度。1985年，我在托马斯·林达尔的实验室学习时发现，DNA片段保存几千年是有可能的，但保存数百万年似乎不可能。在林达尔工作的基础上，艾伦·威尔逊和我试图推断：在既不太冷也不太热，既不太酸也不太碱，且含水的条件下，DNA能保存多久。我们得出这样的结论：数万年后（如果情况特殊，则可达数十万年），最后的分子会消失。但谁知道呢？也许爱达荷州的化石岩层非常特别。去德国之前，我勘查了这个采集点。那里的沉积由黑色黏土组成，现在已被推土机移除。撬开黏土块后发现，其中露出了绿色的木兰叶。只是一旦暴露在空气中，木兰叶便迅速变成黑色。我收集了许多树叶，并带到慕尼黑。在我的新实验室中，我试图从叶子中提取DNA，并发现它们含有许多长的DNA片段。但我用PCR无法扩增得到植物DNA。我怀疑这些长DNA来自细菌，于是用细菌DNA作引物，马上获得成功。显然，细菌已经在黏土中生长。唯一合理的解释是，欧文的植物基因研究团队没有在单独的"洁净室"进行古DNA研究，他们扩增得到的是一些污染的DNA，并以为它们来自叶片化石。1991年，我和艾伦在一篇论文中就DNA的稳定性发表了我们的理论计算[10]，并在另一篇论文中描述了我们从爱达荷植物化石中获取DNA的失败尝试。[11]这是个令人悲伤的时刻，因为艾伦一年前患上白血病，此时病情已经非常严重。然而，他还是对这两篇论文做出了重要贡献。那年7月，他英年早逝，年仅56岁。

我天真地认为，我们的论文指出了从化学角度而言，DNA保存上百万年时间是不可能的，这会阻止人们寻找超级古老DNA的步伐。但是，爱达荷州的植物化石并非事情的终点，而是一个全新研究领域的开端。下一个超级古老DNA发现于琥珀之中。数百万年前，树脂从树中渗出，凝固成半透明的金色团块，这就是琥珀。多米尼加共和国的采石场和波罗的海的海岸以及其他地方都发现过大量琥珀。琥珀中常埋藏了昆虫、树叶，甚至诸如树蛙之类的小动物。这些包裹物常保存着数百万年前生物体的精致细节，所以许多研究者希望，它们的DNA也会保存得如此完整。第一篇这样的论文发表于1992年。美国自然历史博物馆的一个研究团队在《科学》上公布了包裹在3 000万年前多米尼加琥珀中的白蚁DNA序列。1993年，加州理工州立大学［California Polytechnic State University，位于圣路易斯–奥比斯波（San Luis Obispo）］的劳尔·卡诺（Raul Cano）领导的实验团队发表了一系列论文，其中包括关于来自黎巴嫩琥珀中1.35亿至1.2亿年前象鼻虫DNA的文章[13]，还有来自4 000万至3 500万年前多米尼加琥珀中树叶DNA的文章。[14]后来，卡诺还成立了一家公司，声称从琥珀中得到了1 200多种生物的DNA，其中包括9种古代的活酵母菌株。让我们暂时把这些古怪言论放在一边，在我看来，不排除DNA在琥珀中长期留存的可能，因为琥珀可以保护它们免于遭受水和氧的侵害，毕竟水和氧是最易破坏DNA化学结构的两个因素。但是该假设并非意味着数百万年来它们可以不受背景辐射的影响，当然也不能解释：为何我们如此大费周折后，才扩增到了年轻上千倍的DNA。

等到1994年，机会来了。亨德里克·波伊纳（Hendrik Poinar）加入我们实验室。亨德里克是一个好交际的加州人，是乔治·波伊纳（George Poinar）的儿子，而乔治·波伊纳是伯克利的教授，也是一位德高望重的琥珀以及琥珀内含生物方面的专家。亨德里克与劳尔·卡诺发表了一些琥珀内含生物的DNA序列，因为亨德里克的父亲拥有全世界最好的琥珀。亨德里克来到慕尼黑，在我们的新洁净室工作，但他无法重复在圣路易斯-奥比斯波的实验。事实上，只要他的空白提取物是干净的，那么就意味着他没有从琥珀中得到任何DNA序列，无论以昆虫还是植物为实验对象。我越来越怀疑，有些人也和我持相同看法。自我1985年访问其实验室后，托马斯·林达尔便一直对古DNA很感兴趣。1993年，他在《自然》上发表了一篇颇具影响的关于DNA稳定性和衰减的综述。文中有一部分是专门讲古DNA的。[15]如同我和艾伦先前认为的那样，他指出，古DNA留存超过数十万年是不可能的。但是他仍对琥珀中的样本抱有希望，而我对琥珀却不抱任何幻想。

托马斯还为超级古DNA找到了一个绝佳术语：上古DNA

（antediluvian DNA）。我们喜欢这个词，于是就拿来用了，最后也用成了固定的专业术语。但此番嘲弄当然无法阻止热衷者的脚步。不可避免的事情发生在1994年。犹他州杨百翰大学的斯科特·伍德沃德（Scott Woodward）和他的同事们发表了从8 000万年前的骨碎片中提取的DNA序列——这块骨头"可能"来自一条或多条恐龙。[16]这篇论文发表在《科学》上。作者从骨头碎片中得到了许多不同的线粒体DNA序列，在作者看来，其中一些似乎与鸟类、爬行动物以及哺乳动物的亲缘关系同样近。他们认为这些可能是恐龙的DNA序列。我认为这个观点有些荒唐可笑。我实验室的博士后汉斯·泽西勒（Hans Zischler）对该领域的发展深感失望。他一丝不苟，甚至有点学究。他决定跟踪这项特殊的研究。我们对犹他研究组所公布的DNA序列进行了更为严格的分析，发现相较于鸟类或爬行动物，这些序列似乎更接近哺乳动物的线粒体DNA，实际上，更接近人类的线粒体DNA。

然而，这些序列似乎并不是人类的线粒体DNA。想知道到底是什么，就得多了解一些关于线粒体DNA的实质。回想一下，线粒体基因组位于线粒体中，包含16 500个核苷酸环状DNA分子。在几乎所有的动物细胞中，细胞器都位于细胞核外。这些细胞器以及其中的基因组，最初起源于20亿年前进入原始动物细胞的细菌，而这些原始细胞通过劫持细菌产生能量。随着时间的推移，被劫持的细菌将大部分的DNA转移到细胞核中，这些DNA与染色体基因组的主要部分整合在一起。即使到了现在，在人类的生殖细胞中，当卵细胞和精细胞形成时，线粒体有时会破裂，其DNA片段很有可能进入细胞核。如果细胞核中的核基因组正好也有缺口，修复机制会有效识别DNA链断裂的末端，并将它们与其他可能存在的DNA末端连接起来。因此，有些线粒体DNA片段整合到了我们的核基因组中，虽然它们不起任何作用，但能传递给下一代。在我们的细胞核中，每个人都携带数百甚至上千个这种错配的线粒体DNA片段，它们都是在过去不同的时间点整合到我们的基因组中的。这些片段与我们真正的线粒体DNA有不同程度的相似，但更类似于古线粒体DNA序列。它们不发挥任何功能，被视为插入核DNA的遗传垃圾，因而它们积累的突变不受限制。汉斯·泽西勒曾在我们实验室研究这种整合到核基因组中的线粒体DNA。在思考那些假定的恐龙DNA时，我们怀疑犹他团队发现的可能就是这样的片段。事实上，鉴于我们遭受人类DNA污染实验的经验，我们认为他们发现的很可能就是人类线粒体DNA在细胞核中带有特殊变异的片段。我们决定在人类细胞核基因组中寻找他们发表的序列。不过，问题在于，正常人体细胞的DNA会同时含有核DNA和线粒体DNA，并且大多数细胞的线粒体中有成百上千的线粒体DNA，这使得我们很难找到来自线粒体并插入核DNA中的线粒体DNA片段。这时，生物学帮了大忙。正如第一章指出的，我们没有从父亲那里得到线粒体DNA，而只从母亲那里通过卵细胞获得线粒体DNA。这是因为穿透卵细胞的精子头部不含线粒体，所以如果我们要得到没有线粒体DNA的核DNA，只需获得精子的头部。

我和我的男研究生谈过这事，大家都对这项工作充满热情。一天早上，我们都分头去设法弄到精子。汉斯用离心法小心翼翼地分离出精子头部，然后纯化出精子头部的DNA，再用与犹他研究组相同的引物做PCR。正如预期的那样，他获得了许多核线粒体DNA片段序列，然后筛选出与犹他团队相似的"恐龙"序列。事实上，我们发现了两条与已公布序列几乎相同的序列。这意味着，犹他团队测到的是一些跑到人类核基因组中的人类线粒体DNA序列，而非恐龙的DNA序列。由于这些片段很久之前便已离开人类线粒体基因组，且发生了很多变异，以至于它们看起来不像是人类的线粒体DNA，但仍与哺乳动物、鸟类和爬行动物的线粒体DNA相似。在给《科学》写"技术评论"[17]的时候，我不禁略带戏谑地指出，我们之所以能在我们的实验室中用我们自己的DNA得到与犹他非常相似的DNA序列，有以下三种可能：第一，我们的实验室夹杂了恐龙DNA的污染，不过我认为这不可能。第二，在6 500万年前，恐龙在灭绝之前与早期的哺乳动物杂交，这也不可能。第三种（也是最合理的）情况是，恐龙实验中出现了人类DNA的污染。《科学》把我们的评论与其他两组评论一起刊发，那两篇评论也都指出了对DNA序列的比较存在不足。迫于这些评论所带来的压力，犹他团队后来宣称，他们得到的线粒体DNA序列看起来像是鸟类祖先的。

这篇评论写起来很有趣，但略带苦涩，因为像犹他团队这样的研究仍时不时地出现在古DNA领域。引人注目但结果可疑的问题仍然困扰着今天的古DNA研究。正如我的学生和博士后经常对我说的，PCR很容易产生稀奇古怪的结果，但难以证明这些结果是正确的。然而，一旦公布结果，我们就更难证明它是错误的，也很难解释污染来源。就这个例子而言，我们成功了，但是我们付出了努力，做了大量工作，但并未向前推进手头的研究。直到今天，人们还不清楚发表在《自然》和《科学》上的琥珀序列是从哪里来的。我认为，只要经过充分研究，一定可以找到污染来源，不过我觉得我们已经做得足够多了。正如一位学生所说的，"别再扮演PCR警察了"。自此，我们决定忽略那些我们认为是错误的报告，专注于自己的工作。我们觉得，自己对该领域最大的贡献是从数万年前的老旧样本中得到DNA，建立了证明结果的真实性和正确性的方法。由于现代人类的DNA隐藏得很深，且无处不在，要从古老人类的遗骸中得到DNA非常困难，但也并非不可能。所以纵使很痛苦，我还是需要暂时忘记人类历史，把注意力转移到古动物研究上，毕竟我是动物学系的教授。我决定专心研究灭绝动物与其现代亲属的关系。

第五章

人类受挫

　　19世纪30年代，在南美洲远征采集的查尔斯·达尔文对化石很着迷，但对化石中存有多种大型食草哺乳动物的遗骸深感困惑：这些生物看起来比目前居住在该地区的任何动物都大得多。除了收集可以捕捉到的动物和鸟类样本，达尔文还收集了一些化石并送回英国，其中包括一个发现于阿根廷海岸悬崖、饱受海水侵蚀的大型下颌骨。解剖学家理查德·欧文（Richard Owen）分析了这个下颌骨，认为这属于一头如河马般大小的大地懒，并称其为达尔文磨齿兽（*Mylodon darwinii*）（见图5.1）。关于如此奇怪的大型食草动物，更有趣的想法是这种动物仍可能存活于世，生活在巴塔哥尼亚（Patagonia）的某个荒野上。1990年，有人似乎发现了地懒的新鲜粪便和皮肤残留物。这项轰动一时的发现促使赫斯基思·普里查德（Hesketh Prichard）的探险队展开找寻这种神奇动物的旅程。在巴塔哥尼亚，经过2 000余英里①的长途跋涉，普里查德认为"没有

---

① 　1英里≈1.609千米。

图5.1 地懒骨架的重构图。图片来源：维基百科。

找到任何可以证明磨齿兽仍然幸存于世的证据"。[1]这当然是有原因的：大约在1万年前的最后一次冰河时期，磨齿兽便已灭绝。

南美洲现今存活的两趾和三趾树懒，体重仅有10～20磅①。与磨齿兽相比，它们不算太大。但与磨齿兽不同的是，两趾和三趾树懒生活在树上。不过对于树栖哺乳动物而言，它们的体型还是足够大。它们在树上并不敏捷，且喜欢下到地面解决排便等日常琐事。从演化角度来看，它们似乎是近期才适应树栖生活的。不过有一个大疑问：树懒的祖先是不太优雅地一次性适应了树栖的生活方式，还是这两种树懒分两次独立适应树栖的生活？也就是说，过去住在地上的树懒至少分两次才分别到树上生活？如果类似的适应过程独立地发生了一次以上，也就是说历史重演，这就说明动物适应生态挑战的方法有限。两个或更多不相关的生物，独立演化出类似的行为或体

_____

① 1磅≈453.6克。

形，每个这样的趋同案例，均证明演化遵循一定规则，并且这些例子有助于演绎演化规则的运行。我们在苏黎世和伯克利研究的袋狼便是一个例子。树懒跟袋狼一样，如果我们能够阐明达尔文的灭绝大地懒与现今的两趾和三趾树懒之间的亲缘关系，便可以判断它们之间是否已经发生过趋同演化。

我参观了伦敦的自然历史博物馆，并与和蔼的馆员安德鲁·柯伦特（Andrew Currant）一起共度时光。他负责管理第四纪哺乳动物的收藏，也是古哺乳动物方面的专家，身材与更新世巨大的哺乳动物很像。他向我展示了一些达尔文带回的骨头化石，并让我从他们收藏的两块巴塔哥尼亚磨齿兽的骨头上各切一小块作为样品。我还参观了位于纽约的美国自然历史博物馆，并取得了一些可供研究的样品。但在安德鲁的博物馆，我亲身体会到我们所研究的古动物标本是多么容易受到污染。当我和安德鲁一起检查树懒骨头的时候，我问他这些样本是否已经涂了亮光漆。让我惊讶的是，他直接拿起一块骨头舔了一下，解释道："没有，这些骨头没做任何处理。"如果骨头涂了亮光漆，它不会吸收唾液；相反，未经处理的骨头会很好地吸收唾液，所以有些黏舌头。我吓了一跳，这百余年来，不知道我们从博物馆取来研究的那些骨头已经像这样被测试过多少次。

我把样品送回慕尼黑之后，马蒂亚斯·赫斯用娴熟的技术处理它们。一直以来我都坚持首先从技术层面着手。我对树懒的兴趣主要在于如何得到古DNA。马蒂亚斯用一个粗略的方法估算了能从磨齿兽中提取到的DNA总含量，并大致分析了它们与现代树懒DNA的相似程度。结果，在我们质量上乘的磨齿兽骨提取物中，只有约0.1%的DNA来自动物本身，其余DNA来自那些在树懒死后附生在其骨头上的其他生物。这种情况在我们已研究的许多古物残骸中很有代表性。

针对线粒体DNA片段，马蒂亚斯设法扩增较短的重叠片段，用PCR重建一段超过1 000个核苷酸的磨齿兽线粒体DNA。他还测定了现代树懒样本的同一序列，并与磨齿兽的线粒体DNA进行比较。他发现后腿站起来后高达10英尺^①的大地懒，与现代两趾树懒的关系比和三趾树懒的关系更为密切。这一点非常重要。因为如果两趾和三趾树懒彼此更为密切相关，而与磨齿兽亲缘关系更远（这是当时大多数科学家的看法），那就说明两趾和三趾树懒拥有共同的树栖祖先。我们的结果表明，树懒至少经历了两次演化，才变成现在体型较小、大部分时间生活在树上的样子（见图5.2）。

袋狼和树懒这两个趋同演化的例子让我深信，就表明物种

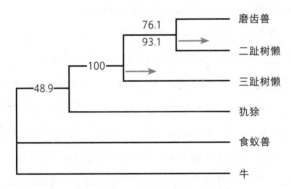

图5.2 树状演化图表明磨齿兽与两趾树懒的亲缘关系比和三趾树懒的关系更近。这表明在树懒的历史上，居于树上的事件至少发生过两次。来自Matthias Höss et al.,"Molecular phylogeny of the extinct ground sloth *Mylodon darwinii*,"*Proceedings of the National Academy of Sciences* USA 93,181–185(1996)。

---

① 1 英尺 ≈ 0.304 8 米。

之间的关系而言，形态特征并不是可信的指标。只要环境改变给生活方式的改变带来压力，几乎所有动物的身体形状或行为均可独立演化。对我而言，DNA序列为正确判断物种亲缘关系的远近提供了更为行之有效的办法。随着时间的推移，DNA序列可以累积成百上千个突变，每个突变是独立发生的，且大多数突变并不影响一个生物的外观或行为。相较之下，形态特征的变化程度能有迹可循，主要因为它们攸关生物的生存，并且不同特征的变化（如各种骨头）彼此之间相互关联。由于可以积累大量独立且随机变化的数据，与形态特征相比，以DNA序列为材料可以重建更可靠的亲缘关系图谱。事实上，与形态特征不同的是，DNA序列中积累的差异个数可以推导出共同祖先开始产生分支的时间，因为至少在同一类动物中，这些差异的发生大致遵循一定的时间函数。

马蒂亚斯用这样一个"分子钟"方法，计算树懒、犰狳和食蚁兽线粒体DNA中积累的核苷酸差异和可能的突变数目。他发现这类动物十分古老，大约在6 500万年前恐龙灭绝之前，它们便开始分化。这样的演化时间表也适用于其他一些的哺乳动物以及鸟类。现在的很多动物，它们的祖先在恐龙统治地球时就已存在。地球上曾经有多种多样的地懒，但如今只剩下三种树懒。在我们发现现今的三种树懒并没有共同祖先之前，很多研究认为树栖式树懒可能共有某些未知但重要的生理适应能力，这使得它们哪怕是面对最后一次冰河时期的气候变化，也生存了下来。但如果它们没有共同的祖先，这种说法似乎就不成立了。更合理的解释是，它们生存下来的原因在于：生活在树上。我们在文末推测，生活在树上可能有助于树懒在人类到来后仍得以幸存，因为人类似乎已经将居于地上且行动迟缓的树懒猎杀灭绝了。[2]究竟是生态因素，还是人为过度捕猎导致地懒这样的美洲大型动物在约1万年前灭绝？这些争论还在继续，我们很高兴古DNA可以为解开这类谜题献力献策。我们已经证明，可从几千年前的动物身上得到可靠的DNA序列，而这些DNA序列能提供足够的信息，为研究动物演化提供新的视角。

到了20世纪90年代中期，古DNA研究领域多少已经发展平稳。许多研究人员已经开始意识到什么是可能的，什么是不可能的。死后立即经过干燥处理的动物皮肤和其他部位可用来进行常规的DNA提取，我们之前在伯克利对更格卢鼠的研究就已证明了这点。对囊地鼠、兔以及许多其他动物的研究也相继出现。20世纪90年代，一些大型动物博物馆建立了分子实验室，专门研究其旧藏样品和特意收藏的新样品的DNA。华盛顿哥伦比亚特区的史密森学会，以及伦敦的自然历史博物馆率先而行，其他博物馆纷纷效仿。同样，法医科学家分析了他们多年前收集到的证据，并从中提取和扩增DNA。法院为此也取得了长足进步：基于遗传证据，推翻了含冤入狱者的定罪，确定遗骸并捉拿真正的罪犯。在慕尼黑的头几年令人沮丧，当其他人在《科学》和《自然》发表荒谬的数百万年的DNA序列时，我和我的团队一直为污染和其他方法上的问题而头疼不已。不过如今取而代之的是一种满足感，一切都值得。该领域已经建立起来，是时候回到人类遗骸这个旧的挑战上了。

如我之前提到的，现今人类DNA污染实验的方式多种多样。伦敦的馆员用舌头舔树懒骨头就是尤为明显的例子，灰尘、劣质试剂以及其他许多因素也都是问题。对我来说，人类历史是终极目标。问题是，虽有千难万险，我们是否仍可以找到前进的方法？

奥利瓦·汉特终其一生都致力研究这个问题。奥利瓦热心如慈母，但是对自己的工作要求很严格。我觉得对于她的工作来说，这是一种非常优秀的特质。她处理的问题与马蒂亚斯在树懒工作中碰到的相同。除此之外，她还担心落于试管上的零散微尘，而试管里正保存着古人类骨头提取物。如果没有附着微尘的空白提取物与骨提取物作对照，她几乎无法判定她得到的序列是来自骨头还是来自污染的微尘。为此，我们决定让奥利瓦研究北美原住民的遗骸，其线粒体DNA包含某些没有在欧洲人中出现过的特殊变异。虽然我不太喜欢做那些只有当结果与预期相一致时才算可靠的实验，但这似乎是我们能够可靠得到古人类DNA序列的少数方法之一。因此奥利瓦开始着手研究来自美国西南部的骨架和干燥的遗骸，它们有大约600年历史。她为此心力交瘁，一遍又一遍地重复提取、检测结果的可重复性，而此时恰好出现了一个千载难逢的绝佳机会。

1991年9月，两个德国徒步旅行者在奥地利和意大利的边境，浩斯拉伯克（Hauslabjoch）附近的奥策尔（Oetztal）的阿尔卑斯山上发现了一具木乃伊。他们和当局联络，认为这是一具现代人的尸体，也许是一名战争受害者，又或者是一名不幸在暴风雪中迷失方向的徒步旅行者。但人们把这具尸体从冰中移出后发现，他身上残留的衣物和器具明确表明，他不是现代的士兵或旅行者，相反，他是在大约5 300年前死在阿尔卑斯山上的铜器时代人类。我通过新闻了解到，奥地利和意大利政府都声称此木乃伊是在本国境内发现的，发现者和政府官员之间就奖金问题亦有颇多争议。奥地利因斯布鲁克大学病理学系负责保管这具冰冻尸体。为免外人打扰，小心看守它的人也困扰重重。总之，它似乎造成了法律和公众的混乱。因此，当1993年一名因斯布鲁克的教授与我接洽，询问我们是否想分析冰人奥茨（Oetzi，以其被发现的山谷命名）的DNA时，我颇为惊讶。我们认为，这具已经被持续冻结超过5 000年的身体，应该比任何埃及木乃伊或北美洲的骨头都保存得更好。所以我们决定尝试一下。

奥利瓦和我去了因斯布鲁克。病理学家从奥茨的左臀处取出了8小块样本给我们。因为一开始并不知道这是一具古老且独特的尸体，所以人们从阿尔卑斯山的冰雪中取出它时，用大锤砸坏了奥茨的左臀。回到慕尼黑后，奥利瓦便开始提取和扩增该尸体的线粒体DNA。当她得到很好的PCR产物时，我们都很高兴。但她测序后发现，无法解释得到的序列。许多位置上都存在好几个不同的核苷酸。为了解决这个问题，她又用了我以前在乌普萨拉用过的老方法：克隆每个PCR产物，然后对这几个克隆进行测序。由于每个克隆均来自PCR扩增的一段原始DNA片段，所以她可以知道：如果所有原始DNA片段均携带相同的核苷酸序列，那么它们就来自同一个个体；如果它们携带不同的核苷酸序列，那么就来自不同的个体。结果表明是后者。事实上，不同的样品还混杂了不同的DNA序列。这令我们抓狂。即便不是所有的线粒体DNA，其中大部分仍来自发现冰人后处理他的那些人。我们该如何判断哪一个线粒体序列来自冰人呢？毕竟，从演化角度而言，他生活的时代离我们并不太远，他的一些线粒体DNA无疑会与当今欧洲人的

DNA相似或相同。而自冰人被发现后，许多欧洲人已经接触过他了。

幸运的是，我们在因斯布鲁克获得的两个样本足够大，可以去除表面的组织，并从样本内部未被接触的部分提取相关物质。我们希望即便有各种污染，也只存在于样本内部的表面。这样做起了点作用，但很有限。奥利瓦在6个位点上发现了混合序列，这表明不同版本的线粒体DNA变异数目变少了，只来自三四个个体。但这些序列无法正好归为三四群相同的序列。奥利瓦发现，这6个位点的变化在分子中是混乱的，特别是在某些序列中，这些位点变动很大。这一定是我在伯克利曾描述过的"跳跃式PCR"。聚合酶不会持续地复制一个DNA片段，而是将DNA片段连在一起形成新的组合。这种杂乱的DNA混合序列是否可以分开，以便我们确定这些序列中哪些（如果有）是来自冰人的？

我们认为，跳跃现象主要发生在扩增长DNA片段时。扩增短片段时就不易发生跳跃现象，因为短片段更易以完整的形式保存于组织中，而长片段更容易与分子或污染物交缠在一起。所以奥利瓦做了极短片段的PCR。这的确很有帮助。只要她扩增小于150个核苷酸的片段，不仅不会出现混乱的序列，而且所有的克隆几乎都有相同的序列。前景愈发清晰。我们的提取物中含有大量降解成小片段的线粒体DNA序列，同样包含少数来自两个或更多个体，但片段很长的线粒体DNA序列。我们认为，数量多且降解严重的DNA更可能来自冰人，而其他数量少但降解不严重的DNA很可能来自污染冰人的现代人。

奥利瓦扩增每个短片段至少两次，然后对它们进行克隆，并测序每个扩增产物的几个克隆。最终，奥利瓦重建了冰人活着时可能携带的线粒体DNA序列。她通过得到的重叠片段，确定了一个略超过300个核苷酸的序列。与通常作为参考序列的现代欧洲人DNA序列相比，冰人的线粒体DNA序列只有两个不同，而其他相同的序列在如今的欧洲人中很常见。这并非可怕的意外。从人类80～90年的期望寿命来看，5 300年是一段很长的时间，差不多有250代。然而，从演化角度来看，5 300年其实很短暂。除非发生重大灾害，如流行病等杀死大量的人口或发生重大的人口更替的情况，我们的基因在250代里不会有太多改变。事实上，我和实验室同仁预测，自铜器时代以来，我们所研究的那个片段最多只发生了一个变异。

不过在发表结果之前，我们面临另一道障碍：由于该领域之前出现了许多不可靠的结果，令人沮丧，所以我们定下规矩：重要的或意料之外的结果应由另一个实验室再重现一次。就生物学而言，我们从冰人上得到的序列并非意料之外，但它的确将引发关注，因此这是个告诉大家如何严谨开展实验的大好机会。我们决定把未使用的另一个组织样本送到牛津大学。在那里，遗传学家布赖恩·赛克斯（Bryan Sykes）有意助我们一臂之力。在赛克斯的早期职业生涯中，他一直研究结缔组织疾病，后来转向研究人类线粒体DNA和古线粒体DNA的变异。赛克斯的学生提取并扩增了我们得到的序列片段，然后将结果报回给我们。他们的结果与奥利瓦的一样，于是我们在《科学》发表了这个发现。[3]

虽然这在当时很成功，我却觉得此番经历主要显示了从事古人类遗骸研究有多么艰难。冰人已被冻结，因此可以预计它被保存得十分完好；此外，它是于两年前被发现的，所以并没有太多人有机会污染它。不过我们还是遇到了难以解决的不同序列混合在一起的问题。我们的成功只能归功于奥利瓦的耐心和毅力，以及我们对正确序列的推断，这种推断必须建立在一种假设上，即组织内有长短不同的两群分子。任何近代人类演化研究，都需要研究大量群体的许多个体。而这些个体的DNA可能全保存在骨骼中，这想想都可怕。

乐观地看，我们已经积累了大量与人类样本材料打交道的经验，也能更好地评估其中的困难。借此之机，奥利瓦回头重新研究美国原住民的遗骸。正如我们所料，这并不容易。我的朋友瑞克·沃德帮我们从美国西南部的亚利桑那州取得了10个约有600年历史的木乃伊样品。不出意外，结果与冰人的分析结果一样令人头疼。针对其中的9个样品，奥利瓦要么扩增不到任何东西，要么发现DNA序列混乱，根本无法确定它们是否是样品本身的DNA。只有一个样品能进行短片段扩增。通过测序重复扩增得到的许多克隆，她发现此样品中含有较多分子，这些分子来自一个线粒体DNA，其序列与现代美国原住民的线粒体DNA序列类似。怀揣着些许挫败，我们于1996年发表了描述奥利瓦研究结果的论文。在那篇论文的摘要中，我们写道："这些结果表明，为确保古人类遗骸DNA序列扩增真实有效，我们需要投入比平时更多的实验工作。"[4]这显然也含蓄地批评了其他从事古人类遗骸研究的人的工作。

尽管奥利瓦拼尽全力，我还是决定放弃所有关于古人类遗骸的研究。尽管其他实验室仍然继续发表结果，但我觉得，大部分都不可靠。这种情况非常令人唏嘘。[5]1986年，我放弃了看起来十分有前途的医学研究职业生涯，因为我想引进一种新颖且准确的方法来研究埃及和其他地方的人类历史；到了1996年，我已经建立起可靠的方法，把动物博物馆转变成名副其实的基因库，并使猛犸象、地懒、祖马以及其他末次冰期的动物研究成为可能。一切顺心如意，但那不是我的心之所向。我担心我会有悖初心，变成一个动物学家。

我并非每天都这么折磨自己，但每当考虑未来之路时，我总感到万分沮丧。我想阐明人类历史，但研究古人类几乎不可能，因为在大多数情况下，古人类DNA无法与现今人类的区分开来。但过了一阵子我认识到，相对于研究铜器时代人类或古埃及木乃伊的DNA，我或许可以做一些更有助于理解人类历史、更为相关的研究。也许我可以研究欧洲的另一种人：尼安德特人，他们在冰人远未出现之时就已存在。

转而研究尼安德特人似乎很奇怪，毕竟我之前刚信誓旦旦地说不再从事古人类研究。但对我来说至关重要的是，他们的DNA序列可能与现代人类的不同。不仅仅因为他们生活在3万多年前，还因为他们有着与我们不同的悠久历史。一些古生物学家估计，大约在30万年前，尼安德特人与现今人类拥有共同的祖先，但也有人说两者分属不同的物种。在解剖学上，尼安德特人与现代人类非常不同，也与大约同时期生活在欧洲其他地方的早期现代人类不同。然而，就演化史而言，尼安德特人是最接近于当今所有人类的近亲。研究我们与尼安德特人在遗传上有何不同，将有助于我们寻找是什么让当今人类的先祖与地球上的其他生物分开。总的来说，我们将研究人类历史上最基本的部分——现代人类的生物起源，所有现代人类的直接祖先。这样的研究可以清晰地告诉我们，尼安德特人与我们有何关系。对我来说，尼安德特人的DNA似乎是我能想象到的最酷的东西。而且很幸运，我身处德国，就在尼安德谷所在的国家。首个尼安德特人就是在尼安德谷发现的，并因这个山谷而得名。我迫切地想联系存放尼安德特人模式标本①的波恩博物馆。我不知道那里的馆员是否愿意给我一点样品。毕竟，这种模式标本被很多人称为"最著名的德国人"（也许是为了忘记德国20世纪历史的某些方面），可以说是非官方的国家宝藏。

我为此担心了数月。我非常清楚与博物馆馆员打交道有多么棘手：他们一方面接受重托，承载着为后人保存珍贵标本的艰巨任务，另一方面还要利用标本推进研究。在某些情况下我发现，他们认为他们的主要角色是行使权力，拒绝他人接触标本，即便因此获得的知识价值或许远超保存这小块骨头。如果用错误的方法与这种馆员打交道，他们会拒绝，然后因为人人都熟知的面子问题，覆水难收。正当我为此烦恼时，有一天我接到了一个从波恩打来的电话，那是拉尔夫·施米茨打来的，他是一名年轻的考古学家，与波恩博物馆的馆员一道负责尼安德特人的模式标本。他问我是否记得数年前我们曾有过一次交流。

我想起了1992年，他曾问我从尼安德特人中成功提取DNA的机会有多大。一如之前与许多其他考古学家和博物馆员的对话，我把这事给忘了。不过现在我想起来了。当时我并不知道答案。我下意识地想稍微昧着良心说成功的机会还是很大的，那样他们可能会分一些尼安德特人骨给我，但是我旋即意识到，实话实说才是正道。我稍稍犹豫了一会儿说：在我看来，可能有5%的成功机会。拉尔夫向我表示感谢，之后我再

---

① type specimen，作为规定的典型标本。

也没听到过他的消息。

现在，将近4年之后，拉尔夫打电话告诉我们，可以得到一块尼安德谷出土的尼安德特人骨。我们事后得知（拉尔夫告诉我的），那时也有其他人联系博物馆索取样品，说他们肯定可以从标本中得到可用的DNA。博物馆慎重考虑，征求了其他实验室的意见，最后让拉尔夫和我联系。不仅因为我们记录良好，还因为我们诚实地表示希望渺茫，这使得拉尔夫和博物馆相信，我们将是最好的合作伙伴。他们并不是我所担心的从中作梗的博物馆员，我很高兴。

接下来的几周，我们与博物馆讨论将从骨骼的哪个部分取样，能得到多少骨头样品。总的说来，大约有一半的骨头看起来是男性的。我们的经验告诉我们，要想成功，最好从密质骨上取样，比如手臂或腿骨的部分或牙根，而如肋骨等带有大骨髓腔的薄骨则不合适。最终我们同意取一小块右上臂骨，它没有古生物学家感兴趣的突起和其他特征，因为古生物学家要用这些突起和特征来研究肌肉如何与骨头相连。我们也很清楚自己不会被允许动手切样本。拉尔夫和同事来慕尼黑拜访我们。我们给了他们无菌锯、防护服、消毒手套以及盛放样品的容器，然后他们回去了。最后，我很庆幸没有亲自锯尼安德特人的骨头。因为面对如此标志性的化石，我很可能会太过谨小慎微，只切下非常小的一块骨头而导致实验无法成功。收到样品时，我对其大小印象深刻：3.5克看起来保存非常完好的白骨（见图5.3）。拉尔夫告诉我们，当他们锯开骨头时，不寻常的骨头烧焦的味道传遍整个房间。我们相信，这是一个好迹象，这意味着有胶原蛋白（构成了骨基质的蛋白质）保存下来。带着畏惧和不安，我拿着带有尼安德特人标本块的塑料袋走向我

图5.3　尼安德特人模式标本的右上臂骨，由拉尔夫·施米茨于1996年取得。照片来源：拉尔夫·施米茨，波恩兰德斯博物馆。

的研究生马蒂亚斯·克林斯。他曾花了一年多时间试图从埃及木乃伊中提取DNA，然而徒劳无果。我要求他用我们最新且最好的方法研究这块骨头。

第六章

联络克罗地亚

在我们发表尼安德特人线粒体DNA序列后的那些日子里，我一直在思考是什么引导我们走到了这一步。自从16年前第一次从超市买来的牛肝中提取DNA，我已在这条道上走了很久。现在，也是第一次，我们使用古DNA来阐明一些关于人类历史崭新且意义深远的事情。我们已经知道，尼安德特人原型标本[①]中的线粒体DNA与现今人类的非常不同，并且在其灭绝之前，他们或者他们的亲属均未将线粒体DNA遗传给现代人类。此项成就需要付出多年的艰辛工作，必须发展出从很早前死亡的个体中可靠地获得DNA序列的技术。现在，我这里已经拥有这些技术，还有一个敬业的团队愿意尝试新东西。但是最大的问题是，我们该往哪个方向努力呢？

当务之急：确定其他尼安德特人的线粒体DNA序列。我们只研究了一个个体，而其他尼安德特人可能携带与尼安德山

---

① archetype，存放于博物馆中供物种定义确认的参考标本。

谷的尼安德特人非常不同的线粒体基因组，甚至还可能携带与现代人类相似的线粒体基因组。从其他尼安德特人中得到的线粒体DNA序列，也将反映尼安德特人自身的部分遗传史。比如，现今人类的线粒体DNA遗传变异相对较少，如果尼安德特人也如此，那就表明他们起源于规模很小的群体，之后再在此基础上逐渐壮大。相反，如果他们的线粒体DNA变异和类人猿那样多，那就表明历史上他们的人口数量从未减少过。他们的人口数量不会像现代人类那样大幅度波动。从尼安德山谷那标志性的样本上取得成功之后，马蒂亚斯·克林斯渴望乘胜追击，对于检查其他尼安德特人标本非常感兴趣。现在的主要问题是，获取保存足够完好的化石，以便我们开展工作。

关于我们为何能在尼安德山谷的模式标本中取得成功，我想了很多。我发现它出土于石灰岩洞穴，这点可能至关重要。托马斯·林达尔曾告诉我，酸性条件会引起DNA解链，这就是无法从欧洲北部酸性沼泽中发现的青铜时代的遗骸中取得任何DNA的原因。但流过石灰岩的水会变成弱碱性，所以我觉得应该把精力集中在出土自石灰岩洞穴的尼安德特人遗骸上。

不幸的是，我在学校时从未关注过欧洲的地质特征。但我想起了1986年在萨格勒布（今克罗地亚首都，那时属于南斯拉夫）参加的一次人类学会议。会议期间，我们去克拉皮纳和凡迪亚短期旅行，这两个地方的洞穴均出土过大量尼安德特人骨。我快速查阅文献，确定克拉皮纳和凡迪亚都是石灰岩溶洞，这个结果让我觉得大有希望。幸运的是，洞穴中同时发现了大量的动物骨头，特别是洞熊骨头。洞熊是一种大型食草动物，如尼安德特人一样，在大约3万年前灭绝。洞穴中有很多它们的骨头，就周围情况来看，它们死于冬眠之时。我很高兴洞穴中同时存在许多洞熊骨头，因为它们可以让我们很方便地确认洞穴中是否留存有DNA。如果我们能证明它们的骨头中有DNA，就可以很好地说服犹豫不决的馆员，同意我们在发现于同一个洞穴中的、更为宝贵的尼安德特人遗骸上进行尝试。我决定着眼于洞熊的历史，尤其是巴尔干的洞熊。

最大的尼安德特人收藏位于克罗地亚北部的克拉皮纳。自1899开始，那里的古生物学家德拉古廷·哥加洛维克–克兰贝格尔（Dragutin Gorjanović-Kramberger）发现了分属75个尼安德特人的800多块骨头，是目前尼安德特人最丰富的发掘地。这些骨头如今存放在萨格勒布中世纪中心的自然历史博物馆。另一发掘地是克罗地亚西北部的凡迪亚洞穴（见图6.1），由另一个克罗地亚的古生物学家米尔科·梅尔兹（Mirko Malez）于20世纪70

图6.1 克罗地亚的凡迪亚洞穴。照片来源：约翰内斯·克劳泽（Johannes Krause），马普演化人类学研究所。

年代末至80年代初发掘。他发现了一些尼安德特人的骨头碎片，但没有发现像克拉皮纳那样令人瞩目的头盖骨。梅尔兹还发现了大量洞熊骨头。他发现得到的样本存放于萨格勒布的第四纪古生物和地质研究所（Institute for Quaternary Paleontology and Geology），该研究所隶属克罗地亚科学和艺术学院（Croatian Academy of Sciences and Arts）。我决定去拜访研究所和自然历史博物馆。1999年8月，我抵达了萨格勒布。

克拉皮纳的尼安德特人收藏令我印象极其深刻，但我对其潜在的DNA研究价值持怀疑态度。因为这些骨头至少有12万年的历史，比我们曾经获得DNA的所有样品都要古老得多。凡迪亚的收藏看起来更有希望。首先，它年岁较新。挖掘凡迪亚时，好几个岩层均出土了尼安德特人遗骸，最上层也就是最新的岩层具有3万～4万年历史，这其中的尼安德特人也是最年轻的。凡迪亚收藏的另一个令人兴奋之处：凡迪亚收藏的古洞熊骨太多太多。根据骨类型和出土的地层，它们被分别放置在无数个纸袋中，然后存放在第四纪研究所湿热的地下室里。纸袋中有些装着满满的肋骨，有些装着满满的椎骨，有些是长的骨头以及足骨。这简直是古DNA的金矿。

负责凡迪亚收藏的是一位上了年纪的妇人，马娅·保诺维奇（Maja Paunović）。她在这个研究所工作，既没有公开展览，也缺乏开展研究的设备。她很友善，但较为阴郁，无疑意识到了科学已悄然从自己身边溜走。我和马娅待了3天，一起检查这些骨头。她给了我一些出土自凡迪亚不同岩层的洞熊骨，以及15个尼安德特人骨的少量样品。这正是我们下一步探索尼安德特人遗传变异所需要的。当我飞回慕尼黑时，我对未来的进展很有信心。

在此期间，马蒂亚斯·克林斯从尼安德特人模式标本中测出线粒体基因组另一区域的序列。结果证实，该标本的线粒体DNA与现代人类线粒体DNA在大约50万年前共有同一个祖先。这当然是我们预料之中的结果。但相对于之前的首个尼安德特人序列所带来的高昂情绪，此消息就有些乏味了。毫不意外，得知我从马娅那带回15个尼安德特人骨样品之后，马蒂亚斯·克林斯便急于投身其中。

我们首先分析了氨基酸的保存状态，因为氨基酸是构筑蛋白质的基石。用来分析氨基酸保存状态的样品比提取DNA的样品小很多。先前我们已经知道，如果不能找到表明样品中含有胶原蛋白的氨基酸（蛋白质主要在骨骼中），并且如果活细胞中合成蛋白质的大部分氨基酸并没有以化学形式留存下来，那么我们得到DNA的机会就很渺茫，也就没有必要毁掉大块的骨头来尝试提取。15个骨头样品中有7个看起来很有希望，其中有一个样品特别突出。我们从这块骨头中取出一小块送去做碳测年。结果显示，它已有4.2万年的历史。马蒂亚斯提取了5次DNA，并且扩增了他从模式标本中得到的两个线粒体片段。这个结果不错。在我的坚持下，他测序了数百个克隆，努力确保从不同的提取物中观察到的每一个位点至少经过两次扩增，这样可以确保每条DNA是完全独立的。

2000年3月，当马蒂亚斯还在研究这些样品时，《自然》上出现了一篇令我们大吃一惊的论文。英国有一组研究人员已经测序了在北高加索玛兹梅斯卡亚（Mezmaiskaya）洞穴出土的尼安德特人线粒体DNA。[1]他们并没有采用我们推荐的任何确保序列正确的技术方法。比如，他们没有克隆PCR产物。尽管如此，他们发现的DNA序列与我们发现的尼安德谷的模式标本序列几乎一致。所以，几乎快要完成序列的马蒂亚斯很是失望。他深受打击，因为没能发表世界上第二篇关于尼安德特人线粒体DNA序列的论文。他的缓慢进展缘于我一直坚持执行所有的预防措施和谨慎严查。我同情他，但也很高兴，因为我们开创研究的尼安德谷序列已经被另一独立组研究证实。然而，我不太同意《自然》同事发表的那篇评论。那篇评论称：这第二个尼安德特人序列比第一个"更为重要"，因为它表明第一个序列是对的。我不予理会，认为这是《自然》杂志没能刊登首篇尼安德特人序列的酸葡萄心理。

　　马蒂亚斯得到了一个安慰奖。第二个尼安德特人DNA序列不只印证了我们1997年发表在《细胞》上的论文，还使我们知道了3个尼安德特人序列，包括马蒂亚斯从凡迪亚样品中得到的序列。或许这3个序列可以（尽管只是猜想）说明一些关于尼安德特人遗传变异的情况。遗传理论认为，如果有3个序列，那么从该群体的线粒体DNA图谱中抽取出最深分支的概率为50%。在这3个尼安德特人的DNA序列中，马蒂亚斯和英国团队测序的同一片段存在3.7%的核苷酸差异。我们想将此变异度与人类和类人猿的变异度进行比较。首先，我们使用由其他许多团队确定的同一片段的序列数据，这些数据来自5 530名世界各地的人。为了与这3个尼安德特人的序列进行公平的比较，我们随机选出3个人，并多次采样，这样就可以计算出这3个人的同一序列的平均差异。结果是3.4%，这与3个尼安德特人的结果非常接近。359只黑猩猩的同一线粒体DNA片段的序列已经测出。我们以同样的方式从黑猩猩身上取样，它们DNA序列的平均差异为14.8%，而28只大猩猩的对应值为18.6%。因此，尼安德特人似乎与类人猿不同，他们仅有少量线粒体DNA变异，与现在的人类相似。显然，只用3个个体，而且仅从线粒体DNA做出推测并不保险，所以当我们于2000年在《自然–遗传学》（*Nature Genetics*）上公布这些数据时，我们强调需要分析更多的尼安德特人。尽管如此，我们认为，尼安德特人很可能与现代人类类似，遗传变异较少，并且他们扩张自一个小群体，就和我们一样。[2]

第七章

新　家

　　生活不是一成不变的。1997年的某天早上，也就是我们发表首个尼安德特人线粒体DNA序列的前不久，我的秘书告诉我，有一个老教授曾打电话来，想约时间和我会面，说是想和我讨论一些关于未来的计划。我不知道他是谁，但隐约觉得他应该是一名退休教授，想与我分享其关于人类演化的奇怪想法。但是我大错特错，他所说的让我兴奋不已。

　　他向我解释，他代表德国支持基础研究的马克斯·普朗克学会（简称马普学会）而来。他们正在努力，计划在民主德国所在地（当时已与联邦德国合并7年）建立世界一流的研究中心，其中一项指导原则是，新的科研院所必须专攻德国比较薄弱的科学领域。德国尤为薄弱的是人类学，这是有原因的。

　　和许多现代的德国机构一样，马普学会于二战前成立，其前身是威廉皇帝学会（Kaiser Wilhelm Society），成立于1911年。威廉皇帝学会建立后支持了许多科研机构，并聘请奥托·哈恩（Otto Hahn）、阿尔伯特·爱因斯坦（Albert

Einstein）、马克斯·普朗克（Max Planck）、沃纳·海森堡（Werner Heisenberg）等杰出的科学家。当时的德国是科学大国，这些科学巨人都很活跃。希特勒掌权后，纳粹驱逐了许多杰出的科学家，只因为他们是犹太人，那个时代也就戛然而止了。虽然在形式上独立于政府，威廉皇帝学会还是变成了德国战争机器的一部分，进行过武器研究。这并不让人惊讶。最糟糕的是，通过人类学、人类遗传学和优生学的研究，威廉皇帝学会还积极参与人种学研究。罪恶由此滋生。在这个位于柏林的研究所里，许多像约瑟夫·门格勒（Josef Mengele）这样的科学助理以奥斯威辛死亡集中营的囚犯为实验材料，而其中的很多囚犯还只是孩子。战后，门格勒遭受审判（虽然他逃到了南美洲），但他在人类学研究所的上级却未受指控。相反，他们中的一些人还成了大学教授。

1946年，马普学会作为威廉皇帝学会的后继者成立。人类学成为该学会最想回避的学科，这是可以理解的。事实上，由于纳粹统治遗留的噩梦，人类学领域在德国的地位已消失殆尽。它无法吸引基金、好学生以及富有创造力的科研人员。显然，人类学是德国薄弱的科学领域。来访者说，马普学会已经成立了委员会，讨论人类学是否可以成为马普学会新建研究所的专攻领域。他还表示，就德国近代历史而言，关于这是否是一个好主意，学会中仍有许多不同意见。除此之外，来访者询问我是否愿意加入这个理应成立的研究所。我隐约意识到，马普学会拥有大量资源，而这些资源在两德统一后再次扩增，所以亟须在东部建立一些新的研究所。我对建立新研究所很感兴趣，但不想表现得过于热情，这会让他们认为我在任何情况下都可以加入。带着这样的想法，我说如果能决定研究所的具体组织和运行，我会考虑。老教授向我保证，作为创始负责人，我有很大的自由和影响力。他建议我向委员会就如何组织建立一个这样的研究所提出自己的想法。

过了一段时间后，我收到邀请，要给委员会做一个报告。委员会成员在海德堡会面，包括以牛津大学的人类遗传学家和免疫系统专家沃尔特·博德默尔（Walter Bodmer）爵士为首的几个外国专家。我展示了一些我们实验室与人类学相关的工作内容，重点包括古DNA研究，特别是尼安德特人的研究，以及通过人类遗传学和语言学的关联重构人类历史。除了我的科学报告，还有几次非正式讨论，讨论的主题是鉴于德国的可怕过往，马普学会是否应该参与人类学领域的研究。也许对于我这样一个出生于战后的非德国人来说，面对这些讨论比较容易保持轻松的态度。我觉得战争已经过去了50多年，德国不应该让过去的罪恶成为阻碍科学发展的桎梏。我们不应该忘记历史，而是要从中吸取教训，不过也不应该因此而踌躇不前。我好像甚至还说了，希特勒已经死了50年，不应该再让他指挥我们该做什么、不该做什么。我要强调的是，在我看来，任何新的人类学研究所都不应该通过哲学思维来思考人类历史，而应该通过实证科学。在那里工作的科学家应该收集关于人类历史的确凿事实，并在此基础上检验他们的猜法是否正确。

我并不知道委员会是否会接受我的观点。我回到慕尼黑。几个月过去了，我几乎忘记了整件事。然后有一天，我收到一份与马普学会新委员会见面的邀请。这个新委员会实际负责建立新的人类学研究所。随后就是多个与不同候选人讨论的会议。事实上，无论是在马普学会内部还是在整个德国，建立这方面的研究所无例可循，但这反而成了一种优势。我们可以不受学术传统和已有框架的限制，自由地讨论如何组建一个研究人类历史的现代机构。在我们的讨论中，逐渐浮现的理念是，这个研究所并非以学科为主线，而是要关注一个具体的问题：什么使人类独一无二？这将是一个需要古生物学家、语言学家、灵长类动物学家、心理学家和遗传学家通力协作的跨学科研究所。在此框架下，我们要问的问题便是演化。我们的最终目标是了解在演化进程中，是什么让人得以与其他灵长类动物如此不同。因此，它应该是一个致力于研究"演化人类学"的研究所。

尼安德特人作为现代人类的已灭绝的最近缘亲属，当然与此理念契合。而作为人类活着的最近缘的亲属——类人猿自然也符合。因此，美国著名心理学家迈克·托马塞洛（Mike Tomasello）应邀在研究所开设一个系部，主要研究人类和猿。而瑞士的灵长类动物学家克里斯托弗·伯施（Christophe Boesch）与妻子海德薇（Hedwige）亦加盟其中，他们已经在科特迪瓦（Ivory Coast）的森林中生活多年，专门研究野生黑猩猩。比较语言学家伯纳德·科姆里（Bernard Comrie）出生于英国，却在美国工作了多年，也受邀加入研究所。我对他们印象非常深刻，不仅由于他们的成就，更缘于他们都来自德国以外的国家。我在德国生活了7年，是受托筹建此研究所的人员中最"德国"的人。这个将雇用三四百人的大型研究机构完全由外国人领导，很少有欧洲国家能有如此少的沙文主义偏见。

当所有部门的未来负责人在慕尼黑召开第一次会议时，我建议我们4个出城好好放松和相处一下。于是傍晚时分，我们挤进我的小车，开往巴伐利亚阿尔卑斯山脉的泰根湖（Tegernsee）。当太阳快要落山时，我们爬上了一座名叫希尔施贝格（Hirschberg）的山，我经常和朋友以及学生在此散步和跑步。我们大多数人穿的鞋根本不适合运动。所以当太阳落山时，我们意识到爬不到顶峰，于是便在一个小山丘上停了下来，欣赏清新的阿尔卑斯山风景。我感觉到彼此真正地联系在了一起，这种状态下更容易倾诉真心话。我问他们是真的愿意来德国并新建研究所，还是只是想与马普学会协商以此为筹码，通过研究所得到很多资源。要知道，这种做法在许多成功的学者中并不少见。但他们都说愿意来德国。当太阳消失、夜幕降临时，我们在高大的树木下行走。我们兴奋地谈论这个新的研究所，以及我们可以做什么。我们都有着扎实而富有经验的研究计划，不仅对自己所做的事情感兴趣，也对别人所做的事情饶有兴致。此外，我们都年纪相仿。我预见到这个新研究所的成立，而我在那里也会很快乐。

　　我们自身以及与马普学会之间还有许多事情要解决。一个主要的问题是，这个新研究所将设在民主德国的哪里。马普学会的想法很明确：研究所将设在罗斯托克（Rostock），一个位于波罗的海沿岸的小型汉萨同盟的港口城市。马普学会的理由很有说服力。德国是由16个州组成的联邦国家，每个州根据其经济规模给马普学会提供经费。所以，政治家们显然想尽可能多地招揽机构建在自己所在的州，以保证"钱尽其用"。罗斯托克所在的梅克伦堡－前波莫瑞州（Mecklenburg-Vorpommern）是唯一一个没有马普学会研究所的州，所以有理由要建一个。我可以理解这种想法，但我觉得，我们的任务是确保新研究所的科学成就，而非维持州与州之间的政治平衡。罗斯托克很小，大约有20万居民，也没有国际机场，在德国之外几乎不为人知。我觉得它很难吸引到优秀的人才。我希望新研究所建在柏林。不过我很快就意识到，这不可行。大量联邦机构已经从联邦德国搬到那里，再把我们的研究所列入其中不仅在政治上不可能，可操作性也很低。

马普学会一直在为罗斯托克争取，并打算安排我们访问此地，罗斯托克的市长和他的同僚将为我们介绍罗斯托克的地方优势并带我们参观。我坚决反对罗斯托克，并告诉马普学会，我不仅不会参加访问，还乐于继续在慕尼黑大学工作。在此之前，马普学会的官员一直认为我说不会搬到罗斯托克只是在跟他们开玩笑。现在他们意识到，如果这个研究所设在罗斯托克，我真的不会去。

随后我们就可能的替代地点展开讨论。对我来说，南部萨克森州（Saxony）的两座城市——莱比锡（Leipzig）和德累斯顿（Dresden），前景很好。两座城市的面积都很大，除了拥有悠久的工业传统以外，州政府还热衷传承。此外，由才华横溢的芬兰细胞生物学家凯·西蒙斯（Kai Simons）操刀，已计划在萨克森建另一个马普研究所。我研究生阶段研究细胞与病毒蛋白的关系时，曾与凯见过几次面。我相信，他建立的研究所会成为一个伟大的研究所。我的想法是让这两个研究所相邻形成一个校园，让我们的团队和他们的研究所协同合作。不幸的是，德国的联邦制让此愿景落空。我们难以提出足够的理由让我们和凯的新研究所都建在民主德国，而且都位于萨克森州。而将两个研究所设在同一座城市更是完全无法想象。由于凯和他的同事先于我们落户德累斯顿，所以我们只好看看莱比锡。总体而言，这个结局还不赖。

尽管历经战争，但莱比锡美丽的市中心幸免于难。当地拥有世界一流的音乐和艺术文化氛围，更重要的是，这里有一家动物园可能和迈克·托马塞洛合作建立新的设施，方便他研究类人猿的认知发展。这里还有一所德国第二古老的大学。在我们讨论这所大学的时候，我意识到，在德意志民主共和国时期，它比其他大学都更加高度政治化，也许是因为它是教师培训和新闻研究中心，而这两个领域很敏感。

在政治上妥协的教员腾出了部分教师职位，其中大多已被联邦德国的学者补上。不幸的是，联邦德国最好的人才无意转向民主德国接受额外的挑战和问题。相反，那些愿意来的人往往把这里看作学术生涯的终点而前来养老。我意识到能够从头开始建立一个机构，不受历史包袱的困扰，是多么幸运的事情。德累斯顿的大学似乎已经准备好接受新时代的挑战。但我们不可能想要什么就有什么。我希望较长一段时间之后，莱比锡的大学将具备足够的灵活性，从而能够前进。从好的方面看，莱比锡是一个非常适宜居住的城市，甚至比德累斯顿更佳。我相信我们能够说服优秀的人才搬到这里。1998年，我们的团队进驻莱比锡的临时实验室。

我们在新环境中努力工作，继续推进研究，并计划建一栋新的研究大楼。这是令人振奋的经历。马普学会提供了充足的资源，让我能够设计一个完全符合需求，并按照我设想运行的实验室，例如废除封闭的研讨室。我决定，我们的系部研讨会和每周一次的研究会议应该向过道敞开，避免让人觉得这是只有获邀者才能参与的封闭会议。相反，任何人都可以为讨论献言献策，也可随时离开。

我希望能吸引许多德国以外的人才来到研究所。我认为，营造一个工作环境，让来到莱比锡的科学家和学生能够与他们的同事及当地学生开展社交生活和培养社区情感，是非常重要的事情。为促成此事，我说服建筑师在研究大楼的入口大厅处加了一个运动区域，包括乒乓球、桌上足球，甚至还有一堵45英尺高的攀岩练习墙。最后，受我家乡斯堪的纳维亚本土的桑拿浴的启发——兼具社交功能，我说服万分诧异的建筑师在屋顶建了一个桑拿房。

　　但最重要的是，我在第一时间设计了一个符合要求的古DNA提取洁净室。这在很大程度上意味着，我可以不受灰尘中人类DNA污染的偏执控制。"洁净室"其实不只是一个房间，而是好几个房间。它们位于研究大楼的地下室，这样就可以直接进入洁净的设施，不用接近处理现代DNA的实验室。在洁净的设施里，你会先进入一个更换无菌服的房间。然后，你将进入初级间，处理较"肮脏"的工作，如将骨样品粉碎成粉末等。接着你会进入最内间，进行提取DNA和处理提取到的DNA等工作。在这里，提取到的宝贵DNA将存储在专用冰柜。所有工作都会在空气过滤罩下进行（见图7.1）。此外，流通于整个设施中的空气都会经过循环和过滤，地板上的网格具有吸入空气的作用。另外，99.995%大于200纳米的颗粒在回到房间前就被移除。我们在地下室里建了两个（而非一个）这样的设施，因此不同类型的工作，例如研究灭绝动物和尼安德特人，可以分开进行。任何试剂或设备都不允许从一个洁净室转到另一个洁净室，这样可以保证：当一个洁净室遭到污染，另一个洁净室将不受影响。我觉得，这个设施终于可以让我晚上睡得更加踏实。

　　当然，与在那里工作的人相比，大楼和设施都是次要的。我在寻找团队领导人，他们可以研究不同但又相关的领域，这样以来，不同的研究组可以相互帮扶、相互促进。我很希望吸

图7.1　莱比锡的马普研究所的洁净室的最内间。照片来源：马普演化人类学研究所。

引到莱比锡的，是一个名为马克·斯托金的科学家。但这有些复杂。

　　读博期间，马克在伯克利师从艾伦·威尔逊。所以在博士后期间，我就认识了他。他曾致力于研究人类的线粒体变异，是"线粒体夏娃"理论的主要构建者之一。该理论从人类线粒体基因组的变异中推断出，人类基因组在过去20万或10万年前起源于非洲。那时，马克与研究生琳达·维吉兰特一起使用新的PCR去测序非洲人、欧洲人和亚洲人线粒体基因组的变异部分。他们与艾伦一起在《科学》上发表了一篇很有影响力的论文，几乎快证明"走出非洲"假说。虽然后来遇到了一些统计方面的挑战，但是他们的结论仍然经受得起时间的考验。在伯克利那些令人欣喜的时光，琳达每天骑摩托来实验室，我已被她男孩般的可爱相貌及智慧吸引。但在当时，我钟情于另一人，且参与了艾滋病支持小组。所以当马克和琳达在一起时，我并没有心碎。他们最后结婚，搬到宾夕法尼亚州立大学，并有了两个孩子。但是我和琳达的联系并未因此终结。

1996年，我离开伯克利已逾6年，马克、琳达和他们的两个小男孩来到慕尼黑，在我的研究小组进行学术休假。我们经常一起去阿尔卑斯山，去我最喜欢的希尔施贝格山。他们经常找我借车。琳达没有在实验室工作，而是照顾孩子们。晚上有时候她想离开家休息，我们便一起去电影院。我们相处得很好，但我并未就我俩的关系想太多，直到我的一个研究生与我开玩笑说，他认为琳达喜欢我。我这才意识到我们之间的紧张关系，特别是在黑暗的电影院里看着欧洲电影时，这种关系尤为明显。有一天晚上，在离我公寓不远的剧院里，也许只是偶然，我们的膝盖在一片漆黑中碰上了，而我们都未将膝盖收回。很快，我们的手握在了一起。看完电影后，琳达没有直接回家。

我特别为那些知道自己想要什么的自信女性所吸引。我先前曾和两个女人交往过。然而，琳达是我同事的妻子，而且生了两个孩子，我认为和她在一起并非一个好主意，最多只是临时关系。但在随后的日子里，我越来越发现我俩在许多方面上都相互了解。不过，当马克和琳达在慕尼黑休完学术年假回到宾夕法尼亚州立大学之后，我认为我与琳达的关系会画上了句号，但事实并非如此。

就在马普学会和我讨论建立新研究所时，宾夕法尼亚州立大学也同我联系，并给我提供了一个非常有吸引力的讲座教授职位。我很纠结。我知道我并不想在古板且带有乡村气息的州立大学生活，但也意识到：同时有另外一个绝佳的工作机会或许会让我与马普学会的谈判变得更容易。另一个不太成熟的原因可能也起了作用。我并不介意访问州立大学，因为琳达在那里。我后来去了几次宾夕法尼亚州立大学，一直有和琳达见面。

我说服琳达，如果我们还打算继续见面，她最好告诉马克我们现在的状况。她如实做了。这是预料之中的危机。不过事实上，琳达在我们开始交往之初便向马克坦承，这使得危机并没那么严重。随着时间的推移，马克表现出公私分明的坚决态度。不久之后，他开始考虑搬到莱比锡来工作。这对研究所的科学发展而言是很大的福音。我可以说服马普学会为他提供永久教授职位和预算。1998年，我们的研究所开始启动，马克、琳达和他们的两个男孩搬到了莱比锡，并且马克把他的研究小组也转到了我们研究所。幸运的是，琳达也在研究所里找了份工作。当时克里斯托弗·伯施正忙于规划他的灵长类动物学系部，想找一个可以管理研究野猿遗传学实验室的人。这个实验室的研究主要依靠野外研究人员收集的诸如黑猩猩和大猩猩在丛林中的粪便和毛发等奇怪的DNA资源。在琳达的伯克利论文中，有很大一部分是关于她从毛发中获取DNA，然后分析人类的遗传变异。我可以问心无愧地把她推荐给克里斯托弗。琳达最终接管了灵长类动物学系部的遗传学实验室。

我们都搬进了我购买并修葺一新的小公寓楼。多年来，琳达和我变得越来越亲近，马克也找到了新的爱情。2004年6月，我和琳达在泰根湖度假。一天深夜，我们再次从希尔施贝格山往下走。我们开始谈论将来的生活，毕竟未来的时间有限。没想到，琳达说如果我想要一个孩子，她也想要。我曾有过此想法，并与她开过玩笑。但现在我很清楚，我很想要一个孩子。2005年，我们的儿子鲁内（Rune）出生。

　　研究所特别成功，在这里，不管研究人员具有人文还是科学背景，均能一起工作。当法国古生物学家让-雅克·于布兰（Jean-Jacques Hublin）创立研究所的第五个系部时，招募来自世界各地的最好的研究人员的传统仍在持续。法兰西公学院（College de France）是法国最负盛名的机构之一，能令让-雅克·于布兰放弃法兰西公学院已经板上钉钉的任命，来到莱比锡研究所，这已经足以证明我们研究所的吸引力。事实上，研究所成立15年以来，其他地方的大型高校，如英国的剑桥大学和德国的图宾根大学，均复制了我们的理念。有时我在想，研究所为什么能运行得这么好。一个奇特的原因可能是，我们都初到德国，一起建立研究所，所以只有好好相处，才能使研究所成功运行。另一个原因可能是，即便我们都对相似的问题感兴趣，但我们的专业领域互不重叠，这意味着我们之间几乎没有直接的竞争和对立。还有一个原因是马普学会的慷慨支持，使我们能够避免许多大学中的不良风气——资源贫乏状况下的小竞争。事实上，一切都运行良好。有时我想，应该回到慕尼黑附近的希尔施贝格的小山丘上。我会在那里竖起一块小石头，作为一块私人的小纪念碑，纪念曾发生于此的重要事件：1996年，我们4位系部创始人一起在这里欣赏日落。也许有一天我真的会这么做。

第八章

多地区起源的争议

　　当我正忙着规划新研究所，而马蒂亚斯·克林斯试图从其他尼安德特人上获取线粒体DNA时，就我们对尼安德谷模式标本的分析，科学界已经开始产生许多争议。我们的研究结果并没有得到支持人类起源"多地区连续"模型观点的人的认同——他们认为尼安德特人是现今欧洲人的祖先之一。他们不应该如此沮丧。我们已经在1997年的那篇论文中谨慎地指出，虽然尼安德特人的线粒体DNA与任何现代人类的线粒体DNA都不同，但是尼安德特人仍可能为现代欧洲人的其他基因（核基因组中的基因）做出了贡献。也许持"多地区连续"观点的人对我们工作的批评，也反映了他们自身也面临着重重困扰：我们的研究表明，至少在线粒体基因组方面，更多证据支持"走出非洲"，而不是"多地区连续"。而其他研究者也发现，现今的人类遗传变异模式更支持"走出非洲"，而非"多地区连续"。我们的研究就是很好的佐证，琳达·维吉兰特、马克·斯托金以及其他人于20世纪80年代在艾伦·威尔逊的实验室所做的线粒体研究也与我们的结果一致。此外，自我到德国之后，我们在核基因组上延续拓展了他们的工作。结果对我而言再清楚不过。

这项现代人类核基因组的工作由亨里克·凯斯曼（Henrik Kaessmann）完成，他是我见过的最有天赋的研究生之一。亨里克于1997年来到实验室，他身材高大，体格健壮，留着一头金发。他对工作尤为认真负责。很快我就很喜欢和他在慕尼黑周围的阿尔卑斯山跑步，特别是在希尔施贝格山（这座山似乎经常出现在我的生命中）。我们费力地沿着弯曲的栈道往上跑，然后悠然地慢跑。在这期间，我们会一起谈论科学，特别是关于人类的遗传变异。从艾伦·威尔逊和其他人的研究中，我们知道，人类的线粒体DNA变异程度比类人猿的低，这表明人类是从一个小的群体扩展开来。但是，我们敏锐地意识到，线粒体DNA很小且遗传方式简单，这或许会让我们对人类和猿类遗传史的了解有所偏颇。亨里克加入我们实验室后，新的DNA测序速度越来越快，我们因此能够研究当今人类核基因组的一部分，正如之前研究线粒体基因组那样。亨里克想接受这一挑战：研究人类和猿的核DNA变异。但是，他应该关注核基因组的哪一部分呢？

我们只了解约10%的核基因组的功能。这些部分大多含有编码蛋白质的基因。这些部分的基因组在不同个体间表现出微小的差异，因为许多突变是有害的。另外，如果一个基因改变了其原有的功能，使携带这个突变基因的个体存活得更好或有更多的后代，那么该基因就可能在群体中传播开来，并表现出特定的差异模式。而其余的基因组很少受自然选择的约束，大概是因为这些序列不发挥任何重要功能，所以对应的序列变异就没有在DNA中保留下来。因为我们感兴趣的是，在演化的时间尺度下，随机突变如何累积，所以剩余的90%都是我们的兴趣范围。我们选择研究X染色体上一个具有1万个核苷酸的特定区域，该区域包含了许多未知基因或其他重要的DNA序列。

　　确定了要测序哪部分的基因组后，我们接下来要考虑测序哪些个体。当然是选择男性，因为他们只有一条X染色体（女性有两条），所以亨里克的任务将轻松很多。但选择哪些男性测序也是令人头疼的问题。其他研究人员通常选择他们容易接触到的人，例如，许多遗传研究（一般是医学方面的研究）会从含有欧洲血统的人身上采样。因此使用人类遗传多样性数据库的用户可能会天真地认为，欧洲人比其他人群有着更多的遗传变异。当然，这也反映了一个事实：除欧洲人外，目前并未有太多关于其他人群的研究。

　　我们想到了三种比较明智的取得人类样本的方法。第一种，我们可以基于世界上不同地方的人口数量来收集男性样本。然而，这不是一个好主意，因为这么做的话，我们的样本将主要由中国人和印度人构成：随着农业发展，这两个国家的人口数量在过去1万年里大量增长。总之，我们会错过世界上大部分的遗传多样性。第二种，我们可以根据土地面积来取样：比方说每几平方千米取一个样。但是，除了面临巨大的交通挑战，我们还会在北极这样地域广阔却人烟稀少的地区过度采样。第三种，也是我们最终采用的方法，即把重点放在主要语系上。我们认为，主要的语系（如印欧语系、芬兰-乌戈尔语族等）大致反映了1万多年前的文化多样性。因此，如果着重采样代表主要语系的样本，那么可以增加采集到大部分拥有悠久且独立历史的群体样品本机会。这样才有希望覆盖更多的人类遗传变异。

幸运的是，其他人在我们之前便想到了这个主意。斯坦福大学杰出的意大利遗传学家卢卡·卡瓦利–斯福尔扎（Luca Cavalli-Sforza）已经收集了这样的DNA样本，我们可以直接使用。亨里克从这些样本中选择了69个代表所有主要语系的样本，并测序了每个样本中含有1万个核苷酸的区域。他从中随机选择DNA序列，两两比较，发现平均只有3.7个核苷酸差异。正如他在线粒体DNA中看到的那样，他发现非洲人的变异比非洲以外的人更多。为了更深入地诠释这些结果，他接下来会转向研究存活至今，且与人类最为近缘的黑猩猩。

黑猩猩属下有两个物种，均生活在非洲。"普通"的黑猩猩生活在赤道地区的森林中和大草原上——零星分布在东起坦桑尼亚西到几内亚的地域内。而倭黑猩猩，也称"侏儒黑猩猩"，只生活在刚果民主共和国的刚果河岸南部。通过比较DNA序列，我们发现这两种黑猩猩是与人类亲缘关系最近的现存物种。人类的祖先大约在700万至400万年前与它们分开。再往前一点，也许是800万至700万年前，人类和黑猩猩与另一种非洲大猿（大猩猩）共有一个祖先。婆罗洲和苏门答腊岛的红毛猩猩、非洲大猿与人类大约在1 400万至1 200万年前共有一个祖先（见图8.1）。

亨里克选择了30只雄性黑猩猩（"普通"的物种，不是倭黑猩猩）的样本，代表了非洲东部、中部以及西部的主要黑猩猩族群。然后他测序了X染色体上同一区域的DNA。亨里克再次随机选择DNA进行两两比较，发现任意两个样本之间的平均差异为13.4。对我而言，这是个令人惊讶的发现。要知道人

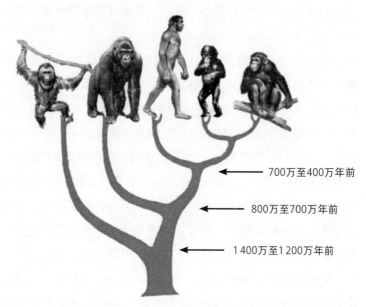

700万至400万年前

800万至700万年前

1 400万至1 200万年前

图8.1　人类和猿类的演化树，显示了他们拥有共同祖先的大概时间（虽然这些数据非常不确定）。改自 Henrik Kaessmann 和 Svante Päbo 的 "the genetical history of humans and the great apes," *Journal of Internal Medicine* 251: 1–18 (2002)。

类70亿的人口数量远超黑猩猩可能不到20万的个体数量。人类几乎生活在地球的每一片土地上，而黑猩猩只生活在非洲的赤道附近。然而，任意两只黑猩猩携带的遗传差异却是随机选择的两个人类之间的3至4倍。

　　亨里克接下来测序了倭黑猩猩、大猩猩和红毛猩猩同一区段的DNA，想探究人类彼此之间的相似度与黑猩猩之间的相异程度，以及哪种才是异常的表现。他发现，大猩猩和红毛猩猩携带的变异比黑猩猩的更多，只有倭黑猩猩和人类一样，变异较少。1999年至2001年，我们在《自然–遗传学》和《科学》上发表了3篇论文，公布了这些结果。[1]我们的研究表明，核基因组某个区域的变异模式与艾伦·威尔逊小组在线粒体DNA中发现的结果非常类似。这种模式是整个人类基因组变异的典型代表。我比以前更相信，关于现代人类起源的"走出非洲"假说是正确的。所以当我听到"多地区主义者"对我们尼安德特人工作的批评时，我并未在意。我几乎不予回应，相信时间会检验孰对孰错。

大部分"多地区主义者"都是古生物学家和考古学家。虽然我不敢公开说，但是私下里总认为他们没有能力回答下面这个问题：一个古代群体取代了另一个群体、与之杂交，还是只是简单地演变成了另一群体？绝大部分时候，古生物学家甚至对于如何定义他们研究的"古代群体"都没有达成共识。一直以来，"主分派"和"主合派"之间就充斥着血淋淋的争斗。前者从古人类化石之中看到了许多不同的物种，而后者看到的则很少。古生物学中还有其他一些亟待解决的问题。正如20世纪80年代曾与艾伦·威尔逊一起工作的人类学家文森特·萨里奇（Vincent Sarich）所说的那句著名的话：我们知道如今活着的人们有祖先，因为我们就在这里，但当我们看向一块化石，我们并不知道它是否有后代。事实上，我们在博物馆里看到的大多数化石看起来都很像人类，那是因为它们与我们在遥远过去的某个时候共有祖先，但它们大多并无直系后代，只代表了我们家族树上的"终结"分支。然而，人们往往还是倾向于认为它们是"我们的祖先"。我对古DNA充满热情时，曾想过从化石中提取DNA测序的可能，如果能实现，那么最终能消除这种不确定。

　　其中一位对我们提出批评的"多地区主义者"，是杰出的古生物学家埃里克·特林考斯（Erik Trinkaus）。他指出，当我们从尼安德特人骨中提取DNA时，如果错误地将那些和当今人类相似的DNA序列当作污染物丢弃，那么我们的结果是有所偏颇的。他认为，这些可能正是尼安德特人真正的原生基因序列[1]。当然，从一些尼安德特人的骨头中，我们的确只得到了类似现代人类的序列。但那些都来自保存不佳的标本，所以我相信，这些样本中所有原生的尼安德特人DNA都消失不见了，我们测得的都是现代污染物。不过，特林考斯说到的问题的确合乎逻辑，我觉得我们有必要直接回应他。

　　这成了达维德·塞尔（David Serre）的任务。他是一位来自法国格勒诺布尔（Grenoble）的研究生，头发茂密，冬天喜欢玩快速的高山滑雪，夏天喜欢从峡谷大瀑布漂流而下。我们决定让他探明以下问题（如果他能够活到实验完成）：是否所有的尼安德特人线粒体DNA序列都与模式标本的DNA序列相似？以及，与尼安德特人同一时间或稍晚存在于地球上的欧洲早期现代人类，是否缺少这样的DNA序列？后一个问题十分重要，必须马上采取行动。正如之前提到的，特定线粒体DNA序列的幸存具有很大的偶然性。如果早期抵达欧洲的现代人类与当地的尼安德特人交配，那么他们中的一些甚至许多人，可能携带有尼安德特人的线粒体DNA序列。如果携带者是女性，但她们并无女儿，这些序列在随后的代际交替中会丢失。事实上，当我们于1997年在《细胞》上发表论文后不久，在美国工作的瑞典理论生物学家马格努斯·努德堡（Magnus

---

[1]　该生物体固有的基因序列。

Nordborg）便指出了这种情况。

这种批评确实惹恼了我，因为它混淆了两个独立的问题。第一个问题，尼安德特人是否对现今人类的线粒体DNA有贡献。我们给出了否定答案。第二个问题，尼安德特人和现代人类是否有杂交。这个问题我们还无法回答。不过，我发现第一个问题更为有趣，也更为重要。我想知道我或世界上的其他任何人身上是否携带有尼安德特人的DNA。如果我们没有继承任何尼安德特人的DNA，从遗传角度来看，3万年前的任何杂交都无足轻重。我和记者交谈时一直试图说明这一点。为了表达得更明确，我说，我对晚更新世的性行为毫无兴趣，除非这些行为在我们现在的基因中留下了痕迹。我有时还会说，如果现代人类的祖先没有与他们遇到的尼安德特人发生关系，那才是让我感到惊讶的事情。但重要的问题是，他们是否有后代，后代是否存活，并把基因传递给了我们。

尽管这些糊涂的问题让人很烦恼，我还是希望达维德能探明欧洲早期现代人类是否携带过尼安德特人的线粒体DNA，是否只是随后丢失了。如果他们曾携带该线粒体DNA，那么也会携带尼安德特人的核DNA。在这种情况下，我们才可以合理地推断：尼安德特人核DNA的某些部分可能一直存在于当今的人类体内。

我们写信给欧洲各地的博物馆，想要收集尼安德特人和早期现代人类的骨头。由于我们在尼安德特人模式标本上的成功，所以说服博物馆员让我们从藏品中取样变得容易了许多。最终，我们得到了24块尼安德特人以及40块早期现代人类的少许骨头。达维德分析了这64个样本中的氨基酸。不过只有4

个尼安德特人和5个早期现代人类的样品保存得足够好,从而能测得线粒体DNA的存在。这个比例很低,但合乎正常情况。他从这9块骨头中提取DNA,并试图设计引物进行PCR,扩增来自类人猿、尼安德特人以及人类的线粒体DNA。达维德得到了这9个样品的扩增产物。测序完后,达维德发现它们与当今人类的线粒体DNA相似或相同。这些结果令人不安。也许特林考斯是对的。

我让达维德再做一次实验,这次包括5个来自凡迪亚和1个来自奥地利的洞熊样本。他扩增这些样品的DNA,同样得到了人类的序列!这加深了我的怀疑。我怀疑我们只获得了被现代人类污染的DNA序列,它们来自处理这些骨头的现代人。接着,达维德精心设计了专门的引物,这种引物只能扩增尼安德特人线粒体DNA,无法扩增现今人类的线粒体DNA。他用实验室的混合DNA进行测试,确认这些引物真的只能扩增尼安德特人线粒体DNA,之后他又在洞熊样本上做实验。达维德用这个专有引物扩增不到任何DNA。这个结果令人放心。这个引物的确特别针对尼安德特人的线粒体DNA。接着,他在尼安德特人与现代人类骨骼的提取物中使用这些引物。这次,达维德从所有尼安德特人的骨头样品中均得到了与尼安德特人模式标本相似的线粒体DNA序列。这再次表明,尼安德特人没有携带与当今人类相似的线粒体DNA。相反,扩增那5个早期的现代人类骨头样本提取物后没有得到任何产物,这表明特林考斯错了。

我们紧接着从理论角度进一步探讨这个问题。我们设计了一个种群模型:在该模型中,我们假设尼安德特人与解剖学意义上的现代人类在3万年前发生杂交,并且那些现代人类的后裔仍存活至今。但是不管是现在的任何人类，还是那5个生活在3万年前的早期现代人，都没携带任何尼安德特人的线粒体DNA，那么我们要思考的问题是，尼安德特人对当今人类最大的遗传贡献是什么？根据这一模型（我们简化了假设，例如不考虑现代人类人口的增长），尼安德特人对现今人类的核基因组的贡献不会超过25%。不过，由于我们没有看到尼安德特人遗传贡献的直接证据，我觉得最合理的假设是（除非新数据有所不同），尼安德特人对现今人类没有遗传贡献。

　　与传统的古生物分析相比，我发现该结果很好地说明了我们方法的优势。我们明确地定义假设，得出的结论也有明确的概率范围。利用骨头的形态特征得不到如此严谨的结果。许多古生物学家喜欢将他们的研究描述为严谨的科学，但事实上，在尼安德特人是否对现今人类做出遗传贡献的问题上，他们已无法达成共识。其实，最近20多年来的争论已表明，他们的方法存在很大的局限。

　　在我们发表了达维德的结果[2]之后，由群体遗传学家洛朗·埃克斯科菲耶（Laurent Excoffier）领导的瑞士理论研究团队，就尼安德特人和现代人类如何互动的问题，开发了一个比我们更合理的模型。他们认为，解剖学意义上的现代人类穿越欧洲，与尼安德特人进行的任何杂交都发生在现代人类扩张区域的前缘。最初由现代人类小规模入侵，然后规模迅速扩大。瑞士研究团队表明，在这种模型中，即便是概率特别小的杂交，都很有可能在当今人类的线粒体基因池中留下痕迹，因为在不断增长的人口中，平均每位女性会有多个可以继承并传递其母亲线粒体DNA的女儿。所以在这种情况下，与规模稳定的人群相比，任何进入现代人群的尼安德特人线粒体DNA，其消失的风险都会降低很多。由于我们并未在那5个早期现代人中发现尼安德特人的线粒体DNA，以及我们和其他人研究的数千名现代人中也没有尼安德特人的线粒体DNA，所以埃克斯科菲耶研究组根据我们的数据得出结论："女尼安德特人和男现代人之间几乎完全不育，这意味着这两个种群可能是不同的生物物种。"[3]

　　我并不反对瑞士研究团队的这一结论，但当然还可能存在一些特殊可能，此模型未能涵盖尼安德特人遭遇现代人时发生的所有情况。例如，如果尼安德特人和现代人类祖先杂交生下的所有孩子均生活在尼安德特人群体中，那么他们也不会对我们的基因池有所贡献。这个结果看起来和研究团队所得出的"几乎完全不育"很相似。另外，如果所有的杂交事件发生在男尼安德特人和女现代人之间，在当今的线粒体DNA基因库中也不会探测到尼安德特人的线粒体DNA，因为男性对其后代的线粒体DNA没有贡献。此杂交只能在核基因组中探得。为充分了解我们的祖先与尼安德特人之间的互动，以及对我们基因组的影响，我们显然需要研究尼安德特人的核基因组。

第九章

细胞核测试

亨里克在X染色体方面的工作表明，人类和猿类的线粒体DNA之间的相似和相异模式，至少可延展到核基因组中的一部分。不过，我们是否能够研究尼安德特人的核DNA，还是将永远局限在线粒体基因组中，当时尚不明朗。倍觉前景黯淡时，我曾认为我们或许应该坚守在线粒体DNA上，片面地看待模糊的人类历史。当然，如果忽视那些嵌在琥珀中的动植物、恐龙以及其他奇怪的"上古"研究结果（我就是这样做的），目前还没人能从古代遗骸中成功得到任何核DNA。经过深思熟虑，我认为我们应该一试。

就在这个时候，一名新的博士后亚历克斯·格林伍德（Alex Greenwood）加入了我们实验室。他来自美国，身材矮小，但满怀壮志。我希望他从尼安德特人骨中提取核DNA，并指出这是一个风险很高但非常重要的项目。他渴望接受这个挑战。

我提出了一个"野蛮"的方法。我的计划是检测大量骨头样本，从中找到富含最多线粒体DNA的样本，然后从较大块的样本中提取DNA，以期获得一些核DNA。这种方法意味着我们不能用不确定的技术对尼安德特人的遗骸进行初始实验，因为它们太过稀缺、太过宝贵，而失败的风险很高。所以，我们先采用动物骨头进行试验。动物骨头不仅数量更为丰富，而且对古生物学家而言，研究价值也较低。我从萨格勒布第四纪研究所的黑暗地下室带回的洞熊骨头如今倒派上了用场。它们发掘自凡迪亚洞穴，这个石灰岩洞穴中同时还出土了一些包含线粒体DNA的尼安德特人遗骸。所以，如果我们能够从洞熊骨头中得到核DNA，那么也有可能从尼安德特人骨中获得核DNA。

亚历克斯开始从4万至3万年前的克罗地亚洞熊骨头中提取DNA，并检查它们是否有类似于熊的线粒体DNA。它们中的许多骨头确实含有熊的线粒体DNA。然后他得到包含了最多线粒体DNA的提取物，并试图从中扩增核DNA的短片段，但未能成功。他很沮丧，我也很失落，但并不惊讶。他所面对的问题对我而言再熟悉不过了：在鲜活的动物体内，每个细胞都含有数百个线粒体基因组，但只含有两个核基因组。在提取物中，核DNA的数量是线粒体DNA的数量1/1 000～1/100。因此，即使有少量核DNA存在于提取物中，扩增到该核DNA的机会也只有1/1 000～1/100。

克服这个问题的明确方法之一，就是使用更多的骨头。亚历克斯从许多洞熊骨中得到了大量提取物，并试图扩增其中核DNA的短片段。他利用引物"夹住"与人类不同的熊的核苷酸，这使他能把洞熊DNA和污染样本的人类DNA区分开来。但在这大量的提取物中，他没有扩增到任何东西，甚至连洞熊的线粒体DNA都没有。他没有得到任何产物。

经过数周不断反复的失败提取，我们意识到，从如此大量的骨材料中得到有用的DNA提取物是不可能的。不是因为骨头中没有任何可供扩增的DNA，而是因为提取物中含有某种抑制PCR酶的东西，致使酶变得不活跃，所以无法扩增到任何产物。我们努力从提取物的DNA中除去未知的抑制剂，但一次次失败。我们一点点地稀释提取物，直到它们能重新扩增出线粒体DNA。然后，我们再在稀释物中尝试扩增核DNA，结果还是一直失败。我试图保持乐观，但几个月过去了，亚历克斯对能否得到结果并撰写论文感到越来越沮丧和焦虑。我们开始怀疑，熊死亡后，酶会穿透衰败细胞的核膜，降解其中的核DNA。而线粒体具有双层膜，能将线粒体DNA保护得更好，使线粒体DNA更容易保存下来，直到组织干燥、冻结或是出现其他使DNA免受酶侵袭的状况为止。这种可能让我开始思考，即使我们可以克服抑制PCR作用的情况，是否能在古代骨头中找到核DNA仍是未知数？我慢慢变得像亚历克斯一样沮丧。

由于在提取洞熊的核DNA上屡屡受挫，我们开始怀疑：洞穴的条件是否不利于核DNA的保存。所以我们决定转向研究取自最佳保存条件下（我们认为）的材料——来自西伯利亚和阿拉斯加多年冻土层的猛犸象遗骸。它们自死后便一直被冻结起来，当然，冻结会延缓甚至阻止细菌的生长以及许多化学反应的发生，包括那些逐渐降解DNA的反应。通过之前马蒂亚斯·赫斯的工作，我们也知道西伯利亚冻土中的猛犸象含有大量的线粒体DNA。当然，目前并未在冻土层中发现过尼安德特人，因此研究猛犸象意味着偏离了我的终极目标。但我们需要知道，核DNA能否保存上数万年。如果无法在冻土层的猛犸象遗骸中找到核DNA，那么就更别想从保存条件不理想的尼安德特人骨头里找到核DNA。

幸运的是，在过去的几年里，我从不同的博物馆系统地收集了古老的骨头，因此亚历克斯可以立即开始尝试研究几个猛犸象的遗骸。他发现一个猛犸象牙中含有大量的线粒体DNA。二战期间，阿拉斯加高速公路匆匆建成，从不列颠哥伦比亚省的东北部延伸到费尔班克斯市附近。这个猛犸象遗骸就在那时被挖出冰面，存放在美国自然历史博物馆一个巨大的箱子里面。为了更容易地找寻DNA，我们小心翼翼地选出一个包含核基因组的片段作为目标，它包含一部分28S rDNA基因，而编码28S rDNA的RNA分子是核糖体（细胞中合成蛋白质的结构）的一部分。对我们而言，该基因在每个细胞中均有数百份拷贝，是个很大的优势。因此，假设核DNA在动物死后并没有像线粒体DNA那样被严重降解，那么在提取物中，它应该与线粒体DNA一样丰富。令我高兴和宽慰的是，亚历克斯可以扩增到核糖体基因。他对猛犸象的PCR克隆产物进行测序，并使用我们在研究尼安德特人线粒体DNA时所建立的重叠片段方法来重构基因序列，然后他要将这个序列与猛犸象现存的最近缘亲属——非洲大象和亚洲大象的序列进行比较。由于我一直担心有污染，在亚历克斯得到猛犸象的结果之前，我一直不让他或任何其他人研究大象。但是现在，在我们的洁净室外，亚历克斯使用之前在猛犸象上用过的相同引物，扩增来自非洲大象和亚洲大象的28S rDNA片段，并进行测序。猛犸象序列与亚洲象的序列相同，但与非洲象的序列有两个位点的不同。这表明，相对于非洲象，猛犸象与亚洲象的关系更为密

切。但比较猛犸象和存活至今的大象并非这次研究的要点，发
现古代核DNA才是重中之重。为了万无一失，我们将一小块
猛犸象牙齿送去做碳测定。碳测定的结果表明，这是一头1.4
万年前的猛犸象。数月来，我第一次为结果感到满意。这是一
项极具公信力的结果。这是测定的第一个晚更新世的细胞核
DNA序列。

在这些成果的鼓舞下，亚历克斯设计了引物，扩增血管假
性血友病因子基因的两个短片段。在大象的基因组中，这样
的基因只有一份。这个基因（von Willebrand factor gene）简
称vWF，可以编码一种血蛋白，能帮助血小板黏到受伤的血
管上。我们着重研究这个基因，因为其他人已经测序了大象
（以及许多其他现存的哺乳动物）中的这个序列。如果我们设
法确定了猛犸象的序列，就可以直接将其与现今大象的序列进
行比较。在我们实验室的某次周会上，亚历克斯展示了一些含
有vWF基因片段的凝胶带照片，表明他可以扩增到猛犸象的
这个基因片段。我简直不敢相信自己的眼睛。他重复了两次实
验，使用从同一猛犸象骨中独立制备的提取物。从测序的许多
克隆中，他在个别分子中看到了错误，大概是由于原来DNA
的化学损伤，或是DNA聚合酶在PCR周期中对核苷酸的不正
确添加（见图9.1）。然而，他在一个位点上看到了一个有趣的
模式。他从3个独立的PCR扩增物中选出共30个克隆进行测序。
在一个位点而言，其中有15个克隆携带C，14个携带T，1个携
带A。我们认为这个单独的A是DNA聚合酶造成的错误，但其
他基因却令我心跳加速。遗传学家明确地把序列中的这个特定
位点称为杂合位点，或单核苷酸多态性（简称SNP）。在该位
点上，这头猛犸象从父本和母本那里分别获得的两份基因拷贝

```
Mammoth,
consensus sequence
allele 1:         .....-....-.........G.A...................C.
allele 2:         .....-...T.........G.A...................C.

Mammoth,          .....-....-.........G.A.A.............A....C.
clones:1st extract, .....-....T.........G.A...................C.
1st PCR           .....-....-....N....G.A.A.............A....C.
                  ....-T....-.........G.A.AA...........A....C.
                  .....-....T.........G.A....A..............C.
                  .....-....-.........G.A.A.............A....C.
                  .....-....-.........G.A.A.............A....C.

Mammoth,          .....-....T......T...T..G.A.............G....C.
clones:2nd extract, .....-....T.........TG.A...................C.
1st PCR           ....C...TN..T....T...T.T..G.A...............C.
                  .....-....T.........G.A...................C.
                  .....-....T.........A.A...................C.
                  .....-....-.........G.A..A................C.
                  ..N..-....-.........G.A.A.A................C.

Mammoth,          ...T.-....-.........G.A...................C.
clones:2nd extract, .....-...T.........G.A...................C.
2nd PCR           .....-...T.........G.A...............T.T..C.
                  .....-....-.........G.A.A.AA...............C.
                  .....-....T...N.....G.A.N...........T......C.
                  .....-....T.........G.A....A..............C.
                  .....-....T.........G.A...........T....T.T.T.
                  .N...C..-.........G.A...................C.
                  .....-....-.........G.A....G...............C.
                  .....-....T..T.TG.A...............T......C.
                  .....-...T...TT..TG.A...................C.
```

图9.1　扩增自3个核基因片段的克隆DNA序列取自1.4万年前的猛犸象。箭头指向是所得到的第一个晚更新世杂合位点或SNP。来自 A. D. Greenwood et al., "Nuclear DNA sequences from Late Pleisto-cene megafauna," *Molecular Biology and Evolution* 16, 1466–1473 (1999)。

有所不同。我们找到了第一个冰河时代的杂合位点或SNP，可以称其为遗传的精髓，即种群中的一个核基因有两个变异。一切都在朝好的方向发展。如果我们可以获得该猛犸象基因的这两种版本，那么就有可能获得基因组的所有部分。因此，至少从理论上而言，从几千年前便已灭绝的物种中获得我们想要的任何遗传信息，这应该是可能的。为了验证这一猜想，亚历克斯扩增了另两个单拷贝基因片段：其中一个基因编码的蛋白质可以调节大脑中神经传递素的释放；另一个基因编码的蛋白质分泌自视杆细胞和视锥细胞，可以与维生素A结合。这两次扩增他都成功了。

　　我们为了得到核DNA已经努力了很久，所以亚历克斯的猛犸象结果使大家备受鼓舞，我也为此兴奋了好几天。当然，我对猛犸象的兴趣一般，真正感兴趣的还是尼安德特人。我痛苦地意识到，多年冻土中没有出土过尼安德特人。我劝亚历克斯再回头继续尝试凡迪亚的洞熊残骸，看看是否能从未冻存的遗骸中获得核DNA。他分析了几个克罗地亚洞熊的线粒体DNA，并找出一块包含很多线粒体DNA的骨头。我们用碳测定发现它已有3.3万年的历史，大致与尼安德特人同时代。亚历克斯把精力放在这块骨头上。他尝试寻找基因组中有多个拷贝的核糖体RNA基因。他获得了少量扩增产物，然后从克隆中重建序列，并发现该序列与当今的熊的序列相同。

　　这是一次成功，但也有其缺陷。光是扩增多拷贝基因片段就已经够难的了，更别说获取单拷贝基因（比如他在猛犸象中研究的vWF基因片段）。当然，亚历克斯所有办法都试过了。不过正如预想的那样，他没能成功。所以，在猛犸象结果带来的兴奋散去之后，我内心其实对这些实验深感失望。我们已经证明，核DNA可以在几万年前的多年冻土中保存下来，但我们从洞熊骨头中只得到了非常少量的普通核DNA序列。多年冻土和石灰岩洞穴的储存条件有着天渊之别。

　　1999年，我们发表了亚历克斯的发现。我认为这是一篇很不错的论文，虽然后来它遭到了极大的忽视。[1]这篇论文表明，出土自多年冻土的遗骸中有核DNA保存了下来，甚至还发现一个个体的两条染色体上的DNA序列，存在不同的杂合位点。我们对多年冻土的遗传研究前景持乐观态度，并在论文结尾指出：

> 大量的动物遗骸留存在多年冻土和其他寒冷环境中。事实上，从这些遗骸中，我们不仅可以得到线粒体DNA，还可得到单拷贝的核DNA序列。这个事实让我们有可能利用细胞核位点研究动植物谱系史和群体遗传学，以及研究决定表型性状的基因。

最终，其他人会沿着这项工作继续前行，虽然也就持续5～10年。不过糟糕的是，除非在多年冻土中发现尼安德特人，否则我们永远不可能得到尼安德特人的全部基因组。

第十章
向细胞核进发

我在实验室里负责监督实验，缓慢而可靠地向前推进工作。但每当我困坐于长途飞行的小座位中，或是坐在黑暗的报告厅听着不相关的报告时，巨大的沮丧感总是不断地侵袭我：我们无法从尼安德特人中得到核DNA。我仍觉得，即便无法通过PCR获得，尼安德特人中应该保存了核DNA。所以我们必须想出一个更好的方法来得到它。

亨德里克·波伊纳主导了对新方法的探索。他尝试从数百万年前包裹在琥珀内的动植物中提取DNA，却一直徒劳无获，他决定转向更有希望的方向。幸运的是，在一些无聊的会议演讲之余，我想到了之前从动物粪便中提取DNA的工作。我们当时的研究对象之一是冰河时代的动物：已灭绝的美国地懒。大地懒留下了大量粪便，考古学家为其冠上了"粪化石"这个花哨的名字。事实上，在内华达的一些洞穴里，某个深度的整个地层主要由这些陈年的地懒粪便组成。亨德里克在1998年《科学》上的一篇论文里表明，这些材料中保存有线粒体DNA，还描述了我们从一个地懒粪团中得到的植物DNA，从而表明可以用这种方法重构2万年前地懒死亡前的进食成分。[1]这项实验的成功表明，大量的DNA甚至核DNA，保存于残留至今的古代粪便之中。我建议亨德里克试着去寻找这些DNA。

　　亨德里克从我们一年前发现的化学技巧开始摸索。早在1985年，我在分析从柏林得到的木乃伊样品时就注意到，几乎所有的提取物均含有一种在紫外线灯下会发出蓝色荧光的成分。如果提取物发出蓝色荧光，那就表示我们不会得到DNA。我不知道此组分是什么，但这个现象令人痛苦而难忘，因为每当看到蓝色荧光而非一心想看到的粉红色荧光时，我便感到非常失望。当我了解了更多死亡组织在数千年中可能发生的化学反应之后，我才知道这种现象被称为美拉德反应（Maillard reaction），在食品工业中研究较多。碰巧，我的母亲是食品化学方面的专家，所以她给我发了很多相关文献。一般的糖经过加热或在不太热的温度下存放较长时间后，就会发生美拉德反应。这些糖会与蛋白质和DNA中的氨基进行化学交联，从而形成巨大且相互缠绕的分子复合物。许多烹饪过程都伴随着美拉德反应，它的副产物包括新鲜出炉的面包的香味和颜色。但最让我感兴趣的是，美拉德反应的产物在紫外灯下会发出蓝色荧光。我想，这可能就是埃及木乃伊身上所发生的反应。我不仅将该反应与木乃伊提取物联系到了一起，也将其与焦黄色和特有的甜腻沁人的气味联系在了一起（或许稍显不正确）。我想知道，之所以不能从中提取DNA，是不是因为美拉德反应将DNA与其他分子结合在了一起？

有种方法可以一探究竟。1996年,《自然》上的一篇文章描述了化学试剂N-苯甲酰溴（N-phenacylthiazolium bromide，简称PTB），它可以打破美拉德反应形成的复合物。[2]烤面包时若添加PTB，会再得到生面团（当然，没有人会想把这个生面团再放回烤箱中）。因为不能通过商业渠道购买到，亨德里克只能在实验室合成PTB。往洞熊和尼安德特人的提取物中加入PTB后，有时候我们的确得到了更好的扩增产物。当亨德里克把PTB添加到2万年前内华达州粪化石的提取物中时，他能够扩增到亚历克斯曾经测序过的猛犸象的部分vWF基因片段，以及其他两个核基因片段。这些结果令我大为吃惊。我们于2003年7月发表了这项工作，[3]最终证明：即便遗骸没有冻结，其中的核基因组也可以保存下来。

受该结果的鼓舞，我觉得现在有充分的理由再次尝试从洞熊骨头获取核DNA。但遗憾的是，化学技巧这次没能帮上忙。事实上，内华达的粪化石是一个罕见的例外，其样品很难在加入PTB后成功获得扩增。不过，粪化石让我确信，核DNA是存在的，只是需要寻觅新的技术来找到它。

为了获得新的技术点子，我向许多人咨询了关于测序少量DNA的方法。其中有个人把我的问题转给了马蒂亚斯·乌伦（Mathias Uhlén）。他是瑞典的生物化学家，还是一名富有创造力的发明家以及生物技术企业家。马蒂亚斯看起来总是精力无穷，且对新想法有着孩子般的热情，也能充满魔力般地将富有创造力的人聚集在他的周围，并将热情传递给他们。每次和他接触之后，我总是感到精力充沛。马蒂亚斯的周围有一名富有创意的人，名为波尔·尼伦（Pål Nyrén）。10年前，尽管饱受质疑，他还是构思并发展出了一项新的DNA测序技术。马蒂亚斯也意识到波尔想法的潜力，并认为是时候考虑新的DNA测序方法了。当时我们仍在使用英国人弗雷德·桑格（Fred Sanger）发明的方法。他本人也凭此于1980年赢得了第二个诺贝尔化学奖。

桑格测序法要用到DNA聚合酶。该聚合酶以旧的核苷酸为模板，组合4种核苷酸生成新的DNA链。在这样的测序反应里，DNA聚合酶通过引物从DNA的特定位置开始合成双链。每种核苷酸的一小部分由不同的荧光染料和化学修饰进行标记，当DNA聚合酶作用到那一位点时，合成停止。这个过程生成了不同长度的DNA链，每个末端都有不同的染色，代表了此位点的特定核苷酸。这些断开且经过标记的DNA链片段通过凝胶电泳分离出长短不一的片段，这样可以知道每个位置的颜色，并由此推断出核苷酸的种类：比如，离合成开始的第10个位点、第11个位点、第12个位点等的核苷酸种类。最好的DNA测序仪（以人类基因组计划所用的仪器为例）一次可以测将近100条长达800个核苷酸的DNA片段。波尔在马蒂亚斯实验室开发的方法名为焦磷酸测序法。虽仍处于起步阶段，但是该方法有可能比桑格测序法更快、更简单。

焦磷酸测序法也使用DNA聚合酶来合成DNA序列，但它根据的是每个聚合到DNA链上的核苷酸发出的荧光，以此来检测具体的核苷酸种类，而不是通过根据长度烦琐地分离大量片段。波尔想出的解决方法是，一次只添加4种核苷酸中的一种到反应混合物中：例如，如果加入A（腺嘌呤），模板链对应的位置上是 T（胸腺嘧啶，与腺嘌呤配对），那么DNA聚合酶把A加到不断增长的合成链中，反应中的酶系统会发出一种光信号。这种光信号可以被功能强大的相机检测到，并记录到计算机中。如果模板链带的不是T而是其他的碱基，就不会产生光信号。波尔依次添加4种核苷酸，不断循环。通过纪录光的闪烁，他可以读到DNA片段中的核苷酸顺序。这是一个很出色的方法，只需将核苷酸和其他试剂注入反应室，然后用相机拍照即可。更重要的是，这个过程容易实现自动化操作。当马蒂亚斯告诉我这种方法时，我变得和他一样充满热情。

不久之后，马蒂亚斯让我担任一家名为焦磷酸测序（Pyrosequencing）的公司的科学顾问。此公司由他和波尔成立，专门生产开发运行此技术的商业设备。我很高兴地同意了，因为这样就有机会跟上这项令人兴奋的技术发展，我认为它可能会改变我们研究古DNA的方式。我于2000年加入顾问委员会。公司已经在一年前生产了首台商业机器，这台机器可以同时测序96个不同的DNA片段，每个片段独立放于塑料板的孔中。然而，它只可以读取每个片段中约30个连续的核苷酸。这样的测序效率与当时基于桑格原理的机器相比，太不令人满意了。不过焦磷酸测序法是一项年轻的技术，当前的设备水平并未达到其可能的极限。虽然我当时并没有完全意识到这点，但事实上它代表了一场革命的开始。这次革命即"第二代测序法"，将从根本上改变古DNA以及其他许多生物学研究。

我很想试试焦磷酸测序法，所以请亨里克·凯斯曼在马蒂亚斯的实验室待上一段时间。实验室位于斯德哥尔摩的皇家理工学院。亨里克很高兴，因为他一口完美的瑞典语终于有了用武之地，可以给斯德哥尔摩人一个大惊喜。虽然他在德国南部长大，但是他会说一口流利的瑞典语，这得归功于他的母亲（是个瑞典人）。他还能从当今的欧洲人群和亚洲人群中得到数据，了解这两个人群的血缘关系。正如面对所有的新技术一样，我们需要学习新的技能并排除一些故障，但一切运行得很好。

2003年8月，焦磷酸测序公司董事会研究决定，将焦磷酸测序技术授权给454生命科学公司（454 Life Sciences)。这家美国公司由生物技术企业家乔纳森·罗斯伯格（Jonathan Rothberg）创办。454生命科学公司打算用最先进的应用流体学技术改进焦磷酸测序法。这项改进的创新之处在于，将短的DNA合成片段添加到DNA分子末端。然后用磁珠捕获单股DNA，并巧妙地在小油泡中扩增，使得数万条不同的DNA链分别同时在一个大反应中扩增。然后磁珠在成百上千个平板孔里相互分离，再进行焦磷酸测序。最后也是最关键之处在于，为了记录哪些孔槽在循环中发光，公司借用了天文学家在夜空中追寻无数星星的图像跟踪方法。这使得焦磷酸测序仪可以同时测序不止96条片段，而是20万条DNA片段！

考虑到这种威力，我想我们可以从古老的骨头中随机提取DNA片段，然后简单测序，看看提取物中都有些什么。这个野蛮的方法与基于PCR的方法完全不同。在PCR中，我们要专门提取出想要研究的每个序列片段。但是PCR方法不仅烦琐，而且（因为我们必须提前确定要寻找什么）让我们选择性地忽视提取物中的其他所有序列。虽然454生命科学公司的仪器不能测序超过100个核苷酸的DNA片段，但是在亚历克斯的猛犸象以及亨德里克的地懒工作中，我们得到的核DNA片段从未超过100个核苷酸。所以我渴望试用一下454生命科学公司的仪器。

我并非只与马蒂亚斯或其他从事焦磷酸测序工作的人谈

论过测序的新方法，我还与爱德华·鲁宾（Edward M. Rubin）探讨过。他是一个精力充沛的基因组学家，于2005年7月访问了我们在莱比锡的实验室。我渴望得到他的建议。作为加州劳伦斯伯克利国家实验室的教授以及美国能源部联合基因组研究所的主任，埃迪（爱德华的昵称）认为可行之道是在细菌中克隆DNA。这种方法和我于20世纪80年代在乌普萨拉做木乃伊研究时的方法相似。他告诉我，这种方法已经经过大幅改善。我同意在洞熊上一试，因为已知两个洞熊骨头化石包含了大量的熊线粒体DNA，所以我们就用这两个洞熊骨头化石制备了提取物，并把提取物送到埃迪在伯克利的实验室。就像我在1984年所从事的研究一样，提取物中的DNA分子与载体分子融合到一起，再引入细菌中。当细菌生长时，它们构成了所谓的"文库"，其中每一个细菌菌落或"克隆"，都包含了数百万份从洞熊骨头提取物中得到的独特的DNA分子拷贝。库中每一个菌落的DNA都可以经过分离和测序，因而是"可读"的，就像图书馆里的一本书。埃迪的团队使用传统的桑格化学法，从两个库中随机测序了约1.4万个DNA克隆——这是在1984年时根本不可能达到的数量级。在这1.4万个克隆中，共有389个（只占2.7%）携带类似于狗的DNA序列，也就是说，这些序列很可能来自洞熊。其余的都来自动物死后污染骨头的细菌和真菌。尽管骨提取物中的内源性DNA比例小得可怜，结果还是令人兴奋，因为这表明，欧洲洞穴的骨头中确实包含了一些核DNA。

我们于2005年在《科学》发表了这一结果[4]，埃迪和他的伯克利团队为主要作者。我们在文中庄严声明，从古代遗骸中得到基因组序列是有可能的。但论文发表后，我自己团队的一些人对这些结果进行了更深入的思考，做了一些计算，并得出了一个发人深省的结论。伯克利团队已测序了我们寄送过去的DNA库中的每一段序列，共发现了洞熊基因组中的26 861个核苷酸。考虑到我们制备这些库只使用了零点几克骨头，而基因组由30亿个核苷酸组成，所以，为了概览洞熊的基因组，我们必须用到比现在多10万倍以上的骨头（换句话说，是超过10千克的骨头）。研磨那么多骨头，并将其制成用于测序建库的提取物是可行的，只是极其烦琐，而且大量测序的成本非常昂贵。所以，除非有不可预见的技术突破，否则即使有效，我们也不可能用如此野蛮的方法研究感兴趣的化石，毕竟手中只有极少量样本。至少对我而言，通过细菌克隆来测序尼安德特人基因组并非良策，而且的确不太可行。我可以想象，构建细菌库之后，大多数DNA应该已经丢失，可能是因为它们从来没有进入细菌，或是进入之后又被细菌内的酶消化殆尽。然而，埃迪还是继续热衷尝试这种方法，他认为，从DNA提取物中测序得到的DNA序列如此之少很不常见。他辩解道，未来使用这种方法能得到更好的结果，而且需要的原始物料更少。

尽管埃迪对细菌克隆的方法充满热情，我却不愿死磕一种可能。我觉得需要尝试焦磷酸测序法。直接应用454生命科学公司的焦磷酸测序法测序提取物中的所有DNA似乎是可行的，可以避免DNA在进入不稳定的细菌过程中遭受损失。更重要的是，乔纳森·罗斯伯格和454生命科学公司生产了一台可以在一天之内测序数十万个DNA分子的机器。但要与乔纳森取得联系并不容易。他很聪明地避开了那些想要使用其新技术的古怪科学家的火力攻击。我尝试了各种途径，但徒劳无功。后来我与生物信息学奇才吉恩·迈尔斯（Gene Myers）谈论这个问题。2000年，他曾帮助著名的基因组学家克雷格·文特尔（Craig Venter）组装人类基因组。2001年，我在巴西的生物信息学大会上认识吉恩，并很快喜欢上他遇到任何问题后不卑不亢的应对态度。我们都喜欢滑雪和潜水。吉恩现在是加州大学伯克利分校的教授，并且是罗斯伯格公司的顾问。因此在2005年7月，他通过邮件帮我和乔纳森建立了联系。

我、乔纳森以及负责管理454生命科学公司的丹麦科学家米凯尔·埃格霍尔姆（Michael Egholm）进行了一次电话会议。乔纳森一上线，我便开始担心。像我期望的那样，他充满活力、精神饱满，但似乎只对一件事感兴趣，那就是测序恐龙的DNA！我不知道该如何处理这恼人的偏好，因为我已经公开说过，测序恐龙的DNA在目前和将来都是不可能的。我试图重申，但又不能妄自断了联系，只能强调其他还有很酷的基因组可以测序，特别是尼安德特人的。我们可以凭此研究确认：是什么改变造就了如今的人类。幸运的是，乔纳森很快就被这个想法吸引。我同时也说服他和埃格霍尔姆，最好从猛犸象和洞熊开始尝试。

一周后，我们给454生命科学公司寄送了一份猛犸象提取物和洞熊提取物。差不多同一时候，勤劳而又有天赋的生物信息学研究者理查德·艾德·格林（Richard E. Green）在加州伯克利取得博士学位，随后连接了我们实验室。美国国家科学基金会授予他著名而又丰厚的奖学金，让他承担比较人类和猿类的RNA剪接项目。剪接是指基因的RNA拷贝被切割后，连接形成信使RNA分子的过程，而信使RNA分子可以指导蛋白

质合成。这个项目当时想探究的是，基因剪接的差异或许导致
了人类和黑猩猩之间的许多差异。就在艾德着手研究他手头的
项目时，454生命科学公司的首个数据出来了。

454生命科学公司的人已经从猛犸象和洞熊骨头成千上万
的DNA片段中得到了DNA序列。我让艾德深入检查DNA序列
存在的第一个问题：分离来自标本本身和来自细菌以及其他污
染物的DNA序列。这不是一个微不足道的问题。他将猛犸象
和洞熊骨头的DNA序列与现成的大象和狗的基因组序列进行
比较。大象和狗分别是现今与猛犸象以及洞熊关系最密切的动
物。但古DNA序列很短，并可能携带几千年来由化学修饰造
成的错误。此外，骨头中的细菌和真菌的数量和具体种类都是
未知的。但这项研究古DNA的挑战对艾德来说是很有诱惑的
副业，很快他便忘掉了关于RNA剪接的一切工作。最终他写
信给负责监管他奖学金的美国国家科学基金会的管理者，说明
自己如何变更了项目的研究目标。不幸的是，国家科学基金会
缺乏远见，没能意识到尼安德特人的基因组对计算机生物学家
而言是一个绝佳的机会；相反，他们砍掉了艾德的奖学金。幸
运的是，我们的预算足够多，可以留住艾德。

与此同时，艾德发现，提取自猛犸象骨的DNA，其中约
有2.9%是真正的猛犸象DNA；洞熊骨中大约有3.1%是真正的
洞熊DNA。这意味着，我们先前与埃迪·鲁宾合作获得的结
果，即在细菌克隆得到的DNA中有5%来自洞熊，这已经是很
好的结果。3%或5%听起来不多，但我们现在有73 172个不同
的猛犸象DNA序列和61 667个不同的洞熊序列。这意味着，在
一个我们甚至没有用完所有提取物的独立实验中，454生命科
学公司所用方法产生的数据，是伯克利团队细菌克隆方法的

10倍。在我看来，这是一项真正的突破，但这种方法并非没有风险。利用原先基于PCR的方法，我们可以多次重复实验，确保得到相同的序列，并发现其中的错误。但是如果采用新方法，那么对每个序列只能研究一次。猛犸象或洞熊的基因组如此之大，我们不太可能在所测的序列中看到另一个相同的片段拷贝。因此，我们不能立即确定古DNA中的化学损伤，以及损伤在序列中造成的错误程度。这些都可能会影响我们的结果。

不过，检测误差不是一个新问题，我们已经取得了一些进展。早在2001年，那时还是我实验室研究生的迈克尔·霍夫瑞特（Michael Hofreiter）和组里的其他人一起指出的，DNA损伤导致古DNA序列出错的最常见形式，是核苷酸的胞嘧啶丢失一个氨基。即便只含有少量水分，这种损伤也可以在DNA中自然而然地发生。胞嘧啶（C）失去氨基后，就变成可以经常在RNA中看到的尿嘧啶——DNA聚合酶将其读为T。通过将猛犸象和洞熊序列与大象和狗的进行比较，我们可以检查：现今的动物DNA序列上C所处的位置，我们是否可以比预期看到更多T。我们确实看到了更多T。但令我们惊讶的是，相对于腺嘌呤（A），鸟嘌呤（G）变多了。这表明，和胞嘧啶（C）一样，古DNA中的腺嘌呤（A）也失去了氨基。为了验证这一猜想，我们用不带氨基的胞嘧啶（C）和腺嘌呤（A）合成DNA，然后观察它们如何被DNA聚合酶识别。454生命科学公司在焦磷酸测序法中曾用这种聚合酶来扩增DNA。DNA聚合酶不仅把胞嘧啶（C）读成没有氨基的尿嘧啶（T），还把没有氨基的腺嘌呤（A）读成了鸟嘌呤（G）。因此，我们于2006

年9月在《美国国家科学院院报》发表文章，表明不仅是胞嘧啶（C），腺嘌呤（A）也会失去氨基。[5]不过很快，我们便发现自己错了。

与此同时，我们和伯克利埃迪·鲁宾的研究团队发生了小摩擦。在莱比锡，我们清楚地知道焦磷酸测序法的效率至少是细菌克隆的10倍。在我们看来，细菌克隆的过程导致DNA大量损失，可能细菌没法在这一步吸收DNA。不过埃迪相信，洞熊实验的低效只是一次偶然事件。在某次电话会议中，他表现得特别激动。我们无法达成一致，最终闹掰。经过多年的挫折，我知道我们不仅可以测序出尼安德特人的全基因组序列，而且还可以通过多种方法达成这一目标。那时我觉得，只需几克而非几千克埃迪所需的骨头，这个项目就能开展。454生命科学公司的焦磷酸测序法似乎已符合这个要求，但最终，埃迪说服我再给细菌克隆一个机会。因此我决定同时测试这两种方法：细菌克隆法和分子直接测序法，并且用真正的尼安德特人DNA来试验。

我们用手头最好的尼安德特人样品（Vi-80），制备了两份提取物。达维德·塞尔曾于2004年对该线粒体DNA的高变区进行测序。2005年10月中旬，我们把一份提取物送给米凯尔·埃格霍尔姆和454生命科学公司的工作人员，让他们直接测序。我们把另一份提取物送给埃迪·鲁宾的研究团队，他们先进行细菌克隆，然后再测序。提取物由约翰内斯·克劳泽在我们的洁净室中制备。但是将它们送到康涅狄格和加利福尼亚的实验室时，途中可能遭受污染，这让我紧张不安。所以一旦测试证明哪一种方法更好，我们将在自己的洁净室里建立这种方法。

与此同时，另一名新研究生阿德里安·布里格斯（Adrian Briggs）来到我们团队。阿德里安是哈佛大学著名的灵长类动物学家理查德·兰厄姆（Richard Wrangham）的外甥，刚从牛津大学本科毕业。我很担心阿德里安的家庭背景和他的教育背景让他变得势利和傲慢，但我的担心是多余的。出乎意料的是，阿德里安从量化角度思考问题的能力十分惊人，我们团队无人能及。最棒的是，他从来没有让其他人显得很愚蠢，虽然他比任何人都更快、更准确地思考问题。我仅凭直觉认为，在洞熊库的建立过程中，大部分DNA已经丢失。但是阿德里安计算出，在我们送至埃迪·鲁宾研究组的洞熊DNA中，实际只有0.5%真正用于细菌建库。阿德里安还计算出，为了测序洞熊或尼安德特人基因组的30多亿碱基对，需要分离和测序约6亿个细菌克隆，但这不符合埃迪联合基因组研究所的测序逻辑。这些计算结果为我对细菌克隆的担忧提供了一个立足点。显然，要获得尼安德特人的基因组，细菌克隆并非有效的方法。2006年1月，在一次非常紧张的电话会议上，阿德里安把这些结果报告给埃迪的团队。然而，埃迪仍觉得他的实验室是在洞熊建库方面出了些问题。而在此期间，454生命科学公司和埃迪实验室的工作都在向前推进。

但我们并非唯一想到采用焦磷酸测序法研究古DNA的人。2006年初，当艾德·格林忙着分析洞熊和猛犸象数据时，《科学》上刊登了一篇文章，是由我以前的研究生亨德里克·波伊纳和宾夕法尼亚州立大学的史蒂芬·舒斯特（Stephan Schuster）一起合作发表的。亨德里克现在在安大略的麦克马斯特大学工作。正如我们先前和454生命科学公司合作的实验，他们用焦磷酸测序法直接提取DNA，测定了多年冻土猛猛象DNA的2 800万个核苷酸。[6]我很高兴以前的学生做了这些研究，尽管我们很遗憾没能最先发表关于使用焦磷酸测序法进行古DNA测序的论文。好几个月前，我们就已经得到猛犸象和洞熊骨头的数据，但花了大量时间研究亨德里克论文中没有涉及的两个问题：如何更好地匹配我们得到的DNA序列与参考基因组，以及序列中的错误将如何影响结果。然而，亨德里克的论文中有更多证据表明，直接测序是可行的。而且，那篇论文再一次表明，多年冻土层中的材料保存得出乎意料的好。亨德里克的样本中有大约一半的DNA真的来自猛犸象，这远超我们对尼安德特人的期盼。只要提取物中含有1%或2%的尼安德特人DNA，就会让我们兴奋不已。亨德里克的论文也说明了科学研究中的一个两难问题：为了讲述一个完整的故事，你必须完成所有必要的分析和实验，可这常常会使你败于那些只发表不完整故事、但却表达了你想表达的观点的人。即便你后来发表了一篇更好的论文，你也会被认为只是在为之前真正取得突破的人清理细节而已。在亨德里克的论文出现后，我们小组深入地讨论了这一两难境地。有些人认为我们应该更早发表结果。最后，我们的洞熊和猛犸象的序列分析结果于2006年9月发表在《美国国家科学院院报》上。但讽刺的是，我们在那篇论文的最后给出了错误的结论：去氨基的腺嘌呤会增加序列突变。[7]

每年5月，长岛的冷泉港实验室都会举办基因组生物学会议，这是一个邀请世界各地的基因组科学家参加的非官方峰会。这个峰会的报告人会讨论一些新奇但还未发表的结果。会议十分紧张，各基因组中心竞争激烈，有时还伴随着由这些竞争所引发的冲突和侵扰。

2006年的基因组会议比以往的更让我紧张。我们刚刚从454生命科学公司和埃迪·鲁宾的伯克利研究组那里得到了尼安德特人的测序结果，而且已做了一些初步分析。我的报告有两个目的：首先，我想比较这两种不同的古DNA序列测序技术；其次，我要制定一个关于如何得到尼安德特人和其他已灭绝生物的完整基因组序列的路径图。我们的结果表明，未来，直接测序会成为可行的方法，这也是我想强调的重点。

到达冷泉港后，我异常紧张。我被安置在校园内一间简陋的房间里，这可是经常参会者才有的尊贵待遇。而其他人不得不住在远郊的酒店，乘坐巴士往返。飞往纽约的全程中，以及住在那个小房间里的第一个晚上，我一直都在准备报告。第二天，我把实验室前来参加会议的人召集在一起，在一个侧厅内做了一次预讲。我预感这个报告将决定未来几年的研究方向。

在做科学报告时，要想让听众一直聚精会神听讲几乎是不太可能的。冷泉港的基因组生物学会议也不例外。我曾在那里做过多次报告，常常看到房间里600多人大部分都在摆弄他们的笔记本电脑，检查自己的报告内容或者给同事发电子邮件；还有一些人在时差和过于细节的报告夹击下，打起了瞌睡。但这次不同。当我从猛犸象和洞熊的结果说到尼安德特人数据的时候，我可以感觉到听众的全神贯注，无人分神。我的最后一张幻灯片是一张人类染色体图谱，我在图中用小箭头标出我们从尼安德特人样品中测序的数10万条DNA片段所对应的位置。当幻灯片消失时，我听到听众的惊呼声。虽然我们的序列只占尼安德特人基因组的0.000 3%，但每个人都很清楚，这已经表明：原则上，我们现在可以测出尼安德特人的全部序列。

第十一章
启动基因组计划

　　那天晚上回到冷泉港实验室的小房间后，我躺在床上，盯着天花板。到目前为止，我的职业生涯都很优秀，甚至可以说较为杰出。我有一个资金雄厚的永久研究职位，做着有趣的项目，并且每年数次受邀到世界各地做报告。但是现在在公开场合承诺测序尼安德特人的基因组序列，我是真的豁出去了。如果成功，那么这显然是我迄今为止最大的成就；但如果失败，我们将陷入人尽皆知的尴尬境地，我的职业生涯也将告终。我知道，真正的成功不像我演讲得那样容易获得。我们的成功依赖于三样东西：许多454测序仪、大量资金以及保存良好的尼安德特人骨头。这三样东西我全都没有，但幸运的是，似乎没有人意识到这一点。但是，我对这一境况再清楚不过。我在床上躺了很长时间，脑中思考着如何获得使项目得以运转的所有必需品。

　　我们的首要任务是从454生命科学公司那里获得大量测序仪。最能起到显著效果的便是去拜访乔纳森·罗斯伯格。他住在康涅狄格的布兰福德（Branford），距离冷泉港不远。第二天吃早餐时，我把团队中参与尼安德特人研究的核心人员都聚在一起，他们分别是：艾德·格林、阿德里安·布里格斯、约翰内斯·克劳泽。早餐之后，我们跳进我租来的汽车前往布兰福德。我有个糟糕的习惯，就是会在有限的时间里安排尽可能多的事项，结果就经常错过许多预约好的见面、预订好的航班以及其他行程。此次出行也不例外。当我们驱车开往长岛北部的杰斐逊码头（Port Jefferson）、准备搭乘渡轮越过长岛海峡之时，我们意识到可能会错过渡船。巧的是，我们是挤上渡船的最后一辆车（事实上，在横渡海峡时，车屁股一直都悬在船尾之外）。我希望赶上末班车是一个好兆头。

　　我之前多次造访454生命科学公司，不过为了购买这么多仪器而去则是头一回。乔纳森·罗斯伯格正如我们在电话里所听见的，充满热情且有着各种新颖的想法。米凯尔·埃格霍尔姆则是脚踏实地的丹麦人，关注的都是现实以及如何实现各个步骤，他们俩正好是不错的平衡。随着项目推进，我开始非常欣赏这两个人。乔纳森的远见和驱动力以及迈克尔付诸实践的脚踏实地，使他们成为一对了不起的搭档。那一天，我们主要讨论采用什么方法测序尼安德特人的基因组。很明显，我们会采用克雷格·文特尔已经引入的"鸟枪法（shot-gun）"，塞莱拉（Celera）公司在测序人类基因组时就采用了这种技术。这种方法包括测序随机片段的序列，然后通过电脑寻找片段之间的重叠，再将它们合为一体。这个方法的主要问题在于基因组中存在重复的DNA序列，而这样的序列占了人类和猿类基因组的一半。在这些重复的序列中，大多数包含了几百个甚至几千个核苷酸。许多重复的序列不只在基因组中出现少数几次，而是出现了多达数千次。因此，鸟枪法不仅使用较短的DNA片段，还会用到长片段，这样我们可以"跨过"多个重复序列片段，并"锚定"重复序列每边的单拷贝序列，如此一来就可以了解每个重复序列在基因组中的位置。但我们的古DNA都已经断裂成了很短的片段。因此，我们计划利用人类参考基因组（由公共基因组计划测序的首个人类基因组）作为模板来重建尼安德特人的序列。虽然这对于在基因组中只出现一次的DNA序列是有效的，但是我们无法测序出所有的重复序列。对我来说，这似乎是一次小牺牲：单拷贝序列往往是基因组中最有趣的部分，因为它们包含了许多具有已知功能的基因。

我们还需决定测序多少基因组。访问454生命科学公司之前，我已决定从尼安德特人的骨头中测序出大约30亿个核苷酸序列。我之所以制定这一目标，主要是觉得可能实现，也因为30亿个核苷酸序列与人类基因组的大小相当。许多古DNA断成小片段，这意味着：针对许多零碎的基因组序列，我们只能测序一次；针对两个独立片段可测序两次；有的可测序三次等。这也意味着基因组中的许多部分我们根本看不到，因为我们根本测不到那些DNA片段。从统计学角度来说，我们至少能测一次全基因组的2/3，另外的1/3无法看到。从基因组层面来说，这称为"1倍覆盖"，因为从统计上看，每个核苷酸只有一次被看到的机会。我觉得1倍覆盖是个可行的目标，能够很好地帮助我们获得尼安德特人基因组的概貌。更重要的是，由此得到的基因组将是一块跳板。未来从其他尼安德特人中获得的序列，可以与我们测得的序列一起，组合在一起到达更高的"覆盖度"，直到最后测序出所有的基因组（至少没有重复序列）。

我设定的目标还是有点武断。与目前的基因组测序工作相比，这个目标不足挂齿，因为其他类似项目的目标是我们的20倍甚至更高的覆盖度。不过，这项任务仍然艰巨。我们最好的提取物只包含4%的尼安德特人DNA。我指望找到更多这样的骨头，并希望其中会包含更多的尼安德特人DNA。假设其中的尼安德特人DNA比例平均保持在4%，要达到30亿个核苷酸的目标，我们总共需要得到约750亿个核苷酸。由于我们获得的DNA片段很短，平均只有40～60个核苷酸，这就要求我们的新测序仪运行约3 000～4 000次。这意味着，即便把整个454生命科学公司的设备放到尼安德特人的项目上，也要花上数月时间——按照普通的客户价格，不用想就知道这根本不可能。

我们4个人与乔纳森和迈克尔讨论了这些问题。不管是乔纳森，还是454生命科学公司，都对这个项目充满了兴趣，因为它不仅能为人类的演化提供真正独特的见解，同时，更为实际的是，它能给454生命科学公司的技术带来更多关注。我欣然同意454生命科学公司的人成为我们真正的科学合作伙伴以及未来论文的共同作者，但这并不意味着我们可以免费测序。最后，他们给出了一个价格：500万美元。我无法确定这消息是好是坏。这个价格超出我预想的金额，但并非完全离谱。我们表示会回去考虑一下。

谈判过后，乔纳森请我们4个人享用外带的三明治和苏打水，然后询问我们回冷泉港继续参加会议之前，是否想参观他的房子。我们欣然同意。下午茶过后，我们跟他一起回家。我是在简陋的环境中长大的。第二次世界大战苏联入侵爱沙尼亚时期，我的母亲成了难民，所以她传递给我的都是非常务实的观念，因此我不容易被奢华打动。但参观乔纳森寓所的经历还是令人非常难忘，即便我们并未进到房子内部，只是参观了他在长岛海峡半岛的一个庭院。他在海滩上复制了一座精美的史前巨石阵，和原版的几乎完全一样，只是改用挪威花岗岩制作，所以比原版重一点点。另一个不同就是巨石阵的排列有一些变化：在其家庭成员生日当天，太阳下山时会恰好落入石柱间。当我们在巨大的石柱间穿行时，乔纳森转过身来对我说："现在你可能认为我疯了。"我当然说不，但不只是出于礼貌，而是真的不觉得乔纳森很疯狂。他真的深深地为古老历史所着迷，更重要的是，他有宏远的想法，并能将梦想变成现实。我想，对我们的事业而言，他的康涅狄格巨石阵是另一个好兆头。

第二天回到冷泉港之后，我根本无法集中精力。500万美元是一大笔钱，大约是德国大型科研经费的10倍。马普学会为研究所的主任们慷慨地提供了大笔经费，让他们可以专注研究而非花时间撰写申请资助的报告。但500万美元仍然是一笔巨资，比我们整个系部的年度预算还高。我担心我们需要把这个项目移交给一些基因组中心，只是因为我们没有钱。这时我想起了发育生物学家赫伯特·雅克勒，他曾于1989年说服我搬到德国。那时的他是慕尼黑大学的遗传学教授，现在也已经搬到哥廷根的马普生物物理化学研究所。我于1997年从慕尼黑换到莱比锡，参与筹建演化人类学研究所，他在这个过程中扮演了非正式但十分重要的角色。事实上，自我来到德国后，每遇到科学生涯的关键转折点，赫伯特一直给予我支持和建议。现在，他是马普学会生物医学部的副主席。幸运的是，马普学会是一个研究机构，负责管理的是如赫伯特这样的科学家，而不是行政人员或政治家。就在那个下午，我决定从冷泉港打电话给他。

　　我不常给赫伯特打电话，所以我想他已经意识到，这次是出于较为重要和紧急的情况。打通电话后，我描述了尼安德特人基因组测序的可行性和所需成本，我向他询问，对于在欧洲筹集如此多的经费有什么建议。他说他需要考虑几天再给我回复。第二天，我回到莱比锡，在希望和绝望之间徘徊。也许我们可以找到一个富有的资助者，但是如何才能找到呢？

　　我回莱比锡两天后，赫伯特没有食言，如期给我打了电话。他说，马普学会最近成立了一项主席创新基金来支持一些特别的研究项目。他已经与学会主席讨论了我们的项目，学会原则上已准备给予资金支持我们的项目，分三年支付。他们甚至已经留出了这笔钱，并希望我们能提供一份书面计划书，让同领域的专家评审。我很吃惊，挂断电话时甚至忘了表示感谢。这笔钱让世界变得不一样了！我冲出办公室来到实验室，喋喋不休地把这个消息告诉我见到的第一批人。然后我立马坐下来，开始起草计划书，描述那些让我们可以保证在三年内测序出尼安德特人基因组的全盘计划，当然，这一切都以拥有充足资源为前提。

　　我得在计划书的结尾部分列上一份财务计划，可是赫然发现一个非常尴尬的状况。我从美国打电话给赫伯特说我们项目需要"500万"的时候，意思是美元，而在欧洲的赫伯特一定以为是500万欧元。他说的应该是马普学会已经为我们的项目预留了"500万欧元"，但当时我太过兴奋，并未察觉这一点。按汇率换算，这就是600万美元。怎么办？也许我可以悄悄增加预算，做平这20%的额外经费，但这不诚实，而且我们和454生命科学公司签订合同时可能会露馅。我满怀尴尬，给赫伯特打电话解释这个情况。他笑了笑，然后问我：除了给454生命科学公司支付测序费用，我们在莱比锡是否还有额外的花销。当然有。我们必须从许多化石中提取DNA，确保找到好的样品，并自行测序检查。因此，我们需要从454生命科学公司购买一台属于我们自己的测序仪，用来测试所有的提取物，并且我们也需要相应的试剂。由于汇率的差异，我们充裕的资金可以让项目一飞冲天。我很高兴地写了一份计划书，其中还包括我们要在莱比锡的研究所开展的工作。

与此同时，埃迪·鲁宾在伯克利的研究团队用我们送去的全部尼安德特人提取物，建立了一个细菌文库。埃迪的博士后吉姆·努南（Jim Noonan）已把每一个都测序出来了。他们得到的碱基对超过65 000个。而在布兰福德，454生命科学公司的人仅用大约7%的提取物，得到了约100万个碱基对。所以，正如阿德里安预测的那样，直接测序的效率是埃迪细菌克隆方法的200倍。尽管如此，埃迪还是坚持认为他的方法更有效，而且觉得我们应该继续给他提供提取物。这是一个根本性的分歧。我焦虑不安地意识到，不能再发善心寄提取物给伯克利了，因为同样的提取物在布兰福德能产生如此多的数据。但我并未把这个决定告诉埃迪。我认为，当我撰写论文比较这两种不同方法的结果时，埃迪会知道细菌克隆的效率是多么低下。

然而，由于我们使用了两种完全不同的方法，得到的数据量差异巨大，以及我和埃迪在细菌建库方法可行性方面的分歧，这些都决定了我们不可能只写一篇论文。于是，我们决定写两篇：一篇由埃迪负责撰写，我们作为共同作者；另一篇则由我们和米凯尔·埃格霍尔姆、乔纳森·罗斯伯格以及其他454生命科学公司的人一起撰写。埃迪在论文里提道："NE1库的低覆盖度更可能是这种特定的库的质量造成的，而非古DNA的共同特征。"他还建议，如果建立更多的文库，结果将更好。鉴于之前建立的洞熊库一直都不太有效，我不认同此评价，但仍保持礼貌的态度。埃迪于6月把论文投到《科学》，8月被接受。而对于454生命科学公司的这篇论文，由于我们有太多数据需要分析，所以一直到7月才向《自然》提交了论文。埃迪欣然联系了《科学》，延迟出版他那篇克隆论文，直到《自然》评议和接受了454生命科学公司的那篇论文。这样，两篇论文就可以在同一个星期里发表了。

　　随着所有事务的推进，我们已开始为得到大量的尼安德特人序列做准备。我要做的第一件事便是在莱比锡的洁净室中生产454测序文库，这样可以保证那些宝贵且易受污染的DNA提取物不必离开我们的实验室。我还从新的经费中抽出一大笔钱，订购了一台454测序仪，以便测试文库。然后，米凯尔·埃格霍尔姆和我制订了一个计划。我们将从骨骼中提取DNA，在洁净室里生产454测序文库，并用新的454测序仪测试这些文库。一旦发现好的文库，我们会将其送到布兰福德测序。测序将分阶段进行，一旦454生命科学公司测序出一定量的尼安德特人核苷酸序列，我们将分期付款。后者是我的建议，而令我惊讶的是，454生命科学公司居然同意了。参考我们早期的工作，截至目前，最好的文库只含4%的尼安德特人DNA，其余96%都来自各种各样的细菌、真菌和未知起源的DNA。我们还不知道，在即将诞生的文库中，尼安德特人

DNA的比例是多少。如果这个比例是1%而非4%，那么454生命科学公司必须测序4次才能拿到钱，因为合同规定的是测序出尼安德特人核苷酸的数目，而不是所有核苷酸的总数（其中包括所有细菌的DNA）。454生命科学公司的科学家和他们的律师在签署合同之前似乎没有注意到这一点。当然从某种意义上说，这并不重要，因为合同中有一项条款，允许任何一方在任何时候退出合作。我们显然不能强迫454生命科学公司违背其意志一直不停测下去。但这份合同仍算不错，因为一般的合同只规定公司为我们测序一定数量的原始核苷酸，不论这些核苷酸是源于微生物还是尼安德特人的。

我觉得我们与454生命科学公司合作得很好。我们彼此有很好的优势互补，454生命科学公司的人也风趣、健谈。然而，我们之间有一个差别，那就是454生命科学公司在高通量测序技术这个新兴市场中，承受着无比的高压，因为行业竞争日益激烈。已有另外两家大公司宣布，打算进军高通量测序仪销售市场。因此454生命科学公司需要积极地宣传他们参与的尼安德特人项目。他们希望这个宣传不是等到尼安德特人基因组大概测序完成和发表的两三年后，而是越快越好。米凯尔·埃格霍尔姆优先考虑我们的需求，我也认真对待他们的诉求。因此，和454生命科学公司签署合同之后，我们给《自然》提交了合著的论文，然后于2006年7月20日在莱比锡的研究所举行了记者招待会，迈克尔和另一位454生命科学公司的高级执行官都飞来参加了这一活动。我们还邀请了波恩博物馆的馆员拉尔夫·施米茨。1997年，他给我们提供了尼安德特人的原始标本；这次，他带来了另一份我们先前已测序出的尼安德特人线粒体DNA序列的骨头复制品。我们写了一份新闻稿，指出我们将历经数年发展所得的古DNA分析方法和454生命科学公司的新高通量测序技术结合在一起，分析尼安德特人的基因组。我们还提到，我们宣布这项计划的当天，恰好是首个尼安德特人化石在尼安德山谷出土150周年。

　　新闻发布会激动人心。房间里挤满了记者，世界各地的媒体通过互联网关注此事。我们宣布，将在两年内确定约30亿个尼安德特人核苷酸。我不禁想起20多年前由于害怕被博士生导师发现，而在乌普萨拉实验室秘密实验的场景，现在竟发展到了如此地步。这真是令人陶醉的时刻。

　　这也是一个科学和情感跌宕起伏的时刻。记者招待会后大约一个月，低潮出现。埃迪·鲁宾和我的研究团队主导的两篇论文还没有发表，但我们已经与乔纳森·普里查德（Jonathan Pritchard）分享了454生命科学公司测得的尼安德特人数据。乔纳森是芝加哥大学年轻聪颖的群体遗传学家，曾帮助埃迪分析尼安德特人细菌克隆的DNA片段小数据集。我们收到了来自普里查德的两个博士后格雷厄姆·库普（Graham Coop）和斯里达尔·库达拉法里（Sridhar Kudaravalli）的邮件，他们对于在454生命科学公司提供的数据中看到的模式很担心：他们将454生命科学公司测序出的序列与人类参考基因组进行比较，发现较短DNA片段的序列差异数是高于较长DNA片段的。我们小组的艾德·格林很快就证实，他们看到的模式是对的。这个结果令人担忧。这可能意味着，在454生命科学公司的数据中，一些较长片段并非真正来自尼安德特人的基因组，而是来自现代人的污染。我发邮件给埃迪，告诉他，我们在454生命科学公司提供的测试数据中看到一些令人担忧的模式。我们同意将454生命科学公司的数据发给埃迪的研究团队，以换取他们的数据。交换数据后，埃迪研究团队的吉姆·努南很快给我回邮件，说他也在454生命科学公司的数据中看到了同样的模式。

看来我们可能要重写或撤回我们的论文了。我发邮件给埃迪，说我们会尽快找出问题，这样就不会耽误他的论文发表。当我还在艾伦·威尔逊实验室读博士后的时候，我们曾撤回一篇已经被《自然》接受的论文，因为我们在分析结果时犯了一个错误，因而改变了所提出的主要结论。我担心这次要重蹈覆辙了。

我们的研究小组现在抓狂了。我们认为乔纳森小组看到的模式是由于提取物受到了一定程度的污染。这并非没有道理，但要明确估算出有多少污染就没那么容易了。不过，把问题单纯地归因于污染也许也不对。我们敏锐地意识到，相较于人类参考基因组，我们并不了解古DNA的受损短片段在许多方面是如何表现的。也许是其他非污染因素在发挥作用？不幸的是，因为我们的论文已经付印，并且埃迪急于发表他的论文，所以必须加快行动。

艾德发现，在454生命科学公司的数据中，尼安德特人的DNA短片段比长片段包含更多的G和C。G和C比A和T更容易发生变异，所以可能导致在与现代人类参考基因组进行比较时，尼安德特人短片段序列（G、C比较多）的差异数比长片段序列（A、T比较多）的多。为了证实这一点，艾德把尼安德特人的短片段和长片段匹配到人类参考基因组的相应序列中，然后再比较这些相应序列与现今其他人类的序列。虽然在这一过程中并没有比较任何尼安德特人的序列，但结果表明，与尼安德特人序列短片段相对应的人类参考基因组的序列，与其他人类序列的差异多于相对应的长片段的比较结果。这一现象表明，含有较多G、C的序列突变得更快，所以我们会在较短的序列中看到更多差异。不过，在我们确定这一点之前，还需要考虑其他因素，尤其是比较尼安德特人序列与人类参考基因组序列时所采用的方式。艾德发现，与较短的片段相比，尼安德特人较长的DNA片段更容易在人类基因组中匹配到正确的位置，因为它们含有较多的序列信息。因此，很大一部分短片段可能是细菌DNA片段，只是恰好与人类参考基因组中的某些部分相似而已。然后，这也是为什么我们观察到的短片段与人类参考基因组相比差异更多。这种现象也可能在其他古DNA数据收集过程中被忽视了，例如片段平均长度更长的猛犸象数据。但我很不安。我们每天都分析发现DNA短片段和长片段表现出了新的不同。很明显，我们并不了解发生了什么。更糟糕的是，我们仍然无法排除我们的样本被现代人类DNA所污染的可能性。

当然，我们从一开始就考虑了污染的可能。针对送到埃迪和454生命科学公司的提取物，我们已经通过测序线粒体DNA来测定污染的水平，并发现其中的污染水平很低。我们知道，提取物一旦离开我们实验室，就可能受到污染。我们甚至就此在我们那篇投给《自然》的文稿上附加了说明。我强烈地感觉到，唯一可靠的测定污染的方法，就是根据观察到的线粒体DNA片段来评价污染程度。因为在尼安德特人和现代人类的基因组中，线粒体DNA是我们唯一知道存在差异的部分。其他因素的影响都是不确定的，如G和C含量的差异、错误匹配的细菌DNA片段差异，还有很多其他的未知因素。所以我建议，应该再检查454生命科学公司已经测定完的序列中的线粒体DNA。

2004年，我们已经用同样的尼安德特人骨Vi-80（我们用它为454生命科学公司和埃迪的研究团队制作测试提取物）测序出了一部分线粒体DNA。我建议检查从454生命科学公司得到的序列。当然，它们之中肯定有一些序列与尼安德特人和当今人类存在差异的核苷酸位点重叠。这将使我们能够明确哪些片段来自尼安德特人，哪些来自现代人类。我们还可以估算454生命科学公司最终数据中的污染程度。令人沮丧的是，艾德发现我们手头没有足够的数据来开展这一尝试。因为454生命科学公司产生的序列只含有41个线粒体DNA片段，但是没有一个与我们先前从Vi-80或其他尼安德特人中所确定的线粒体DNA序列重叠。我们检查了埃迪的数据，发现他们的数据更少，甚至没能观察到哪怕一个线粒体DNA片段。

好在我们还有一个解决方案：既然拥有这么多的文库，那么我们可以测序出更多的DNA片段。这样就可以产生一些片段，告诉我们文库中是否存在污染。我联系了454生命科学公司，并说服他们尽快多做些测序。他们以前所未有的速度又做了6次反应。他们的数据一转移到我们的服务器，艾德便发现有6个片段与我们于2004年所测的线粒体DNA可变部分的位点重叠。所有这6个片段均与尼安德特人线粒体DNA匹配，而与当今人类的线粒体DNA不同！这些都是直接证据，表明我们序列中的污染很少。有趣的是，这些分子虽然很古老，但并没有特别短，其中4条各自拥有80多个核苷酸。这表明，真正的古DNA片段也存在较长的片段。因此短分子和长分子之间的差异是由污染以外的其他因素造成的。艾德很得意，他在描述这些结果的群邮件结尾写道："我想亲吻你们所有人。"

我们决定让《自然》按正常步骤发表我们的论文。我们组的群体遗传学家苏珊·普塔克（Susan Ptak）给埃迪和吉姆·努南发了一封长长的技术邮件，解释了为什么我们会觉得长序列和短序列之间的比较结果受太多已知或未知因素的影响，因而表现出了遭受污染的迹象；还解释了为什么我们更相信直接的线粒体DNA证据。她写道，"虽然有些间接证据表明存在一定程度的污染，但是我们直接对最终数据集的污染程度进行了测量，结果表明污染程度很低"。我们没有收到针对这封电子邮件的回复。鉴于研究组之间非常紧张的关系，我们并未为此感到惊讶。

这件事给我们带来了很大的压力。讽刺的是，事实证明，埃迪和我们都是正确的。后来我们发现，454生命科学公司产生的数据确实有污染，但也同样发现：比较长片段和短片段而间接检测污染，这在很大程度上是不适当的。

那两篇论文分别于11月16日和17日发表在《自然》和《科学》上。[1]媒体不出所料地反应热烈，而我现在已习以为常。事实上，我更全神贯注于手头的工作，并未觉得很兴奋。我们曾公开承诺，要在两年内测序出尼安德特人基因组的30亿个碱基对。我们在论文结尾估计，这个实验需要大约20克骨头，以及在454生命科学公司测序平台上运行6 000个反应。我们说这是一项艰巨的任务，但也补充道：如果改进技术可以使获得DNA序列的效率提高10倍以上，那么也不难想象成功在望。我们脑中能想到的改进有：在制备测序库时尽量减少材料的损失，以及充分利用迈克尔曾透露给我们的454生命科学公司机器的秘密改进。

　　情况好转了，但主要的挑战还在：找到保存良好的尼安德特人骨头。那两篇论文的测试提取物来自Vi-80。事实上，我们再也找不到20克同等优质的尼安德特人骨。我们剩下的Vi-80质量不到半克。我乐观地告诉自己，我们尝试的首个凡迪亚骨头便含有约4%的尼安德特人DNA，肯定会再找到其他同样优质的尼安德特人骨，说不定还会找到一些更好的骨头。我必须尽快把自己的全部注意力转向这个问题。不过首先，我必须做一件令人不快的事情：结束与埃迪·鲁宾的合作。

　　终止科学合作往往是件困难的事情，特别是当合作者已经成为你的朋友时。我在伯克利时一直与埃迪的家人待在一起，我们曾一起骑自行车上山去他的实验室，曾在冷泉港会议期间一起去纽约的剧院看戏。我一直很喜欢他的陪伴。所以在给埃迪写电子邮件时，我沉思良久，打了数次草稿。我解释了自己与他对于细菌克隆的有效性持有不同意见，而且我觉得特别是在这一点上，我们的沟通并没什么成效。我还指出，他的团队现在试图开展的工作与我们团队的一样，所以并不是互补合作。例如，在我们的电话会议中，他们建议我们将DNA提取物和合成的PTB试剂发送给他们，这样他们可以用我们的PTB试剂处理我们的提取物。我和我的团队听了都沉默不语。我希望以一种不伤人且礼貌的方式表达清楚不想再继续合作的原因，但发完邮件后还是有些不安。埃迪回复说，他明白我的意思，但还是相信细菌克隆未来还有改进的潜力，他的团队也会继续用细菌文库。他对我的去信反应平和，这着实令我松了一口气。但很明显，我们现在成了竞争对手，不再是合作者了。

　　就在我把注意力转向获取尼安德特人骨时，我们的竞争关系变得更加明显。我发现，埃迪也试图从那些我们合作多年的人那里获得尼安德特人骨。事实上，我发现，《连线》（Wired）杂志早在7月就发表了一篇关于埃迪研究尼安德特人的文章。结尾引用了埃迪的一句话："我需要得到更多骨头。我会带上装满欧元的枕套和信封前往俄罗斯，去会会那些身披大垫肩的家伙，不惜一切代价。"

第十二章
硬骨头

在《自然》发表我们那篇论文前，约翰内斯·克劳泽已经开始通过尼安德特人骨提取DNA了。这些骨头是我们多年来从克罗地亚和欧洲其他地区收集而来的。约翰内斯希望找到像Vi-80那样、含有同样多或更多尼安德特人DNA的骨头。约翰内斯身材高大，留着金发，与传统的德国人长得不太一样。他也很聪明，在莱讷费尔德（Leinefelde）出生和长大。1803年，约翰·卡尔·富尔罗特（Johann Carl Fuhlrott）也在同一个地方出生。富尔罗特是名自然主义者，在达尔文发表《物种起源》的两年前，也就是1857年，便认为尼安德特人骨来自史前人类。这是第一次有人提出：在当今人类之前，还有其他形式的人类存在。富尔罗特因这个观点而饱受嘲笑，但当其他尼安德特人出土时，他的观点被证明是正确的。后来，富尔罗特成了图宾根大学的教授，而如今，约翰内斯也同样是该校的教授。

约翰内斯在大学期间就来到我们系部，那时他还是一名生物化学专业的学生。他不仅非常擅长实验台的工作，而且对小组中所有的复杂实验都有很好的判断和理解能力。我一直很喜欢和他说话，但这几个月以来，他似乎只给我带来坏消息。他制备的许多尼安德特人骨提取物均不像Vi-80[1]那样，含有那么多的尼安德特人DNA。它们中的大多数甚至没有包含任何尼安德特人DNA，或者包含的数量太少，导致他用PCR方法也检测不到什么尼安德特人线粒体DNA。我们迫切需要更多更好的骨头。

很显然，我们要回到萨格勒布的第四纪古生物学和地质学研究所，因为那里存放着包括剩余Vi-80骨在内的凡迪亚收藏。2006年4月，我写信给萨格勒布的研究所。我表示对被我们称为Vi-80的骨头非常感兴趣，希望能再次获得该样本，包括其他由米尔科·梅尔兹于1974和1986年间在凡迪亚洞穴发现的尼安德特人骨样本。遗憾的是，我听说曾与我共事的马娅·保诺维奇已于1999年去世，现在没有古生物学家在负责管理这些收藏。该研究所的负责人是从萨格勒布大学退休的地质学教授米兰·海拉克（Milan Herak），他已经89岁，很少到研究所。一位名叫德亚娜·布拉伊科维奇（Dejana Brajković）的老太太与她年轻的助理亚德兰卡·莱纳蒂克（Jadranka Lenardic）共同负责研究所的日常工作。我写信给她俩，解释我们有意就凡迪亚收藏继续合作，由于我们之前的合作，现已成功发表了3篇高水平的论文。我提议前去拜访他们，当面讨论合作，也许还需要采样更多的骨头样本。最后我们商定：我将前往萨格勒布大学，并举办一个关于我们研究工作的研讨会。但2006年，就在我和约翰内斯打算前往萨格勒布的4天前，我收到一封电子邮件，说我们不能再获得任何凡迪亚的骨头样本。她们说：骨头已经被"预订"，或许在将来某个不确定的时间，你们可以研究这些骨头。我感觉有人在这一突发事件背后作祟。她们的信中提到了著名的古生物学家雅科夫·拉多夫契奇（Jakov Radovčić），他是萨格勒布自然历史博物馆的馆长。这家博物馆中收藏着大量发现于克拉皮纳的更为古老的尼安德特人骨。虽然他对隶属于克罗地亚科学艺术院的凡迪亚收藏并无正式的管理权，但我怀疑他拥有足够的社会影响力来左右研究所两位女士的决定，并干扰我们的安排。不过，我决定不予理会，还是前往萨格勒布。在我看来，我们项目的科学前景足以说服萨格勒布的人们，让我们的工作得以继续进行。

6月初，我和约翰内斯一抵达萨格勒布，就直接去了研究所。几年前在那里，我与已故的马娅·保诺维奇相处了一段时间。这家研究所仍然布满灰尘，缺乏活力。德亚娜·布拉伊科维奇和她的助手似乎因为我们的来访而非常紧张。她们不肯让我们看标本，更不用说采样了，并说我们需要提前咨询科学艺术院。但和她们喝完咖啡以及聊了一会儿天之后，我们至少终于可以看看骨头了。其中一些收藏杂乱无章地放置着，这可能也是她们不愿让我们研究这些骨头的其中一个原因吧。我觉得为这些骨头编制一个恰当的目录是个不错的主意。我被一箱骨头吸引，这是加州伯克利的著名古生物学家蒂姆·怀特（Tim White）几年前研究这些收藏时放置一旁的。对于箱子里的骨头碎片，发掘者米尔科·梅尔兹认为它们来自洞熊骨，但蒂姆认为它们可能来自尼安德特人。

看着这些骨头碎片，我想起蒂姆一年前在伯克利和我碰面时曾提过的事情。所有凡迪亚的尼安德特人的骨头都被粉碎成了小碎片。这种现象在发现尼安德特人骨的出土地很典型，许多甚至大部分骨头都这样。当然，对于历经数千年的骨头而言，保存不佳并不奇怪。但这些骨头的肌肉和肌腱连接处有切痕，头骨上也有切痕。简而言之，骨架上的肉是被故意削掉的，而敲碎含有骨髓的骨头大概是为了得到其中的营养物质。蒂姆曾向我指出，这种尼安德特人骨头碎片和美国西南部阴森的阿那萨齐（Anasazi）遗址的遗骸存在相似之处。大约在公元1100年时，美国阿那萨齐遗址所在地大约有30名男人、妇女和儿童被屠宰和烹煮。他告诉我，许多尼安德特人骨被压碎的方式与动物（如被尼安德特人屠杀的鹿）骨头被敲碎的方式很类似（见图12.1）。我们永远不会知道尼安德特人杀死吃掉其他尼安德特人的现象到底有多么普遍。或者，这些尼安德特人尸体被肢解或被吃掉也许只是某些丧葬仪式的一部分。但鉴于还在某些遗址发现了完整的尼安德特人骨架，其安放方式显示它们是经过仔细埋葬，所以居住在凡迪亚洞的尼安德特人很

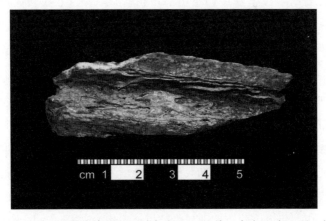

图12.1　用于尼安德特基因组测序的33.16号骨，来自凡迪亚洞。它已被敲碎，大概是捕食者为了得到其中富含营养的骨髓。照片来源：克里斯汀·韦尔纳（Christine Verna），马普演化人类学研究所。

可能不幸地遇到了饥饿的邻居。

奇怪的是，可能正是由于凡迪亚尼安德特人的同类相食，或是被其他尼安德特人割肉，所以有些凡迪亚骨碎片中含有相当多的尼安德特人DNA和相对较少的细菌DNA。如果尼安德特人的尸体经过正常掩埋，过不了几个月，所有软组织都会被细菌和其他微生物消耗完。因此，细菌有充裕的时间渗透入骨头，进而降解尼安德特人的细胞和它们的DNA，然后大量繁衍，并最终自灭。所以，从这样的骨头中提取的DNA主要是由微生物的DNA构成。而另一方面，如果尼安德特人遭到屠杀，等骨头被碾碎、上面的肉被啃掉、骨髓被吸吮光之后，骨头碎片才被扔到一边，那么一些骨头碎片会迅速干燥，限制细菌在其中繁殖。因此，我们可能要感谢尼安德特人的同类相食，这样我们才能从凡迪亚的一些样本中获得DNA。

当我看着箱子中那些不知道是来自动物还是尼安德特人的碎骨时，以上这一切想法都在我脑海中穿过。我转向德亚娜·布拉伊科维奇，并询问我们是否至少可以得到这些来源不详的碎片样品。我认为如果其中保存有DNA，我们可以确定它们属于什么物种。但布拉伊科维奇态度坚决：不允许我们碰任何骨头。她告诉我，听说几年后只要拿着传感器靠近骨头，便可以确定全部基因组序列，因此现在哪怕只牺牲一小部分骨头碎片都不可取。我同意，未来的技术肯定会得到改善，但我也礼貌地提出怀疑，不知我们是否能活着看到她想象中的科技进步。我再次怀疑这些推辞是权力从中作梗，而非源自她的实际想法。我说会与克罗地亚学院讨论我们的需求，并与她保持联系。

　　下午，我们拜访了自然历史博物馆的雅科夫·拉多夫契奇。他似乎支持我们的项目，但对我们想从克拉皮纳或凡迪亚的收藏中采集任何骨头的样本持保留意见。我确信我们还未触及事情的真相。带着阴郁的心情，我们回到了酒店狭小而邋遢的房间。我躺在床上，凝视着天花板上剥落的墙漆，感到万分沮丧。据我所知，这些骨头含有世界上最佳的尼安德特人DNA。大部分骨头非常小、支离破碎、几乎没有任何形态价值，你甚至无法说清它们来自尼安德特人、洞熊，还是其他动物。然而，某些神秘的不知名人物，利用他们的影响力左右研究所，决心不让我们研究这些骨头。正如一个无法得到心爱糖果的孩子，我只想尖叫和乱踢。但作为一个在瑞典长大的人，我无法以如此明显的方式来发泄自己的情绪。相反，我和约翰内斯在酒店拐角的一家糟糕餐馆里，为我们的神秘敌人冥思苦想了一整晚。

　　次日，我在萨格勒布大学的医学系做了一次演讲，介绍了一些普通的古DNA研究工作，还特别介绍了我们的尼安德特人研究。演讲的关注度不错，许多学生提了问题。令我高兴的是，萨格勒布的一些年轻人对科学充满了热情。晚上，我们与大学里的人类学教授帕瓦奥·鲁丹（Pavao Rudan）一起吃晚饭。他来自亚得里亚海岸美丽的赫瓦尔岛，出生自一个古老地主家庭。他邀请我们加入他和他的同事，一起去一家名为盖洛（Gallo）的餐馆吃饭。那是我去过的最好的饭店之一。餐馆为我们提供了一道又一道的绝佳海鲜和富有创意的地中海菜肴，以及上等的葡萄酒。饭桌上摆满了沁人心脾的果汁、香槟，以及其他一些我无法辨认原料的饮料。我稍微好受了一点。然后，帕瓦奥开始和我探讨科学。比起精致的晚餐，和他谈话更持久地振奋了我的精神。

首先，我们谈到了他对克罗地亚群岛小型人群的研究工作。他试图找到导致高血压、心脏病等常见疾病的基因和特殊的生活习惯。多年来，他已从美国、法国和英国得到项目经费资助，这些都证明了他的科研实力。我觉得他听完我的描述后会认为这是一个好的项目，所以详细地向他介绍了我们的计划和遇到的问题。帕瓦奥了解我的困境后表示同情，并愿意提供帮助。最重要的是，他知道如何在克罗地亚的拜占庭式政治中斡旋。他告诉我，他刚刚入选克罗地亚科学艺术院，很快会成为该学院的院士。他为我们想了个办法：别把这次的合作双方局限为我们的研究团队和存放凡迪亚收藏的萨格勒布研究所，而是把合作双方放大为克罗地亚学院和其他学院，而后者可以是某个我身为院士的学院。

事实上，我是好几所院校的院士。在我看来，院士只是荣誉称号。我之前一直认为这与我的日常科学研究无关，也从没参加过相关会议，因为我认为这些会议都是那些德高望重的科学家的同乐会。但现在院士头衔突然变得很重要。我该用哪个学院的院士头衔呢？我建议用美国国家科学院院士，这是我最有声望的院士头衔。但帕瓦奥反对，他建议用德国的学院。最后我们决定用柏林勃兰登堡科学与人文学院（Berlin-Brandenburg Academy of Sciences and Humanities），我自1999年开始便是这个学院的院士。帕瓦奥建议我联系柏林学院的院长，请他写信给克罗地亚学院的院长并提出我们的合作项目。他同时建议我等上几个星期，直到他进入到克罗地亚学院，这样他可以和其他赞成这个项目的院士一起，在院长面前为该项目美言几句。

隔天早上，我和约翰内斯飞回莱比锡。我更乐观了一些。虽然未能如愿拿到骨头，而且没有说服克罗地亚学院同我们合作、进而让科学利益最大化。但在帕瓦奥的帮助下，我们也许还有一线希望。

回到家后，我马上打电话给柏林勃兰登堡科学与人文学院的院长金特·斯托克（Günter Stock）。他专注地听完我的电话，表示乐意帮忙，而且喜欢这个加强与克罗地亚联系的想法。在他的外事助手的帮助下，我起草了一封给克罗地亚科学艺术院院长的信。我在信中提出把尼安德特人基因组项目作为两院的合作项目，同时表示愿意捐赠电脑和其他资源，支持建立凡迪亚收藏目录册。

但我并未到此为止，我想竭尽己能，克服在萨格勒布受到的神秘阻力。我计划让与此项目有关的所有利益方都参与进来。所以我写信给雅科夫·拉多夫契奇，邀请他参加我们与454生命科学公司将于7月举行的新闻发布会，建议由他来发表关于尼安德特人古生物学研究的最新进展。但他回答说有其他事情，无法出席。我同时也联系了我隶属的欧洲分子生物学组织（EMBO）的负责人弗兰克·甘农（Frank Gannon），并请他以我们的名义联系克罗地亚的科学、教育和体育部部长德拉甘·普里莫拉茨（Dragan Primorac）。德拉甘·普里莫拉茨不是一般的政治家，他是克罗地亚斯普利特大学（University of Split）的法医学教授，同时也是美国宾夕法尼亚州立大学的客座副教授。后来，德拉甘成了我们的朋友。他说会为我们与学院的合作项目说好话。我不知道所有这些主动联系是否有助于我们的项目，但我已经想尽了一切办法。

与此同时，斯托克教授代表柏林勃兰登堡科学院正式寄出尼安德特人合作项目的信件，与我的信件一同到达萨格勒布学院。帕瓦奥·鲁丹的同事征求他的意见，提出了一些合作条件：在我们用凡迪亚材料发表的每一篇论文中，至少有一名来自克罗地亚学院的科学家作为共同作者出现；应该在文章的致谢中提及克罗地亚学院；项目期间，每年至少邀请两位克罗地亚学院的科学家访问莱比锡。我同意这些条件，并附加了一项：我们将和柏林学院一起支持凡迪亚馆收藏目录的建立。

夏去秋来，秋去冬来，所有这一切均花去了大量时间。同时我也在寻找其他有潜在研究希望的尼安德特人遗址，主要集中发掘拥有DNA保存条件的地方。首先跳入脑海且再明显不过的地方便是尼安德谷遗址。1856年，模式标本在那里被发现。当时，该洞穴并未经科学挖掘，而是采石场工人在清空过程中，偶然注意到那些骨头并加以收集的。此后，整个洞穴以及它所坐落的整条小山脉，已经因为开采石灰石而被挖平。令人沮丧的是，许多模式标本的骨头没有收集起来。几年前，同我一起研究过模式标本的拉尔夫·施米茨用疯狂但聪明的方法找到了那些遗失的骨头。他依据旧地图艰苦侦查，在尼安德山谷长途跋涉后，通过大量的直觉判断，设法找到了那个地方。拉尔夫发现：那个地方的一部分位于一个车库和汽车修理店的地下。150年前，许多挖掘自那些洞穴的碎片便存放于此。他开始挖掘，艰苦的付出得到了丰厚的回报。他不仅发现了模式标本个体的其他碎片，还发现了第二具尼安德特人骨。2002年，我们从这第二具人骨中得到线粒体DNA，并与拉尔夫一起发表论文。[2]现在，约翰内斯利用我们留下的那点样本重新提取DNA，并用新方法分析，以寻找核DNA。但结果令人沮丧。提取物中只含有0.2%～0.5%的尼安德特人DNA序列，不足以进行基因组测序。

　　另一个遗址是位于高加索西北部的玛兹梅斯卡亚洞穴，由俄罗斯圣彼得堡的考古学家卢博夫·古洛婉诺娃（Lubov Golovanova）和弗拉迪米尔·都罗尼切夫（Vladimir Doronichev）夫妇发掘。他们在那里发现了一个尼安德特人小孩的遗骸。这个孩子很可能是被特意埋葬于此的，没有被吃掉，因为所有的骨头都在预期位置，且完好无损。让人兴奋的是，我们以前分析的尼安德特人，最悠久的也就4万年左右，而这孩子有6万～7万年历史。卢博夫和弗拉迪米尔曾访问我们的研究所，带着这孩子的一小块肋骨，以及另一块在该洞穴更高岩层发现的尼安德特人的头盖骨碎片。约翰内斯对这些标本进行提取，结果发现小肋骨中竟然含有1.5%的尼安德特人DNA。但这仍然没有我们希望的那么多，而且肋骨如此之小，我们无法指望得到足够的DNA进行基因组测序。不过，它还是为我们提供了一些数据。

　　我们勘查的第三个遗址是位于西班牙西北部阿斯图里亚斯的埃尔锡德（El Sidrón）。我于2007年9月勘查过那里，对于梦想成为古生物学家的孩子而言，那是他或她所能想到的理想遗址。埃尔锡德坐落在美丽的乡村，洞口小而隐蔽，洞穴本身一直充当着人们的避难所。入口处有一位战士的纪念碑，西班牙内战时他藏在洞中，最后被法西斯分子杀害。穿过入口，步行约200米后，可以看到右边有一条侧廊，长28米，宽12米。每年夏天，奥维尔多大学（University of Oviedo）的马可·德拉·拉西利亚（Marco De La Rasilla）教授和他的同事都会带领学生在那里挖掘。他们已经发现了许多尼安德特人骨，分别来自一名婴儿、一名少年、两名青少年以及四名年轻的成人。在这些骨头中，长骨被敲碎，满是切割的痕迹，只有手骨还连在一起，不过是与身体分离的，被丢在一边。马可·德拉·拉西利亚认为，大约4.3万年前，这些身体部分一开始被丢弃在一个小池塘中，然后才被冲进这个洞穴。

　　每年夏天，研究人员都能从该遗址中发现新的骨头。我们一致认为，它们应该被收集起来，以便进行DNA分析。收集时要能最大限度地保护DNA，并尽可能杜绝当今人类DNA的污染。挖掘者与巴塞罗那大学（University of Barcelona）的分子生物学家卡莱斯·拉卢埃萨–福克斯（Carles Lalueza-Fox），以及马德里国家自然科学博物馆的人类学家安东尼奥·罗塞斯（Antonio Rosas）一起工作。他们配备了无菌手套、服装、面罩，以及其他常用于洁净室的工具。当发现适合提取DNA的骨头时，他们便会使用无菌的装备取出骨头，并直接装进冰盒中冷冻。回到安东尼奥的马德里实验室之后，他们会对骨头进行计算机断层扫描以记录骨头的形态特征，然后继续冻结这些骨头，把它们送到莱比锡。自发掘之初，几乎没人碰过这些骨头，也尽可能地杜绝了细菌的生长。当约翰内斯制备提取物时，我抱有很高的期望，认为其中会含有很多尼安德特人DNA。但是检测结果表明，骨头里所有的DNA中，只有0.1%～0.4%来自尼安德特人。从这些遗址以及其他遗址中，我们均未能找到足够用于获取尼安德特人基因组序列的DNA。

凡迪亚洞穴是迄今为止唯一一个我们发现包含足够多DNA的骨头的遗址。然而在萨格勒布，事情虽有进展，但速度颇为缓慢。

让人欣喜的是，2006年夏末，一名很有才华的克罗地亚研究生托米斯拉夫·马里契奇（Tomislav Maričić）加入了我们的研究团队。托米曾陪同我们参观了第四纪古生物和地质研究所。在我们试图就克罗地亚尼安德特人项目达成协议时，他的克罗地亚文化背景派上了用场。我们的项目在克罗地亚已经激起了公开辩论——我之所以可以跟进辩论的进展，还得感谢托米，因为他把克罗地亚的报纸翻译了过来。7月，我们在莱比锡的新闻发布会上宣布尼安德特人的基因组项目之后，一家大型日报《晨报》（*Jutarnji List*）采访了雅科夫·拉多夫契奇，并将他描述为"没有他，尼安德特人研究根本无从谈起"。雅科夫说："问题是：这项研究的目的是什么？目前我们无法确定是否真的有可能得到尼安德特人的完整基因组……他们用一些具有腐蚀性的化学方法破坏材料，而这些材料太过珍贵，容不得我们这样浪费。"11月，同样的报纸再次引述他的话："三个半月前，斯万特·帕博在萨格勒布寻找样本进行分子遗传分析……但是，我认为我们应该特别保护这些样本，保证其安全，那样下一代研究者才可以使用到它们。"

鉴于他的这些言论，我给雅科夫发了一封很长但颇有礼貌的电子邮件，再次说明我们的项目。他在一番客套之后说，可能需要再过"几个星期或几个月"，他就会"大力支持"我们的项目。此时，萨格勒布已传言满天飞。令人沮丧的是，我不清楚谁在支持这个项目，谁在反对这个项目，谁说了什么，以及他们直接跟我说的又是否是真的。我唯一能够确信的是，只有帕瓦奥·鲁丹和他的两个朋友支持我。他们也是克罗地亚科学艺术院的院士，其中之一是泽利科·库肯（Željko Kučan）。他是一名有政治家风范的科学家，稳重、有判断力。50多年前，他首次把DNA研究引入萨格勒布大学。另一位是名叫伊万·古西奇（Ivan Gušić）的地质学家，朋友常称他为"约翰尼（Johnny）"。他善于交际，积极向上，十分友好。约翰尼后来成了第四纪古生物和地质研究所的新负责人（见图12.2）。

　　11月下旬，我们在《自然》和《科学》上发表论文之际，帕瓦奥公开表示支持我们。他在克罗地亚的报纸《消息报》（Vjesnik）的周日版上，发表了一篇关于我们项目的文章。他强调，DNA研究可以揭示许多关于人类演化的奥秘，凡迪亚的材料对此不可或缺。"因此，与马普研究所同行的合作应该

图12.2　从左至右：克罗地亚科学院院士帕瓦奥·鲁丹、泽利科·库肯以及伊万·古西奇（约翰尼）。他们帮助我们获得凡迪亚洞穴尼安德特人骨的样品。照片来源：帕瓦奥·鲁丹，克罗地亚学院。

继续，并亟待加强，"他表示，"保存在HAZU（克罗地亚学院的缩写）的凡迪亚样品使人类在历史上第一次获得更新世古人类基因组成为可能……HAZU与柏林–勃兰登堡科学院未来的合作，特别是与斯万特·帕博团队的合作，将促进古人类学、分子遗传学和人类学的科学进展。"我非常希望我们的工作最终不会辜负帕瓦奥的信任。

克罗地亚的形势慢慢变得对我们有利。2006年12月8日，在历经许多难以理解的周折之后，萨格勒布和柏林学院签署了谅解备忘录。这真叫人欣慰。我们和凡迪亚的骨头之间终于没有任何障碍了。我立马安排约翰内斯和克里斯汀·韦尔纳陪我前往萨格勒布。克里斯汀是我们莱比锡研究所人类演化系的年轻法国古生物学家，她花了10天时间在第四纪古生物学和地质学研究所，为收藏其中的凡迪亚的所有尼安德特人骨建了基本目录。我和约翰内斯在萨格勒布待了4天，然后在帕瓦奥、泽利科、约翰尼的陪伴下回到莱比锡。他们用无菌袋装了8块来自凡迪亚的骨头，其中包括著名的Vi-80，现在这个骨头被称为Vi-33.16（见图12.1）。

我们深夜才到达莱比锡，第二天一早便把骨头交给人类演化系。他们对装在无菌袋中的骨头进行了计算机断层扫描，这样可以永远以数字形式保存它们的形态。然后骨头被送入洁净室，由约翰内斯接手。

他用一个消了毒的牙钻，把每个骨头表面两三平方毫米的部分去除，然后在骨密层中钻了一个小孔。在钻孔过程中，为了避免骨头过热可能对DNA造成的破坏，他时常停顿一下（见图12.3）。他收集了大约0.2克的骨头，并将其加到一种能

图12.3　用无菌钻对尼安德特人骨取样。照片来源：马普演化人类学研究所。

在几个小时内吸收骨骼中钙离子的溶液中，然后留下的便是蛋白质颗粒和其他非矿物部分的组分。在溶解液中，约翰内斯将DNA纯化，并让DNA与硅胶结合——这是马蒂亚斯·赫斯14年前发明的技术，对分离古人骨中的DNA非常有效。

　　为了使DNA分子可进行454测序，约翰内斯又加入了酶，拆分或填补所有分子末端的单链DNA。然后他使用第二种酶，将一种名为接头（adapter）[①]的现代DNA短片段连接到古DNA的末端。在DNA分子中添加接头之后，测序仪就可以像读书那样把DNA分子"读"出来，所以它们的集合又名为文库。这种接头是专门为该项目合成的，包含了一个短的四碱基附加序列——TGAC。在连接古DNA片段时，它们可以成为一种标

————————

① 基因工程中，使两个DNA分子或一个DNA分子的两端经酶切后配对、再经连接酶共价连接的序列。

记或标签。这是其中一个小的技术细节，对于普通的分子生物学研究，特别是古DNA研究，会造成巨大差异。我们已经引入了这些标签，因为古DNA库必须离开洁净室，在454生命科学公司的机器上测序。为了确保我们实验室的其他文库的DNA，不会混淆在尼安德特人的文库中，我们使用了这些特殊的接头。只有开头带有TGAC的序列才是可信的尼安德特人DNA。我们在2007年的一篇论文中描述了这种接头创新。[3]

通过这些方法，约翰内斯从8个新的凡迪亚骨中制备了提取物和文库。然后，他用PCR检测提取物中是否有线粒体DNA，并估计提取物中现代人类DNA的污染程度。几乎所有骨头中均含有尼安德特人的线粒体DNA。这个结果令人鼓舞，但自从在俄罗斯、德国和西班牙的骨头上一再失败之后，我不再让自己过于乐观。我们立即对每个文库中的随机DNA片段样品进行测序，估算其中包含的尼安德特人核DNA的比例。在等待结果的那几天里，我几乎无法专注于其他任何工作。我们已经向全世界宣布：将测序尼安德特人的基因组序列。如果这些新的凡迪亚骨头没有包含足够多的核DNA，我们将不得不宣布失败，因为我不知道去哪儿寻找更好的骨头。

结果出来了，其中一些骨头含有0.06%～0.2%的尼安德特人核DNA，类似于我们得自其他遗址的遗骸。但其中有3块骨头含有大于1%的尼安德特人核DNA，其中一块的含量甚至接近3%——那是我们最喜欢的骨Vi-33.16，又名Vi-80。我们并未得到如预期设想的带有大量尼安德特人核DNA的神奇骨头，但Vi-33.16依旧是一块可用的骨头。

我们并未失去一切。

第十三章

细节中的魔鬼

时逢圣诞节和新年假期，我利用空闲时间思考研究现状，逐渐冷静下来。我计算需要多少这样的骨头才能完成基因组测序，结果显示是几十克，这比我们拥有的所有骨头的质量还要多。我感觉很糟糕。我是过于乐观还是太过天真才会认为我们能做成这件事情？我是否过于鲁莽，认为我们会在凡迪亚洞穴找到一块骨头，比我们先前分析的那一块含有更多的尼安德特人DNA？我是否太过相信454生命科学公司会开发出更强大的测序仪，让我们测序更多DNA？为什么我要冒险赌上自己平静而有序的科学生涯？如今看来，我可能要失败了。

我进入分子生物学领域已有25年，这个领域几乎一直在持续进行技术革新。我看到市场上出现的DNA测序仪，一晚上便能做完我研究生时花上数天甚至数周才能完成的任务。我也曾见过PCR取代烦琐的细菌克隆DNA，几小时内便完成了原先要几周或几个月才能做完的事情。也许这是为何我会认为，一两年内我们将能够测序出的DNA，会是如今《自然》论文中提及的3 000多倍。那么，为什么技术革新没有持续下去呢？多年来的经验告诉我，除非有一个非常非常聪明的人，否则只有在技术取得重大革新时才能实现突破。但这并不意味着我们只能坐以待毙、静静等待下一次技术革命来拯救我们。我想，也许我们可以为技术进步做点什么。

我认为，由于我们手头已有的骨头非常少，且它们包含的DNA很少，所以建库时要尽量减少提取物中DNA的损失。假期后的第一次周五会议上，我试图给团队灌输一种危机感。我说，现在很清楚，不可能找到一块含有大量尼安德特人DNA的神奇骨头来拯救我们，只能利用已有的骨头，这意味着我们要重新思考实验的每一个步骤。我分析道，在实验过程中，DNA的损失太过严重。例如，在纯化DNA的步骤中，得到的溶液只包含少量的其他成分（如蛋白质），但这种纯化的代价是损失了大量DNA。如果我们能将这种损失降到最小，那么一旦454生命科学公司生产出更新更有效的测序仪，或许我们的骨头就足够用了。

我一周又一周地反复盘问自己的团队，反复检查他们的每一步实验步骤。我年轻时曾在瑞典接受过难忘的军事训练，包括战犯审讯训练，也许一遍又一遍地重复询问同样的问题就是那时保留下来的习惯。我问得越多，就越怀疑454生命科学公司建议的关于建立测序文库的方案。它对纯化的要求太严格，可能导致DNA过度损失。我坚持系统地分析每一步。我们怎么才能做到最好呢？

在我读研期间，放射性物质的使用对分子生物学中的每一个实验都至关重要，但烦琐的安全措施促使生物学家使用非放射性检测的方法。因此，现在生物学专业的学生，几乎没有接触过放射性工作。然而，放射性标记仍然是最灵敏的检测微量DNA的方法之一。所以在星期五的周会上，我建议托米·马里契奇用放射性磷标记少量DNA，然后用这些DNA制备测序文库。他可以收集平时丢弃的那些次要组分，并检测它们的放射性。他在次要组分中检测到的放射性总量，将直接用来计算该步骤中损失的DNA。

我原以为大家在周会上对此一言不发，是默认这个方法很好。但事实上这与我们团队平时的惯常表现相悖。我相信各抒己见是我们最大的优势之一，但有时这样做也有短处。我鼓励各种观点互相争鸣，每个人都可以在会议上说出他或她的想法，最后我们就所要完成的事项达成共识。但就如任何一个民主国家那样，非理性的想法有时也会得胜。小组中颇有影响力的几个人对我的放射性计划持有怀疑。他们提出了一些反对意见，潜意识里（我认为）反对采用这种方法。因为这种方法即便不是彻头彻尾的可怕，听起来也是过时和不太安全的，并且他们没有太多经验。我决定不强迫他们使用这种方法。他们尝试了一些其他方法，如在制备文库和利用现代PCR检测的每个步骤测量DNA的总量。但是这些方法要么不够敏感，要么不太奏效。在接下去的几个月里，我继续提议采用放射性实验，而且越来越不耐烦，有时甚至渴望回到那个"教授的话就是法律"的专制时代。但我还是默默包容了他们的抵抗，因为不想太打击踊跃交换想法的人，我认为这是我们团队十分宝贵的特质。

最后，当所有的努力都化为乌有，组员们不再反对。托米不情愿地预订了一些放射性磷，标记了一些我们用于测试的普通人类的DNA，然后为454生命科学公司测序文库的后续步骤做准备。结果十分惊人。他发现在制备文库的前三大步骤中，每一步都损失了15%～60%的DNA，这种程度的损失在生化分离中并非完全出乎意料。但在最后一步，即在强碱性溶液中分离互补的DNA链时，超过95%的DNA都流失了！其他人采用这种分离方法分析常规的现代人类DNA时，并没有注意到其低效性，因为他们有足够多的DNA，所以这么巨大的损失对他们而言无关紧要。然而，对于古DNA研究而言，这种损失是灾难性的。一确定问题，我们便设计了一个简单的补救办法。碱性溶液并非分离DNA链的唯一方法，加热也可以达到同样效果。所以托米采用加热DNA的方法，发现在最终制备的DNA中，放射性增加了10～250倍！这是实实在在逆转乾坤的重大进步。

大多数实验室会把次要组分当作副产物丢弃。幸运的是，我们保存了先前实验中的所有次要组分。多年来，我一直坚持这样做，就是为了以防万一，坚信有一天它们能派上用场。这是我最不受欢迎的想法之一，因为很多冷藏室都装满了冷冻的次要组分，所有人都觉得它们毫无用处。但幸运的是，教授的疯狂想法被整个团队贯彻执行了下来。所以，现在托米只要简单加热之前用凡迪亚骨制备文库时所留下的次要组分，便可得到数量可观的尼安德特人DNA，甚至无须再做任何额外的提取。他还优化了文库制备的其他步骤。得益于这些改变，我们将提取到的DNA转变为测序文库的效率提高了几百倍。[1]

我们征询了克罗地亚伙伴的意见，决定把该项目的研究精力放在3块凡迪亚骨上：Vi-33.16以及两块新骨头Vi-33.25和Vi-33.26。它们看起来似乎都是长骨片段，因为有人想获取其中的骨髓而将其敲碎。多亏托米的改进，如今我们从这3块骨头中便可获得包含30亿个尼安德特人DNA的核苷酸文库。但文库中仍含有至少97%的细菌DNA，所以布兰福德的研究者需要在测序仪上运行4 000～6 000个反应来获得30亿个尼安德特人DNA的碱基对。但是怀揣着忐忑，我们难以想象如何说服迈克尔·埃霍尔姆完成这样数量级的实验。

我们仍然处在困境中，直到有人建议，或许可以在3块骨头中找到含有较少细菌DNA的部位，也就是说，这些部位含有更多的尼安德特人DNA。几年来，确实有一些迹象表明，骨头的某些部位含有的细菌DNA比其他部位的多，也许是因为细菌发现这些部位的生长条件更好，因此相应地，细菌繁殖得更多。所以，在这种希望的激励下，约翰内斯试图系统地确定取样的最佳区域。他在骨头上钻洞，一开始像长笛，后来像瑞士奶酪。他确实发现骨头上某个相隔仅仅一两厘米的区域，尼安德特人DNA的含量竟相差10倍之多，要知道，即使在最好的区域，尼安德特人的DNA含量仍然不超过4%！

我们在周会上一再讨论这个问题。对我来说，这些会议可以吸收社会和学术经验。研究生和博士后知道他们的职业生涯取决于自己所取得的成果和发表的论文，所以总有一些小子争夺做重要实验的机会，并避免参与那些为研究组目标服务的关键实验，因为在基于那些实验的论文中，他们不能成为主要作者。我已经习惯了这种想法——初露头角的科学家在很大程度上由自我兴趣驱动。我也认识到，我的职责是根据他们个人的能力，平衡对各自职业生涯有益以及项目所需的各项事务。但是当尼安德特人的危机笼罩整个研究团队时，我惊讶地发现，以自我为中心的驱动会让步于以研究团队为中心的驱动。研究团队就像一个整体，每个人都热心地义务服务，不求回报，做着繁重的杂事，努力推进项目，无论这样的工作是否会给他们个人带来荣誉。所有人都强烈地把这项具有历史意义的工作当成共同目标。我觉得我们是一个完美的团队（见图13.1）。在我较为感性的时候，我感受到围坐在桌旁的每个人的爱。这让我觉得，没取得进展会让所有人备感痛苦。

2007年春天，星期五的周会继续展示出了我们团队最佳的凝聚力。为了增加尼安德特人DNA的比例或是找到骨中保存状态更佳的极小位置，我们抛出了一个又一个疯狂的想法。我

图13.1　2010年在莱比锡的尼安德特人基因组研究团队。自左：阿德里安·布里格斯、赫尔南·布尔瓦诺（Hernan Burbano）、马蒂亚斯·迈耶（Matthias Meyer）、安雅·海因策（Anja Heinze）、杰西·达布尼（Jesse Dabney）、凯·普吕佛（Kay Prüfer）、我、重建的尼安德特人骨架、珍妮特·凯尔索（Janet Kelso）、托米·马里契奇、付巧妹、乌多·斯坦泽尔（Udo Stenzel）、约翰内斯·克劳泽、马丁·基歇尔（Martin Kircher）。照片来源：马普演化人类学研究所。

们无法说出是谁想出了哪个主意，因为那是所有人不断讨论时冒出来的。我们开始谈论如何分离提取物中的内源性尼安德特人DNA和细菌DNA。也许细菌DNA与尼安德特人DNA在某些特征上存在不同，我们可以以此来探索。或许细菌DNA和尼安德特人DNA片段的大小不同？唉，没有！骨头中的细菌DNA片段与尼安德特人DNA片段的基本没有什么大小区别。

我们反复自问，细菌和哺乳动物的DNA之间可能存在什么差异。然后我突然想起来：甲基化！甲基基团是细菌DNA中常见的微小化学改变产物，尤其是在A上。然而，在哺乳动物的DNA中，甲基化发生在C上。我们可以使用甲基化A的抗体来绑定和去除提取物中的细菌DNA。当检测到身体中有外来物质，例如细菌或病毒的DNA时，免疫细胞产生的蛋白质就是抗体。然后抗体在血液中循环，遇到外来物质时就会与它们结合，并帮助消除它们。由于抗体能够绑定免疫细胞遇到的外来物质，所以能够成为实验室中的强大工具。例如，如果将含有甲基化A的DNA注射到小鼠体内，小鼠的免疫细胞会识别甲基化A酸为外来物，并产生相应的抗体。这些抗体可以通过纯化小鼠血液得到，并在实验室中使用。我认为我们可以制造这样的抗体，并利用它们来绑定和消除提取物中的细菌DNA。

我们快速地查阅文献，发现位于波士顿郊外的新英格兰生物公司的研究人员，已经生产了甲基化A的抗体。我写信给在那里工作的汤姆·埃文斯（Tom Evans）。他是我认识的一位对DNA修复很感兴趣的优秀科学家。他很大方地给我们提供了抗体。现在我想要小组中的一名成员将抗体与细菌DNA结合，并从提取物中去除细菌DNA。我认为这是一个巧妙的计划，因为这样做会使提取到的尼安德特人DNA的比例更高。但当我在周会上提出这个方法时，大家再次表示怀疑——而在我看来，这又是因为他们不熟悉这项技术。由于我在放射性实验上的正确决定，所以这一次我或多或少坚持了自己的想法。阿德里安·布里格斯接下了这项任务。他花了数月时间试图使抗体与细菌DNA结合，然后分离细菌DNA与非细菌DNA。他从各种各样的角度改进技术，但自始至终没有成功，我们也不知道为什么。在很长一段时间里，我都可以听到他们拿我这个绝妙的抗体想法开涮。

　　我们还能怎样来消除细菌DNA呢？还有一个办法是识别出细菌序列中经常出现的序列基序①。也许我们可以使用专门合成的DNA链，采用与我之前想到的抗体类似的方法，与细菌DNA结合，进而清除。凯·普吕弗负责找出可能有用的细菌序列基序。他说话轻柔，本来的专业是计算机科学。可自从来到我们实验室后，自学的基因组知识比大多数生物专业学生的都多。他发现，一些只有2～6个核苷酸的组合，如CGCG、CCGG、CCCGGG等，在微生物DNA中出现的频率要比在尼安德特人DNA中更频繁。当他在一次会议上展示这项发现时，我旋即明白是怎么一回事了。事实上，我早该想到这点！每本分子生物学教科书都会告诉你，在哺乳动物的基因组中，C后面极少接着G。因为在哺乳动物中，一旦C后面接着G，C会发生甲基化。这种甲基化的C会发生化学改变，并被DNA聚合酶误读，然后突变成T。就这样历经了数百万年，哺乳动物基因组中的CG基序就被缓慢而稳步地淘汰了。而在细菌中，C不会发生甲基化，或是极少发生，所以CG基序更为常见。

————————

① sequence motifs，一般指构成任一特征序列的基本结构，这里指的是一段特定的 DNA 序列。

　　我们该如何使用这些信息呢？这个问题的答案对我们而言再明显不过了。细菌可以制造限制性酶，可以切割细菌DNA内部或附近的特定DNA序列基序（如CGCG或CCCGGG）。如果我们将一系列这种酶与尼安德特人文库混合，它们会把很多细菌序列切开，使之无法被测序出来，但是大多数尼安德特人基因序列仍保持完整。这样我们就可以把尼安德特人DNA与细菌DNA的比值提高，极大地有利于我们的研究。基于针对序列的分析，凯建议混合使用8种限制酶，他认为这将十分有效。我们立即用这种混合酶来处理其中的一个尼安德特人文库，并对尼安德特人序列进行测序。测序仪得到的尼安德特人DNA是20%，而不只是4%！这意味着我们只需要在布兰福德的机器上运行大约700个反应便可达到目标。这个数目在他们力所能及的范围内。这个小技巧化腐朽为神奇，但是存在唯一的缺点：酶处理将导致一些尼安德特人序列丢失（那些带有C和G的特定序列）。但我们可以在不同的反应中采用不同的酶混合物，或者在一些反应中不用任何酶，这样就可以得到这些序列。当我们把限制酶的绝招告诉454生命科学公司的迈克尔·埃霍尔姆时，他直呼这是个绝妙的方法。这是我们第一次确信可以达到目标！

　　在这一切进行的同时，杰弗里·沃尔（Jeffrey Wall）的一篇论文也发表了。他是旧金山一位年轻有为的群体遗传学家，我曾见过他几次。他比较了我们组发表在《自然》上的75万个核苷酸与埃迪·鲁宾发表在《科学》上的3.6万个核苷酸，它们都来自同一块骨头Vi-33的提取物，前者是用454生命科学公司的测序仪测定的结果，后者是埃迪·鲁宾以细菌克隆法测序的结果。沃尔和论文的共同作者金成（Sung Kim）指出了这两套数据集的几个不同之处，但是送审这两篇论文时，我们就已经看到其中的许多差异并进行过广泛的讨论。他们也提出454生命科学公司的数据集存在几个问题，但倾向于认为，我们的文库中存在大量的现今人类的污染。他们认为，在我们认定是尼安德特人的DNA中，有70%～80%的DNA应该是现今人类的DNA。[2]

这就麻烦了。我们已经意识到，在发表于《自然》和《科学》的论文中，其中的数据集可能存在一些污染，因为我们寄送到实验室的提取物并没有在洁净室条件下开展实验。我们也意识到，污染的水平有差别，《自然》论文中由454生命科学公司产生的数据集，污染程度会更高。然而我们相信，任何污染水平都不可能达到70%～80%，因为沃尔的分析是建立在一些假设之上的，如假设短片段和长片段中的G和C含量类似，但是这并不属实。

为了澄清这些问题，我们要求《自然》发布一篇短文，在其中指出454生命科学公司的测序法与细菌克隆测序法的结果存在几个不同特征，而其中一些特征可能会影响分析结果。我们还提及，基于线粒体DNA，对文库序列进行的额外测序已表明，污染很少。但是，我们进一步意识到，其他一些污染可能由外界引入454生命科学公司的文库中，它们可能来自与我们尼安德特人文库同时下机的吉姆·沃森（Jim Watson）的DNA文库。所以我们在短文中承认，"真实污染程度高于根据线粒体DNA分析所得结果是有可能的"，但无法知晓究竟有多少。我们同时还向沃尔和那篇关于使用标签构建文库的论文的读者指出：现在，使用标签的方法已经使洁净室外的污染无法发挥作用。[3]我们同时还对公开的DNA序列数据增加注释，这样所有潜在的用户都可以知道这些数据的问题。但是，令我懊恼的是，我们把短文寄给审稿人后，《自然》决定不予发表。

关于是否过于草率地在发表于《自然》的论文中公布了原则上可行的数据，我们展开了讨论。我们是否在被埃迪的竞争推着向前？我们应该等待吗？有些人认为应该如此，也有人不这样想。即使现在回过头去看，我们仅有的判别污染程度的直接证据便是线粒体DNA分析，且已表明污染程度很低。我现在还是这样认为。在我看来，虽然线粒体DNA分析有其局限，但直接证据总是优于间接推断。在《自然》永远不会发表的短文中，我们指出："目前并未有检测核序列污染的方法，但为了得到可靠的古DNA核序列，我们应该开发检测方法。"在接下去的几个月里，这仍是我们的星期五周会的研讨主题。

第十四章
绘制基因组图谱

当知道可以制备测序基因组所需的DNA文库，而且454生命科学公司也将很快发明运转速度足够快的仪器来测序所有的DNA之后，我们便把注意力转向下一个挑战：绘制基因组图谱。这是将尼安德特人的DNA短片段与人类基因组参考序列进行匹配的过程。可能听起来很简单，但事实上这是一项艰巨的任务，就像完成一幅巨大的拼图。在这幅拼图中，许多拼图丢失，还有许多拼图破碎，更有大量额外的碎片无法匹配到拼图内。

从本质上而言，绘制图谱要求平衡两个不同的问题。一方面，如果我们在尼安德特人DNA片段和人类基因组之间进行较为精确的匹配，那么可能会错过那些含有一两个真正差异（或错误）的片段，这将使尼安德特人的基因组看起来比实际的更相似于现今人类的基因组。但如果我们的匹配标准过于宽松，最终可能会把与人类基因组某些部分虚假相似的细菌DNA片段误认为尼安德特人的DNA，这将使尼安德特人的基因组比实际的更不同于现代人类的基因组。在两者中取得恰当的平衡是分析中最关键的一步，因为这会影响后续所有评判尼安德特人基因组与现代人类基因组差异的工作。

我们也必须从切实可行的角度出发。计算机制图的算法不能带有太多参数：因为我们计划测序的尼安德特人DNA片段超过10亿个，每个片段都由30～70个核苷酸组成，而人类基因组中的核苷酸有30亿个，参数太多就无法有效地进行如此大量的比对。

艾德·格林、珍妮特·凯尔索和乌多·斯坦泽尔承担设计制图算法的艰巨任务。珍妮特于2004年离开位于她家乡南非的西开普大学（University of the Western Cape），加入我们实验室，并领导生物信息学研究小组。她虽然外表很不起眼，但实际是一名高效的领导者，能够将古怪的生物信息学研究小组带成一支颇有凝聚力的团队。乌多便是其中一位古怪的成员，有点愤世嫉俗。他在取得信息学学位之前便从大学退学，然而，与大多数老师相比，他更具备一名程序员和逻辑思考家的能力。我很高兴地发现，他能倾心于尼安德特人项目。要知道，他老是觉得自己知道得最多，这常常让我抓狂。事实上，如果没有珍妮特从中调和，乌多根本不可能成为我团队中的一员。

由于艾德的RNA剪接项目无声无息地走到了尽头，所以事实上他已成为绘制尼安德特人DNA片段图谱的实际协调人。他和乌多开发了制图的算法，并把尼安德特人DNA序列中的错误模式纳入考虑。阿德里安和菲利普·约翰逊（Philip Johnson）同时发现了这些模式。其中，菲利普是伯克利蒙蒂·斯拉特金（Monty Slatkin）研究团队中的出色学生。他们发现，错误主要分布在DNA链的末端——因为当一个DNA分子被打断时，两条链的长度往往是不同的，其中较长的链悬吊着，很松散，易于受到化学侵蚀。与我们一年前得出的结论相反，阿德里安的详细分析表明，这些错误模式都由胞嘧啶C的脱氨基造成，而不是由于腺嘌呤A的脱氨基。事实上，C出现在一个DNA链的末端时，有20%～30%的概率会以T的形式呈现在我们的序列之中。

艾德的作图算法巧妙地实现了阿德里安和菲利普的模型，能指出不同位置发生错误的概率以及错误是怎么发生的。例如，如果尼安德特人分子的末端是T，而人类基因组相对应的部位是C，那么它们会被视为完美匹配，脱氨基作用导致尼安德特人片段末端的C变为T的这种情况非常常见。相反，"尼安德特人分子的末端是C，人类基因组相对应的末端为T"这种组合会被视为完全不匹配。我们坚信艾德的算法是一次伟大的进步，它可以降低碎片制图错误的概率，并提高正确制图的概率。

另一个问题是选择一个用来比对尼安德特人片段的人类基因组。我们的研究目的之一，是检查尼安德特人的基因组序列是否揭示了其与欧洲人的亲缘关系比与世界其他人类的关系更紧密。例如，如果我们将尼安德特人的DNA片段与欧洲人的基因组进行比对（标准参考基因组中有大约一半来自拥有欧洲血统的人类），那么相较于那些与非洲人基因组更为相似的尼安德特人DNA片段，与欧洲人基因组匹配的片段保留得更多。这会让人错误地认为，相较于非洲人，尼安德特人与欧洲人更为相似。所以我们需要一个中性的比较对象，我们发现黑猩猩的基因组很适合。尼安德特人、现代人类和黑猩猩在大约700

万至400万年前拥有共同的祖先，这意味着黑猩猩的基因组与尼安德特人和现代人类基因组的差异应该是相同的。我们还将尼安德特人的DNA片段与一个其他人假想构建的基因组进行比对——这个基因组是现代人类和黑猩猩共同祖先的基因组。通过与这些更为远缘的基因组进行比对、绘制图谱，尼安德特人片段便可以和来自世界各地的现代人类基因组对应的DNA序列进行比较，然后找出它们之间的差异，这样从一开始便排除了结果的偏差。

所有这一切都要求强大的计算能力。我们很幸运，因为马普学会对我们的尝试表示坚定的支持，并专门为我们的项目在德国南部的计算机中心另辟了一个拥有256台性能强大的电脑的计算机集群。即便我们有了这些电脑，把测序仪一次反应产生的数据绘制成图谱也要花上好几天，而要把所有的数据绘制成图谱则需要几个月。乌多的重要任务便是更为有效地给这些计算机分配工作。因为乌多深信没人能做得像他一样好，所以他想独自承担所有工作。在等待他取得任何进展之时，我必须培养自己的耐心。

当艾德看到从布兰福德得到的第一批新DNA序列数据的图谱时，他发现了一个令人担忧的模式，这在研究组内敲响了警钟，也使我的心情沉郁：相较于较长的片段，较短的片段与人类基因组有着更多差异！这使我想起，格雷厄姆·库普、埃迪·鲁宾和杰弗里·沃尔在我们发表于《自然》的论文数据中看到的模式。他们将该模式归因于污染。他们认为较长的片段与现代人类差异较少，是因为许多长片段就是现代人类的DNA，是它们污染了文库。我们曾希望在洁净室中制备文库，并使用特殊的TGAC标签使文库免遭污染。艾德开始疯狂地工

作，他想检查出我们的测序文库中究竟有多少现代人类DNA
的污染。

他很高兴地发现，我们的文库并没有遭受污染。艾德很快
便发现，如果他采用更严格的取舍标准，那么短片段和长片段
与参考基因组的差异正好一样。他还发现，每当我们（沃尔和
其他人）使用基因组科学家常用的取舍标准时，较短的细菌
DNA片段便会错误地匹配到人类参考基因组上。这使得与人
类参考基因组进行比对时，短片段看起来比长片段的差异更
大。但是只要提高取舍标准，这个问题就不存在了。我暗自觉
得，当初不相信基于长短片段的比较来估计污染程度的想法是
对的。

但很快，警钟再次敲响。这一次的问题更令人费解，我花
了好长一段时间才理解清楚——所以容我慢慢道来。人类通常
都带有遗传变异：比较任一人类染色体的两个版本，我们便可
粗略地发现，每1 000个核苷酸便有1个序列差异，而这些差异
是前代突变积累的结果。所以，在对比两条染色体时，如果发
现两个不同的核苷酸（或遗传学家所说的等位基因）出现在同
一位置，我们可以问哪一个更古老（或"祖先型等位基因"），
哪一个更新近（或"衍生型等位基因"）。幸运的是，通过检
查黑猩猩和其他猿类基因组中出现的核苷酸，我们可以很容易
地确定位于该位置的是哪种核苷酸。如果这个等位基因存在
于人类与猿类的共同祖先中，那么它就是古老的祖先型等位
基因。

我们对于新近的衍生型等位基因在尼安德特人DNA内出
现的频率很感兴趣。这种等位基因同样出现在当今人类之中。
因而我们可以估计尼安德特人祖先是何时从现代人类祖先中分

离出来的。从本质上讲，如果现代人类和尼安德特人共有的新生型等位基因越多，两者就分离得越晚。2007年夏天，艾德看着我们从454生命科学公司拿到的新数据，面露震惊。正如沃尔和其他人在我们2006年发表的较小的测试数据集中观察到的结果一样，艾德看到在较长的尼安德特人DNA片段（那些超过50个核苷酸的片段）中，衍生型等位基因比短片段的多。这表明，相较于短片段，较长的片段与现今人类DNA的关系更密切。这个充满矛盾的发现，再次表明我们的结果可能是由污染造成的。

就像之前的许多危机一样，这个问题成了星期五周会的新焦点。几个星期以来，我们没完没了地讨论，提出了一个又一个可能的解释，但是没有一个真正成立。最后，我失去了耐心，认为结果确实有污染。也许我们应该放弃，并承认不可能得到可靠的尼安德特人基因组。我黔驴技穷了，想像孩子一样大哭一场。然而我没有哭，但我知道组内许多人都意识到这是一次真正的危机。或许正是危机激发了他们新的动力。我注意到，艾德看起来像几个月都没睡过觉了。最后，他解开了谜团。

回想起来，单就定义而言，衍生型等位基因是一个独立个体内的突变，所以这种等位基因事实上很罕见。总的来说，在人类的基因突变位点上，大约35%携带的是衍生型等位基因，约65%携带的是祖先型等位基因。艾德由此意识到，如果一个尼安德特人的DNA片段携带衍生型等位基因，那么比对它与人类基因组参考序列时会发现，不匹配的概率为65%，而匹配的概率只有35%。反过来想，那么如果携带祖先型等位基因，尼安德特人的DNA片段能更好地匹配到正确的位置！他也认识到，相较于长片段，许多与人类基因组有一个差别的短片段无法被绘制图谱的程序识别，因为较长的片段有更多的匹配位置，即使存在一两个差异，也可以使其正确比对。因此，相较于长片段，带有衍生型等位基因的短片段往往会被绘制图谱程序抛弃，从而导致我们错误地认为：短片段携带的衍生型等位基因比长片段的少。在我明白这个道理之前，艾德已多次向我解释。即便如此，我也不相信自己的直觉，还是希望艾德能以某种直接的方式证明他的想法是正确的。

我想艾德不想看到我在会上哭，所以最后他想出了一个聪明的实验证明他的想法。他只是简单地在电脑上把已经绘制过图谱的较长DNA片段切成两半，这样它们就只有一半的长度了。然后，他再在图谱中标定它们的位置。就像神奇的魔法一样，再与它们原来较长的片段比较时，它们携带的衍生型等位基因频率下降了。这是因为携带衍生型等位基因的许多片段变得较短后，它们便无法被标定到正确的位置上。我们终于可以解释数据中看似污染的模式了！至少现在可以解释在《自然》论文的原始测试数据中看到的那些污染模式了。当艾德演示其实验时，我轻轻地松了一口气。2009年，我们在一篇技术性很强的论文中发表了这些见解。[1]

艾德的发现让我更加坚信：直接检测污染很有必要。我们星期五的讨论再次回到如何测量核DNA的污染。但现在讨论这些问题时，我更轻松。我相信我们走在正确的道路上。

第十五章

从骨头到基因组

截至2008年初，康涅狄格的454生命科学公司利用我们从骨Vi-33.16制备的9个文库，完成了147个反应，一共产生了3 900万个序列片段。这已经很多了，但仍没达到我当时的期望，并且远远不足以重建核基因组。然而，我急于测试绘制图谱的算法，所以主导开启了不那么艰巨的任务——重建线粒体基因组。在此之前，我们和其他人只测序到尼安德特人线粒体DNA变异最多区域的约800个核苷酸序列。但现在我们想测序全部的16 500个核苷酸。

艾德·格林筛选已有的3 900万个DNA片段，并识别那些与现代人类线粒体DNA类似的片段。接着，他相互比较这些序列片段，找到重叠的地方，这样就能建立一个初步的尼安德特人线粒体DNA序列。接下来，他再次检索3 900万个线粒体序列，这次要寻找的是与他初步建立起的尼安德特人线粒体DNA序列最为相似的片段，可能会找到之前筛选时错过的部分。他总共确定了8 341个尼安德特人线粒体DNA序列，平均长度为69个核苷酸。由此，他组合出一个拥有16 565个核苷酸的完整线粒体DNA分子。这是迄今为止构建出的最长的、连续的尼安德特人线粒体DNA序列。

这给了我一些实实在在的安慰，尽管尼安德特人线粒体DNA基因组的分析并未揭示任何关于尼安德特人的新信息，但是我们得到了技术方面的启发。例如，我们发现，在基因组的不同区域，我们得到的片段数量不同。艾德意识到，这与片段中G和C的总量相关。G和C与片段中的A和T相对应。这意味着，富含G和C的DNA分子在骨中留存得更好，或者应该说，在我们从骨骼中提取DNA的过程中留存得更好。值得庆幸的是，线粒体DNA保持完整。我开始渐渐觉得，很多分析尼安德特人DNA片段的技术问题都已在掌控之中。我们还发现，尼安德特人的线粒体DNA与所有或几乎所有现代人类的线粒体DNA有133处不同。[1]在此之前，我们只知道，在1997年发表的论文中，我们公布过3个这样的尼安德特人线粒体DNA短序列位点。利用这133个位点，我们现在可以更有信心地估计新数据中现代人类线粒体DNA的污染水平，结果是0.5%。我们也回溯并估计了2006年《自然》论文中测试数据的线粒体DNA污染，同时还估计了那一期《自然》仍在印刷时，我们产生的额外数据中的线粒体DNA污染。75个线粒体DNA片段中，有67个是尼安德特人的。因此，文库的污染程度是11%。这比我们预期的高，但远低于金成和沃尔认为的70%～80%。我们把所有信息写进一篇论文，并提交给《细胞》。这份杂志在1997年发表了我们最初的尼安德特人线粒体DNA结果。我们再次强调，用直接的技术手段来估计污染，对于基因组研究，尤其是核基因组研究会更好。我们开始在周会上讨论：如何才能做到最好。

不过，分析完后，我便开始担心这篇线粒体DNA论文已经转移了我们的注意力，而事实上尼安德特人DNA序列的产出非常迟缓。现在已经进入项目的第二年，距离公开完成测序30亿个尼安德特人核苷酸的目标期限只剩下几个月时间了。延时一点点是小事，但不幸的是，我觉得按照目前的进展，我们的完成情况将非常糟糕。因此，实验室会议的气氛变得越来越紧张。我开始发现自己声音很大，而且言辞充满讽刺（后来我非常后悔），通常是因为一些不合逻辑的观点或是某人无法简洁地描述他或她在实验室里的工作。但导致坏脾气的深层原因，是我认为项目没有取得进展。进展缓慢的一部分原因是，只有少数提物取含有足够多的尼安德特人DNA用来生产DNA文库，但454生命科学公司的测序速度明显也不快。迈克尔·埃霍尔姆仍然负责该项目，但2007年3月，454生命科学公司已经被瑞士的制药巨头罗氏（Roche）收购。结果，布兰福德负责日常测序的人于第二年秋天离开了公司。我猜测埃霍尔姆和其他成员很难全心投入尼安德特基因组项目。我第一次冒出与454生命科学公司的竞争对手合作的想法。

其中的一个竞争对手是戴维·本特利（David Bentley）。他是我于2007年5月在冷泉港会议上结识的一名学识渊博的人类遗传学家。2005年，他离开威康信托的桑格研究所，到从剑桥大学化学系独立出来的新公司Solexa任职。他在Solexa负责监督DNA测序仪的开发。他们的测序仪是乔纳森·罗斯伯格和454生命科学公司测序仪强有力的竞争者。就像454生命科学公司一样，Solexa的技术是用接头附着在分子末端，构建出可以扩增和测序的DNA文库。然而，与454生命科学公司的技术不同的是，每个文库的分子不是在小油滴中进行扩增，而是通过引物连接到一个玻璃表面。因此，出现在玻璃上的每个初始DNA链的一个小点或一小簇，都由数百万计的原始文库分子的拷贝组成。然后加入测序引物、DNA聚合酶和4个均标记了不同荧光染料的碱基，这些簇就可以被测序出来。

这些仪器的第一代测试版本于2006年交付测序中心。它们最多只能测序25个核苷酸，而且听说经常出现故障。但这项技术潜在的巨大优势是，每运行一次可以测序数百万条DNA片段，而454生命科学公司的机器只能测序几十万条。而且改进仪器之后，这个数字还会进一步增加。不久之后，仪器的读取长度增加到了30个核苷酸，并且还有报告提到，可以改进仪器，使它从每个DNA片段的两端进行测序，即总共可以读到60个核苷酸。这听起来非常有趣，特别是对于古DNA研究人员而言。其他人也对此很感兴趣。2006年11月，美国的生物科技公司宜曼达（Illumina）收购了Solexa，戴维·本特利现在是这家新公司的首席科学家兼副总裁。

在冷泉港会议上，我和戴维讨论了我们的项目。他同意我给他送一份猛犸象或尼安德特人的提取物，用来测试宜曼达的技术。事实上，我们已经开始这样的测试。我们十分渴望尝试这种技术，所以在几个月前，也就是2007年2月，我们把手头最好的猛犸象DNA提取物交给了剑桥桑格研究所的简·罗杰斯（Jane Rogers），她负责该研究所的Solexa机器。我们还没有收到她的回复。因此从冷泉港回来之后，我出于紧迫感而不断联系桑格研究所，问询结果。6月上旬，数据终于返回。但是从序列中我们看到这项技术很容易出错，所以有点失望。该公司也在努力改进。但同时我也意识到，该机器测得的DNA

片段数据如此之大，简直可以弥补错误率居高不下的缺陷。原则上，我们可以简单地多次重复测序文库中每一个DNA片段，从而发现和剔除其中的错误。不幸的是，宜曼达不像454生命科学公司那样有自己的测序中心，所以我们得有自己的机器。但是由于他们的机器很抢手，我们6个月后才能拿到机器。现在它可以读70个核苷酸，但仍然会出错，而且读的序列越多，出错得越频繁。2008年，仪器的技术升级使我们能够从每个DNA片段的两端进行测序。由于尼安德特人的DNA片段平均只有55个核苷酸长，因此我们可以对每个DNA序列读取两次（从两端开始各测一次）。这意味着，我们可以从大多数的片段中得到可靠的序列信息。

马丁·基歇尔负责分析宜曼达数据。他是2007年夏天加入珍妮特·凯尔索生物信息学团队的研究生。他孩子气般的外表和迷人的微笑掩饰了其近乎傲慢的过分自负，这可能是受其非正式导师乌多的影响。一开始我很恼火，但渐渐意识到，他的意见往往是正确的。我学会欣赏他的能力。他总是能迅速抓住技术问题，组织从测序仪得到的数据流，并提交给计算机集群，还给操作仪器的技术人员提供反馈。他工作极为努力。不仅是我，珍妮特和其他人都越来越依赖马丁。他让宜曼达测序仪得以顺利运行，并通过计算机推进对宜曼达测序仪结果的分析。

到了2008年初，很明显地，我们只有放弃454生命科学公司的技术，才有机会及时完成尼安德特人基因组的测序。454生命科学公司技术的长处是测序较长的DNA片段，但由于我们的DNA片段都比较短，所以这个长处对我们而言毫无用处。我们的目标是尽可能快地测序大量较短的DNA片段。面对如此大规模的数据产出，宜曼达比454生命科学公司更有优势。但要从454生命科学公司的技术转移过来并不容易，艾德·格林和其他人都忙于构建程序来处理454生命科学公司的数据，转到宜曼达意味着要修改数据处理程序，合并不同版本的序列数据。这些技术太新颖，没有现成的软件解决这些问题，必须自行设计。

随着2008年夏天的临近，这些问题到了非解决不可的地步。7月中旬正好是我们召开记者招待会2周年。显然，我们无法在规定期限内完成研究，但如果记者打电话来问，我至少要给出一个新的时间表。我们现在有足够的骨头和DNA提取物，可以制备测序30亿个核苷酸所需的文库。但要测序出我们许诺的全部基因组，唯一的可行之道便是转移到宜曼达。最后，我从单独留给购买454生命科学公司测序仪器的钱中取出一大笔，订购了4台宜曼达测序仪。如果5台仪器同时工作，我们有希望完成目标；如果仪器及时送达，甚至可以在年底前就完成。我不得不结束与454生命科学公司的合作。我在丹麦的一次会议上碰见了454生命科学公司的迈克尔·埃霍尔姆。幸运的是，他理解我的苦衷。但正如他轻蔑地描述宜曼达机器产出的短片段那样，他预测我们会后悔处理那些"错误百出的短片段（microreads）"。

经历所有这些跌宕起伏之事时，我很高兴能放下尼安德特人的工作，暂时休息一下。7月1日，我和琳达飞往夏威夷的科纳（Kona）。我获邀参加美国成就协会的年会。那次会议上，音乐家、政治家、科学家和作家一起在一个偏僻但温馨的环境中，与来自全世界的百余位研究生分享他们的想法和经验。我非常兴奋，因为可以与许多聪明的知名人士一起共度几天时光，但这不是我来这里的主要原因。琳达和我决定利用这次机会结婚。我们已经拖了很久，主要是因为我认为婚姻只是一种过时的形式。我们现在决定结婚，一部分是出于现实考虑：德国的养老金计划——如果我先行去世，只有结为配偶，才能使琳达得益。但我们想办一个私密且别具一格的婚礼。婚礼在海滩上举行，场地布置得美轮美奂。我们邀请了一名新世纪风格的牧师主持仪式。我们彼此宣誓，然后牧师宣布我和琳达成为夫妻。尽管是现实因素促使我们结婚，但我觉得这个仪式见证了我们对彼此的坚定承诺。因为琳达，与我在慕尼黑任职教授时的苦行僧式生活相比，现在的生活丰富多了，特别是在2005年我们的儿子鲁内出生之后。

海滩仪式结束后，我们开始徒步旅行。琳达在大岛的公园里发现了一个幽静美丽的地方。我们背着沉重的背包，在耀眼的阳光下徒步穿过月球表面般的火山岩岩层，直抵海岸。我们在那里度过了4天，在原始海滩上散步，在海中与鱼和海龟一起潜水，在沙滩上和棕榈树下聊天。当我在太平洋的海浪汹涌声以及头顶棕榈树叶的沙沙声响中入睡时，尼安德特人生活的亚寒带草原似乎很遥远。在我极其紧张的生命中，这是一次完美的休假。

但这段夏威夷插曲很短暂。我和琳达从夏威夷回来一周后，我在柏林的世界遗传学大会上演讲。我介绍了我们在基因组测序方面的技术进步和得到的线粒体DNA结果。令人沮丧的是，除了这些，我别无可说。会上的另一位发言人是埃里克·兰德（Eric Lander），他是推动公众致力于人类基因组测序背后的主要思想家和驱动力之一。我认为他的所有观点都甚为精辟但尖锐。我经常在冷泉港和波士顿见到他。他在波士顿领导布罗德研究所（Broad Institute），那是一个非常成功的专门研究基因组的研究所。我从埃里克的建议中受益良多。大会过后，他来莱比锡拜访我们的研究团队。这时我们还没拿到订购的4台新的宜曼达机器，手头只有一台机器，生成数据的速度不够快，因此每次运行加上电脑处理就要花去两周时间。幸运的是，埃里克是宜曼达机器的忠实拥护者，布罗德研究所就有几台宜曼达机器。他愿意帮助我们。距离我们自己设定的截止日期只有几天时间了，所以我毫不犹豫地接受了他的帮忙。我们显然无法在最后期限前完成研究，但如果能在2008年年底前生成所有数据，那么我们至少也算在许诺的一年内完成了任务。

　　两年之期近在眼前，《自然》和《科学》开始抛来橄榄枝，让我们提交关于尼安德特人基因组的论文。1996年，我将首个尼安德特人线粒体DNA序列发表在《细胞》上，这是一份更为严肃的分子生物学期刊，所以这次我还想这么投。但有人说应该把文章发表在《自然》或《科学》上，因为每个人都能看到这项工作。尤其是学生和博士后们，他们认为将论文发表在那两份有名的期刊上有益于职业生涯。6月，《科学》的编辑劳拉·扎恩（Laura Zahn）来访，并与我们讨论尼安德特人的文章。《科学》是由美国科学促进协会出版的期刊，所以劳拉来访后不久，美国科学促进会便邀请我在他们的年度会议上就尼安德特人的研究发表报告。2009年2月12日至16日，该年度会议将在芝加哥举行。而这也就确定了最后期限。我觉得我们应该能赶上，所以接下了这个报告，这意味着我们的论文将最有可能发表在《科学》上。

正如经常发生的那样，实际耗时总是比预期的长久。直到10月底，我们才得到5份适合宜曼达测试仪的DNA文库，它们带有尼安德特人的特殊标记。我们将每个文库等分，然后用自己的宜曼达机器测序，并仔细确认文库中的分子数目。我们发现，其中包含了超过10亿个DNA片段。这应该能满足我们完成基因组测序所需的一切操作。我们将文库和定制的引物一起送到布罗德研究所测序。不过，还需要用马丁·基歇尔开发的计算机程序，才能分析从宜曼达得到的数据。他的程序能比宜曼达公司提供的商业程序读取更多的核苷酸，而且更少出错。但是马丁的程序所需的测序仪数据量十分庞大，以至于无法经由互联网传输。因而，我们安排用大容量的电脑硬盘存储数据，然后把硬盘从波士顿寄送到莱比锡。

2009年1月中旬，我们收到两个包含前几次运行结果的硬盘。现在，尼安德特人文库中的特殊标记派上了用场。马丁发现布罗德研究所的其中一个反应结果并不包含这些标签。所以很明显，某些东西混到了布罗德研究所的文库中。这个结果很惊人，令人担忧。我考虑将测序工作搬回我们的实验室，这时我们已经有4台新的宜曼达机器在运转。但是在那两块硬盘里，布罗德研究所的其他运行结果看起来不错，而且我们已经答应与埃里克合作。最后，2009年2月6日，我们拿到了联邦快递的18块硬盘。这时已经比较迟了。美国科学促进会的年会即将于6天后的2月12日召开。

马丁、艾德和乌多检查了来自布罗德研究所的数据。带有特殊标签的序列以及片段大小的分布，都与我们用自己的宜曼达仪器运行的结果一样。乌多绘制了这些下机序列的图谱，结果与我们在莱比锡产生的数据一致。我们很欣慰。美国科学促进会希望我在芝加哥演讲时顺带召开新闻发布会。之前我一直害怕无话可说，现在终于可以宣布，我们已经产生了达到1倍覆盖的基因组序列。但是，正如我之前让该项目在莱比锡发布，我现在觉得，美国科学促进会的新闻发布会也应该在莱比锡举行，并且为了感谢454生命科学公司对我们项目的早期支持，我想与他们一起组织记者招待会。美国科学促进会同意了。2月12日，我们同454生命科学公司一起在莱比锡组织新闻发布会，并且通过视频连接芝加哥，与会者和芝加哥记者可以提问。然后我飞往芝加哥，演讲定于2月15日。

我们只剩下6天时间准备。我将在新闻稿和芝加哥的演讲稿里集中强调以下方面：为了首次获得已经灭绝的人类基因组，我们克服了种种技术障碍。我描述了托米·马里契奇如何使用微量的放射性标记，找出并改进造成DNA损失的步骤；我们如何在洁净室中产生的文库带上标签后，消除影响前导研究的污染问题；阿德里安·布里格斯和菲利普·约翰逊的细致研究如何发现DNA序列中的错误模式；以及乌多·斯坦泽尔和艾德·格林开发的计算机程序如何识别和标定尼安德特人DNA片段的位置，并同时避免许多陷阱。

我还想说一些关于尼安德特人的事情。我们还没来得及绘制图谱，更没有时间分析这10亿条DNA序列。幸运的是，在过去的6个月里，乌多和其他人已经绘制了我们用454生命科学公司技术测得的1亿多条DNA片段的图谱。这让我们能从中找出一些与生物相关的有趣内容。艾德曾研究两条宣称尼安德特人为现代人类基因变异贡献了基因流的证据。其中一条证据是，在许多欧洲人的17号染色体上，有一片90万个碱基的大区域反转了。详尽的冰岛家谱记录表明，这种反转和女性稍高的生育能力相关。那么这些反转是否如一些人猜测的那样，来自尼安德特人？艾德检查了我们的尼安德特人基因序列，发现这3个尼安德特人均没有携带反转序列。这一发现并未排除其他尼安德特人携带反转变异并遗传给欧洲人的可能，但可能性很小。第二条证据也类似，8号染色体上的一个基因突变会导致人类大脑量大大减少，这种突变在全世界以不同的版本存在，其中欧洲人和亚洲人常见的那个突变版本被认为来自尼安德特人。但艾德表明，我们的序列并没有携带这种变异。所以，在这些例子中，没有线索表明尼安德特人对现代欧洲人有遗传贡献。我很满意这个结论，这与我们10年前通过线粒体DNA数据得到的结论一致。但我被其他一些新近结果吓了一跳。

第十六章
有基因流动吗

从芝加哥飞回莱比锡的漫长旅途中，我冷静地评估了目前的项目状态。虽然我们现在已经产生了分析所需的所有DNA序列，但仍然还要处理许多工作。我们要做的第一件事，就是将宜曼达技术测序的所有DNA片段与黑猩猩基因组进行比对，同时还要与人类和黑猩猩的共同先祖的重建基因组进行比对，并绘制图谱。莱比锡的研究组现在努力将艾德和乌多为454生命科学公司产出数据所研发的算法，调整为适用于新的宜曼达数据的。

完成这些事情后，我们开始询问几个关于现代人类与尼安德特人关系的问题：两者的谱系是何时分开的？两者的差异有多少？两者的谱系是否混合过？是否有基因以有趣的方式在现代人类和尼安德特人的漫长间隔内发生了改变？要回答这些问题，我们需要的不仅仅是自己研究团队的努力，还需要世界各地共同努力。

早在2006年，我便认识到，我们的项目具有历史意义，不仅因为这是首次测序灭绝人类的基因组，还因为这是首次由一个小型研究团队承担哺乳动物的整个基因组测序。在此之前，只有大型测序中心才能开展这样的项目。但即便是那些大型的测序中心，也需要与其他机构合作，才能分析基因组的各个不同方面。我们显然需要与一些团队合作。因而在2006年，我开始考虑我们需要什么样的专业知识，以及我想与什么样的人一起工作。

首先，也是最重要的，我们需要群体遗传学家。他们通过研究物种或种群中DNA序列的变异，推断这些物种或种群过去经历了什么。他们可以告诉我们：种群何时分开，它们之间是否有过基因交换，以及自然选择是否从中起了作用。我们研究团队的群体遗传学家迈克尔·拉赫曼（Michael Lachmann）和苏珊·普塔克，可以帮我们做一些这方面的研究，但我们需要更多人的参与，而且我们想和最优秀的人一起工作。

项目开始之初，我便尝试接触这方面的人才，他们大多在美国。几乎每个人都对我说想参与这个项目，因为这显然是一个绝无仅有的研究基因组的机会，毕竟大多数研究者都认为不可能得到这些基因组序列。但我们需要的人必须愿意全职工作，或至少有几个月的时间全职专注在这个项目上，这样我们才能尽快完成分析。我见过太多拖延几个月或几年的基因组项目，就是因为他们的攻坚团队同时有多个相互冲突的任务。值得称赞的是，当我明确提出这一要求时，有几个人意识到他们有太多其他事情要做而直接知趣地退出了。

我的研究团队特别想招募哈佛医学院的一名年轻教授，戴维·赖克（David Reich），他是一位非正统的群体遗传学家。

他原先在哈佛大学学习物理，接着在牛津大学攻读遗传学博士学位。2006年9月，我邀请他访问莱比锡。他做了一个报告，讲述了他那篇颇有争议的论文——他刚在那个夏天和同事把论文投给《自然》。[1]那篇文章认为，人类和黑猩猩种群初步分离100多万年后，又混合在了一起，并且在永久分离之前交换了基因。我发现与戴维谈话让我很受启发。事实上，我发现他聪明透顶。他总是能迸发出许多罕见而又富有挑战的想法，让人望尘莫及。但他又非常温和，很有绅士风度，弥补了给我们带来的智力冲击。他也不在乎学术名望。我想，他和我一样相信：如果一个人扎实地推进了有趣问题的研究，那么学术职位和资助会随之而来。在他访问莱比锡期间，我跟他说了尼安德特人项目，并在他飞回波士顿前将我们初步的研究底稿给了他，让他在飞机上看。几天后，我收到了6页关于我们论文的详细意见。很明显，他是尼安德特人基因组的理想合作人选。

事实上，与戴维合作意味着，不仅他那颗强大的大脑将参与我们项目，同时我们也能接触到他能力非凡的亲密伙伴尼克·帕特森（Nick Patterson）。相较戴维而言，尼克有着更不寻常的经历。他曾在英国剑桥大学研究数学，然后以密码破译专家的身份在英国情报局工作了20多年。有人曾告诉我，在当时的英国和美国情报圈，他是声誉最好的密码破译人之一。离开秘密情报的世界之后，他把注意力转向了预测金融市场。到了2000年，他已经在华尔街赚了足够多的钱，可以舒适地度过余生。为了满足自己的求知欲，他接着加入了波士顿布罗德研究所的前身，利用他的代码破解能力，处理那里的大量基因组序列。最后，他在波士顿与戴维联手。尼克的样子是小孩想象中的典型的杰出科学家。由于先天性骨骼疾病，他的头大到几乎不成比例，眼睛也朝着不同的方向，这使他看起来总是在思考高深的数学问题。我还了解到他是一名佛教徒。我对禅宗也一直有兴趣，只是不够虔诚。尼克有一种不可思议的能力，他能够从大量数据中识别出特定的模式。我很兴奋，尼克和戴维有可能参与我们的项目。我提出在项目期间雇用他俩，只要他们能把不少于75%的时间放在莱比锡。虽然他们没有接受这个提议，但承诺把尽可能多的时间放在尼安德特人基因组上。这已经大大超过我的预期。

另一个我想合作的群体遗传学家是蒙哥马利·斯拉特金（Montgomery Slatkin），又称蒙蒂。他在美国加州大学伯克利分校，我第一次见到他也是在那里，不过还得回溯到20世纪80年代，那时我还只是艾伦·威尔逊的博士后。在蒙蒂的职业生涯中，他一直都是一位优秀的数学生物学家，冷静而老练，充满智慧和经验。他培养了许多可以独当一面的聪明学生，与他一起工作过的年轻人全都颇有前途。其中最厉害的当属菲利普·约翰逊，他和阿德里安·布里格斯一起解决了尼安德特人序列错误模式的问题（详见第十四章）。我很高兴他能加入我们的研究联盟，尤其是他的科研风格可以与戴维和尼克的达成平衡。戴维和尼克喜欢想出巧妙的算法来推断过去发生在群体身上的事件，蒙蒂则喜欢建立明确的群体模型，并测试它们是否与在DNA序列中观察到的变化相符。

我们的联盟想解决的第一个问题，也是许多人竞相争答的那个问题：尼安德特人是否对当今欧洲人的DNA有贡献？毕竟，他们曾经生活在欧洲，直到大约4万年前现代人类出现时才消失。一些古生物学家声称，他们在早期欧洲现代人的骨骼上看到了尼安德特人的特征。不过大多数古生物学家并不认同这一观点，而且我们在1997年那篇分析尼安德特人线粒体DNA的文章中也并未表明尼安德特人对现代欧洲人的DNA有贡献。只有分析核基因组才能确切地回答这个问题。

要了解核基因组分析为何会比线粒体DNA分析更有用，首先要了解，线粒体DNA基因组由16 500个核苷酸组成，而核基因组由30亿个核苷酸组成。此外，成对的染色体之间会相互交换片段，而且每个染色体独自传递到后代，也就是说核基因组会在每一代重组。由于核基因组的庞大规模以及代际间发生的改变，所以即便两个群体之间很少杂交，我们还是有许多机会看到杂交片段。如果尼安德特人和现代人类生下一个孩子，那么这个孩子携带的DNA各有50%来自这两个群体。如果这个孩子与现代人类一起成长并产下孩子，他们的孩子平均会携带25%的尼安德特人DNA，其孙子会携带12.5%，其曾孙将携带约6%，依次类推。虽然尼安德特人DNA的贡献度骤降，但是6%的基因组意味着1亿多个核苷酸。最后，尼安德特人的DNA将在现代人类群体中散播开去，使得每个人都含有一定比例的尼安德特人DNA。这时，一个孩子的父母双方都会携带比例大致相似的尼安德特人DNA，那么尼安德特人DNA就不会被进一步稀释，而是会在现代人类群体中保存下去。此外，如果发生了杂交，也不可能只发生一次。如果杂交的孩子在不断扩张的群体中长大——平均而言，每个人就不止一个孩子——那么尼安德特人DNA的贡献就更不会消失。我们也知道，现代人类来到欧洲之后，人口迅速膨胀，然后取代了尼安德特人。所以我确信，如果存在杂交，尼安德特人DNA的贡献也相当小。但由于现在没有迹象表明尼安德特人线粒体DNA对现代人有所贡献，因此我仍然倾向于认为没有贡献。

我对尼安德特人的贡献产生怀疑另一部分原因，是我怀疑一些生物因素可能干扰交配的成功概率。虽然尼安德特人与现代人类之间肯定发生过性关系，毕竟，又有哪两个人类群体之间没发生过呢？但是我有时在想，也许某些因素使他们后代的繁殖能力变弱了。例如，人类有23对染色体，而黑猩猩和大猩猩有24对，这是因为我们最大的染色体之一——2号染色体由两个较小的染色体融合而成，而这两个小染色体仍独立存在于猿类中。这样的染色体重排偶尔发生在演化过程中，一般对基因组的功能没什么影响。但染色体数目不同的种群，其杂交后代想要孕育后代往往很困难。如果形成2号染色体的融合事件发生在现代人类与尼安德特人分离之后，那么即便现代人类与尼安德特人杂交，后代也不会传递任何尼安德特人的DNA，因为他们无法生育。但这些在之前都只是闲来无事的遐想，我们现在希望真正探究清楚。最好的办法是比较尼安德特人与现代人类的基因组，看尼安德特人更接近于欧洲人还是非洲人。尼安德特人曾经在欧洲居住过，但没有在非洲居住过。

到了2006年10月，戴维和尼克已经深深地沉浸在这个项目之中。他们与我们联盟的另一成员吉姆·马利金（Jim Mullikin）一起工作。吉姆是贝塞斯达美国国家人类基因组研究所（NHGRI）的DNA测序负责人。他个性温和，对我们帮助很大。事实上，他总让我想起友好的小熊维尼，只不过是能力超群的加强版。吉姆已经测序了几个现代欧洲人和非洲人的基因组。他将它们与尼安德特人的基因组做比较，发现在一个个体中，一些位点的核苷酸与另一个体中的不同。这些位点就是SNP，是所有遗传分析的基础。我仍记得在1999年，当亚历克斯·格林伍德发现第一个冰河时期的SNP时，我是多么兴奋（详见第九章）。他从一头猛犸象的提取物中得到核DNA序列，并发现了一个位点。在这个位点上，两个染色体有所不同。现在我们要分析在现今人类中发现的数十万个SNP，看看尼安德特人携带了哪些SNP。尼安德特人生活在4万年前，远早于猛犸象曾经生活过的冰河时期。虽然我们朝着这个目标努力了很多年，但是前景仍像科幻小说。

为了利用SNP寻找尼安德特人与现代人类之间的杂交痕迹，我们采用了1996年分析第一个尼安德特人线粒体DNA时的基础逻辑。我们当时认为，由于已知尼安德特人只在欧洲和亚洲西部生活过，所以他们的线粒体DNA对现代人类的贡献也只发生在那里。因此，如果尼安德特人与现代人类有杂交，那么我们周遭的一些欧洲人会携带3万年前尼安德特人身上的线粒体DNA。所以，平均而言，我们认为与在非洲人身上发现的线粒体DNA相比，尼安德特人的线粒体DNA应该更类似于欧洲人的。但是没有发现符合这种推论的迹象。因此我们认为，尼安德特人没有把线粒体DNA传给现今人类。就核基因组而言，这种推论同样适用。如果纵观世界任何地方，尼安德特人均未传递DNA给现代人类，那么平均而言，与许多个体基因组的SNP进行比较时，尼安德特人与所有人群的核苷酸差异是一样的。从另一方面而言，如果尼安德特人对一些群体有贡献，那么这些群体的基因组基本会比其他群体更接近尼安德特人的基因组。根据吉姆之前测序的一些非洲人基因组序列，戴维、尼克和吉姆要找到一些在非洲人和欧洲人中不一样的

SNP，然后分别计算尼安德特人基因组与非洲人和欧洲人的匹配程度。如果尼安德特人的基因组与欧洲人的更接近，那就表明有基因流从尼安德特人传递给了欧洲人的祖先。

2007年4月，在我准备冷泉港基因组会议时，吉姆和戴维把他们对454生命科学公司产生的尼安德特人序列的首个分析结果发给了我。为了测试方法，他们首先分析了一个现代欧洲人个体的SNP，且已知这些SNP在另一个欧洲人和非洲人中存在不同。他们发现，这个欧洲人与另一个欧洲人的SNP匹配度为62%，而和非洲人的SNP匹配度是38%。因此，正如我们所预料的那样，一般说来，与不同地方的人相比，同一地方的人共有的SNP变异更多。然后，吉姆和戴维将尼安德特人序列与这个欧洲人和非洲人存在差异的269个位点进行比对。他们发现，尼安德特人与欧洲人有134个位点匹配，而和非洲人有135个位点匹配。这个比例接近1∶1，正好完美地证明了我之前的猜想：尼安德特人和现代人类之间没有杂交。我喜欢这个结果还有另一个原因：这意味着，我们拥有的尼安德特人DNA，与欧洲人和非洲人亲缘远近程度一样。总之，尼安德特人的序列中不可能有太多现今人类的DNA污染，因为任何来自欧洲人的污染，都会使尼安德特人与欧洲人更接近，而与非洲人更疏远。

2007年5月8日，就在会议开始的前一天，正式命名为尼安德特人基因组分析联盟的所有成员第一次汇聚在冷泉港开会。会议一开始，我介绍了我们引入的标签，以及它可排除任何文库离开洁净室后所遭受的污染。我也谈到了那3个考古遗址（详见第十二章），以及我们现在用来产生数据的骨头。利用新的标记文库的方法，我们从凡迪亚的骨头中获得了120

万个尼安德特人DNA的核苷酸。我们也从德国尼安德谷的模式标本中获得了约40万个核苷酸，而这块骨头也正是我们于1997年发现线粒体DNA片段时所用的那块。最后，我们从埃尔锡德洞穴的骨头中获得30万个核苷酸——这个洞穴在西班牙，哈维尔·福特亚（Javier Fortea）及其团队在无菌条件下为我们收集了骨头。

如何从骨头中提取和测序DNA，以及如何分析这些序列，关于这些技术的讨论相当晦涩难懂，而关于尼安德特人遗址的描述则令大家放松，所以大受欢迎。让每个人印象深刻的是，尼安德特人似乎与非洲人和欧洲人的亲缘关系一样。但戴维·赖克明确指出，我们只比较了269个SNP，所以只能排除尼安德特人将大量遗传信息传递到欧洲人身上的可能。事实上，在尼安德特人与欧洲人匹配的约49.8%的SNP中，90%的置信区间为45%～55%。这意味着，如果正确的信心值为90%，我们只能说，尼安德特人对欧洲人基因组的贡献不会超过5%。或者可以这么说，尼安德特人的贡献度超过5%的可能性为10%。这种不确定性让我确信，分子遗传分析具备古生物形态学分析所没有的强大优势。如果我们一直讨论尼安德特人骨头的形式、形状、孔以及脊状突起，我们不可能实际地评估自己对所发现结果的确定程度。我们也没有信心收集更多的数据来解决问题。而有了DNA，我们可以做到。

戴维也在其他分析中应用了吉姆在现今人类中检测到的SNP。他把每个SNP中的每个DNA序列与黑猩猩的进行对比，以确定其中两个变异或等位基因中，哪个是祖先型、哪个是衍生型。尼安德特人群与现代人群分开得越早，尼安德特人携带的与当今人类相同的新衍生SNP等位基因就越少。分析了在非洲人中发现的951个SNP后，戴维发现，现代欧洲人携带的SNP中有31.9%是衍生型等位基因。而分析了尼安德特人序列后，他发现尼安德特人携带的SNP中有17.1%是衍生型等位基因，约为现今欧洲人的一半。假设随着时间的推移，人口规模恒定，这就表明尼安德特人在大约30万年前就已经与非洲人分离。我为这些结果感到高兴。因为我们得到的序列显然来自与现今人类非常不同的生物。然而，戴维再次挫减了我的热情，他指出：我们还没有获得足够的数据。事实上，尼安德特人衍生等位基因比例的90%置信区间值为11%～26%。不过，我们显然走在了正确的道路上。

　　自从我们改成使用宜曼达测序仪、以更快的速度产生DNA序列后，我们和联盟每月两次的电话会议时间拉长了，后来改成每周开一次例会。2009年1月，随着美国科学促进会会议的临近，我恳求戴维和尼克赶快分析454生命科学公司的序列，因为它们占了所有数据的20%。虽然我仍然不认为尼安德特人与现代人类之间有任何杂交，但我仍希望戴维不通过检测便可以估计出尼安德特人对欧洲人的遗传贡献最高有多少。换句话说，我们有多大可能可以排除存在过杂交呢？我想在出席新闻发布会和美国科学促进会会议时说出这个数字。

　　2009年2月6日，我收到戴维的一封电子邮件。他说："我们现在有强有力的证据表明，与非洲人相比，尼安德特人的基因组序列与不是非洲人的人种更为密切相关。"我很吃惊，因为戴维发现我们的尼安德特人序列与欧洲人有51.3%的SNP匹配。这似乎与50%并无太大差别，但我们现在有很充足的数据，所以不确定性只有0.22%，这意味着，即使从51.3%中减去0.22%，我们仍然能得到一个不同于50%的数字。我可能得改变想法了，并承认尼安德特人和欧洲人祖先之间有遗传杂交。但我注意到另一个现象，并开始好奇分析是否出错了。当戴维比较中国人和非洲人基因组时，他发现尼安德特人与中国人有51.54%的SNP匹配，不确定性为0.28%。但是，中国从来没有出现过尼安德特人。戴维自己也被这些结果吸引，但同时深表担心。我们都同意，这或许是一项震惊世界的发现，不过也可能大错特错。经过疯狂的电子邮件交换意见后，戴维、尼克和我一致认为，在新闻发布会和美国科学促进会的会议上，我们先对这个结果秘而不宣。如果我们提到它，所有媒体都会报道。如果后来证明这个结果是由于某种错误引起的，那么到时候我们看起来就会像白痴。相反，我决定在芝加哥谈论不那么热门的内容。在美国科学促进会的会议之后，我们将前往克罗地亚召开联盟会议，有关杂交可能性的讨论将延迟到那个时候再谈。

第十七章
初 瞥

　　从芝加哥回来两天后，我又一次坐上飞机。这一次是前往萨格勒布，我要向克罗地亚科学艺术院汇报项目。第二天，我向南飞到杜布罗夫尼克（Dubrovnik）。我们的联盟以及克罗地亚的合作者会在城郊的一个海岸酒店汇合。我们不只是去那里庆祝，还要敲定分析和发布尼安德特人基因组的方案。

　　但飞往杜布罗夫尼克的航班没有按计划抵达。杜布罗夫尼克机场紧临着山和海，且由于捉摸不透的侧风而十分危险。1996年，时任美国商务部长的罗恩·布朗（Ron Brown）正是在这个机场的一次飞机事故中丧生的。美国空军调查后，将那起坠毁事故归咎于飞行员的失误以及糟糕的着陆方法。当我们抵达机场时，由于风很大，飞机晃来晃去。克罗地亚飞行员明智地决定不着陆，而是飞往离此地230千米远的城市——斯普利特。我们深夜才到那里，然后被塞进一辆拥挤的汽车，连夜赶往杜布罗夫尼克。我们的第一项议程于第二天上午9点开始，那时的我已筋疲力尽。

尽管我很累，但到达会议室看到分析联盟的25名成员悉数到场时，我还是觉得精神振奋（见图17.1）。现在要一起梳理我们得到的具有4万年历史的DNA序列信息。我第一个做报告，介绍了手头已有数据的大概情况。接着托米做了一个技术报告，汇报了文库制备情况。然后艾德介绍了估计当今人类DNA污染水平的方法，这个问题一直萦绕在2006年发表的首篇论文周围。我们通过"传统"的线粒体DNA分析得出污染率约为0.3%。会议之前，我们还设计了一种不基于线粒体DNA的分析方法。新方法要使用大量来自基因组某些区域的DNA片段，特别是来自性染色体X和Y的DNA片段。因为雌性携带两条X染色体，而雄性携带一条X染色体和一条Y染色体。如果骨头来自女性，那么应该只能找到X染色体，而找不到含

图17.1　2009年2月在克罗地亚的杜布罗夫尼克召开的联盟会议。照片来源：斯万特·帕博，马普演化人类学研究所。

有Y染色体的片段。因此，如果在女性骨头中检测到任何Y染色体片段，那就表明存在现代男性的污染。

这种分析方法是我们在莱比锡某次周五会议上提出来的。乍听起来很简单，但正如艾德做的许多事情一样，事实并非如此。这一方法的问题是，虽然X和Y染色体的形态不同，但它们的一些部分有着密切的演化关系。也由于这样的复杂关系，它们共有一些DNA。当我们绘制DNA短片段的图谱时，它们共有的DNA会混淆分析。为了避免这个问题，艾德确定了Y染色体上的111 132个核苷酸，它们与基因组中的其他核苷酸都不同，即便把它们碎成长度为30个核苷酸的片段，也找不到类似的核苷酸。当他检查尼安德特人的DNA片段时，发现只有4个片段携带这些Y染色体序列。如果我们所用的骨头都来自男性，那么预计可以找到666个。因此他推断，我们用到的3块骨头均来自女性尼安德特人，而那4个Y染色体DNA片段一定来自现今人类的DNA污染。这表明，我们有约0.6%的男性污染。这种估计方法并不完美，因为只能检测来自男性的DNA污染，但检测结果也说明污染水平较低，接近我们从线粒体DNA中得到的结果。

我们讨论了其他检测污染的方法。来自蒙蒂伯克利研究团队的菲利普·约翰逊建议了另一种检测方法。这种方法依赖对一种核苷酸位点的检测，即在如今大部分人中是衍生型等位基因，而在尼安德特人中却是祖先型等位基因（如猿类）的位点。对于那些来自相同或不同尼安德特人个体，却没有携带祖先型等位基因的不同DNA片段，菲利普建议我们利用数学方法模拟各种可能性：尼安德特人的正常变异、测序错误或者现代人的污染。后来菲利普尝试了这种方法，再次证明污染程度低于1%。我们终于有了可信的污染估计值。这也表明，我们序列的质量过硬！

马丁谈到还来不及绘制图谱的宜曼达数据。它们占了所有需要测序片段的80%以上，几乎有10亿个DNA片段。大部分讨论集中在乌多修改计算机算法时所面临的挑战，他的算法可以让德国的电脑集群快速绘制这些片段的图谱。虽然整个基因组的分析要等乌多绘制完所有片段后才进行，我们还是讨论了分析方案。第一个问题是，尼安德特人的基因组与现今人类的基因组有多么不同。由于尼安德特人序列中出现的错误，要回答这个看似简单的问题，实则很不容易，因为错误可能是由古DNA核苷酸的化学修饰造成的，也可能是由测序技术产生的。在宜曼达公司产生的数据中，每100个核苷酸就会出现1个错误。为了弥补这一点，我们对每一个古分子进行了多次测序。但我们预计，与人类参考基因组序列的"金标准"[①]相比，尼安德特人DNA序列的错误仍然增加了约5倍。因此，如果只简单地计算尼安德特人基因组和人类基因组之间有多少个不同的核苷酸，那么我们的计算结果中肯定有大部分都是尼安德特人基因组中的错误。

艾德有一个解决办法，不用计算所有仅在尼安德特人片段中看到的差异，而是要在尼安德特人序列中找出人类基因组不同于猿类基因组的核苷酸位点。要做到这一点，他只需找到人类基因组与黑猩猩和猕猴基因组的所有不同位点。然后他会检查那些位点，看看尼安德特人是否携带类似现代人类或猿类的核苷酸。如果尼安德特人携带类似现代人类的核苷酸，那么这

_____

① 借用医学词汇，临床医学界当前公认的诊断疾病的方法。

个突变的核苷酸就是古老的，并且发生在尼安德特人DNA片段和人类参考基因组分离之前。如果尼安德特人携带类似猿类的核苷酸，那么突变就是新近的，且发生在现代人类与尼安德特人分离之后。因此，根据尼安德特人序列中"类似猿类"的片段比例，我们可以推测出在人类谱系中，尼安德特人DNA序列与当今人类DNA序列是在多久之前分离的。这个比例是12.8%。

如果假设我们与黑猩猩的共同祖先生活在650万年前，那么这就意味着将DNA序列传递给当今人类和尼安德特人的那些人生活在83万年前。艾德对两个当今人类进行了同样的计算，发现其共同的DNA祖先生活在约50万年前。所以，尼安德特人与当今人类的亲缘关系，显然比两个当今人类之间的亲缘关系更遥远。换句话说，相较于我和杜布罗夫尼克房间里其他人的关系，尼安德特人与我的亲缘关系要远约65%。我忍不住偷偷看了一眼在这个敞亮房间里的朋友，并想象尼安德特人就坐在我们中间。这是我首次得到直接的遗传估计值，表明与尼安德特人相比，我与同屋的人是多么亲近。

而此刻每个人心中最大的疑问便是，尼安德特人与现代人类之间是否有杂交。这也是戴维想回答的问题。虽然他没能参加杜布罗夫尼克会议，但还是通过电话解释了自己的分析，并认为有杂交发生。我们不仅在会议中讨论了他的结果，在整个茶歇和享用东道主为我们准备的美味地中海奢华大餐期间也一直讨论。我和约翰内斯在杜布罗夫尼克郊区晨跑时甚至也在讨论这个问题，这使我们无暇欣赏杜布罗夫尼克的中世纪之美，以及它在最近的巴尔干战争期间遭受的毁坏。当然我们也没那么神经大条，依旧老实地沿着铺好的道路跑步，不然可能踩到地雷。我们的讨论总是围绕着尼安德特人和现代人之间可能发生的亲密关系。要知道，直到3万年前，尼安德特人一直居住在我们慢跑的这个地方。

有一件事让我们担心，我们所有关于混血的分析都依赖尼克计算出的尼安德特人与非洲人、欧洲人或中国人的核苷酸匹配数。一旦尼克的电脑代码出现错误，我们很容易受到影响。所以我们首先强调检查尼克的程序代码。测序现代人序列的技术中一些微妙但系统的差异，或者吉姆·马利金比对尼安德特人基因组与人类参考基因组时采用的寻找SNP的方法，都可能产生错误。即使错误本身很微小，但仍能造成极大的影响——毕竟，我们谈论的只是1%或2%的差异。

会议期间，我们为检查尼克和戴维的结果列了一个待办事项清单。吉姆将他的现代人序列与黑猩猩的基因组比较，而不与人类基因组比较。这是为了消除人类参考基因组可能产生的偏差，毕竟人类参考基因组一部分来自欧洲人，另一部分来自非洲人。但我们还是认为，必须靠自己从当今人类中产生DNA序列，这样可以确保它们都是以完全相同的方式产生和分析得到的。因此，如果过程中出现系统性问题，可以肯定所有序列中都有相同类型的错误。我们决定测序一名欧洲人以及一名巴布亚新几内亚人的基因组。这似乎是一个奇怪的选择，但这样做引发自一例有趣的观察：尼安德特人与中国人、欧洲人的混血程度相同。传统的观点是，尼安德特人从没在中国出现过，但我一直都在准备挑战古生物学的传统智慧。也许有"马可·波罗式的尼安德特人"（我喜欢这么叫）到过中国？毕竟，约翰内斯于2007年发现尼安德特人（或者至少是携带尼安德特人线粒体DNA的人类）曾居住在西伯利亚南部，这距离古生物学家曾一直认为的尼安德特人居住地还要再往东约2 000千米。也许他们中的一些人已经到达中国？然而，我们确信从来没有尼安德特人到过巴布亚新几内亚，如果我们在那里也看到了混血信号，那么在巴布亚的祖先到达巴布亚之前，尼安德特人的基因就已经流入他们体内，并且大概是在中国人和欧洲人彼此分离之前，尼安德特人的基因就已经进入他们的共同祖先。我们的测序计划中还包括一名西非人，一名南非人和一名中国人。有了这5个人的基因组，我们将再重做所有分析，看看之前的结果是否仍站得住脚。

杜布罗夫尼克会议在持续好几个小时的美味盛宴中结束。我们都沉浸在美食中，陶醉不已。在我的职业生涯中，我一直是许多合作计划的一分子，但都不及杜布罗夫尼克会议这么好。不过，我仍有一种尽快完成项目的紧迫感。吃晚饭时，我向大家强调，现在时间紧迫，一方面是因为在美国科学促进会会议上宣布之后，全世界都在等待我们的结果；另一方面是因为我们不知道已经收集到尼安德特人骨的埃迪·鲁宾在伯克利进展到什么程度。虽然我几乎从不做噩梦，但我在晚饭时的即兴演讲中提到曾做过的一个噩梦：我梦到伯克利的论文比我们早一周发表，所有见解与我们一模一样。

第二天早上，我坐飞机一路睡回德国。回到莱比锡不久我便感冒了，然后发烧，接着一呼吸就胸疼不已。后来我去医院，医生诊断为肺炎，还给我开了抗生素。但我到家后不久接到一个电话，让我立即返回医院。医院实验室发现我的身体中有些血凝块。我很快就发现自己在看CT扫描结果，上面显示血凝块堵塞了我大部分的肺。这是一次难忘的体验。如果我肺中的凝块很大，而非一些小块，我瞬间就会毙命。医生将血凝块归咎于飞行太多，以及从斯普利特到杜布罗夫尼克那晚漫长而拥挤的巴士之旅。我吃了6个月抗凝剂，并迫切寻找其他治疗方案，只有经历其中的人才能感受得到我的迫不及待。让我惊讶的是，我偶然发现了一些关于我父亲于1943年所做研究的参考文献。他阐明了肝素的化学结构。肝素是当初我进医院时医生开给我的药，它也许救了我的命。我发现它很有趣，但我也很震惊。它像一道炫丽的光照亮了我的家庭背景。我的父亲是著名的生物化学家苏内·贝里斯特伦（Sune Bergström）。1982年，他因前列腺素的发现而获得诺贝尔奖。前列腺素是我们身体里发挥许多重要功能的天然化合物。我是他的私生子，只在成年后偶尔见过他几次。事实上，他从事的肝素结构研究，只是又一件我不曾知晓的关于他的事情。我很伤感自己并不了解父亲，这也让我更强烈地意识到，我希望陪伴自己3岁的儿子一起成长。我想让他了解我，而且我也想看到尼安德特人项目的完成。对我来说，现在死就太早了。

第十八章
基因流动

2009年5月，我们开始对5个现代人的基因组进行测序。这些原始DNA没有受到像尼安德特人样品那样的细菌污染和化学损伤，所以我们从每一个样品中得到的DNA序列数量约为尼安德特人的5倍。一两年前，我们还无法想象在莱比锡测序这些基因组。不过454和宜曼达这种公司的测序技术一推向市场，我们这样的小型研究团队就能够在短短几周内完成几个人的全基因组测序任务。

艾德使用他在杜布罗夫尼克描述过的方法，估计这5个现代人的基因组与人类参考基因组在多久之前拥有共同的祖先。他发现，欧洲人、巴布亚人和中国人与人类参考基因组在50多万年前有着共同的祖先。如果加入来自南非的桑河人（San），那么谱系分开的时间就在将近70万年前。桑河人（及相关的种群）和其他非洲人、世界上其他地方的人分开的时间最久。因此，尼安德特人和现代人基因组的共同祖先约在83万年前，只比桑河人与人类参考基因组的共同祖先早了13万年。所以尼安德特人确实与我们不同，但差别不是很大。

我们必须谨慎对待这样的计算，因为它们只提供了一个共同祖先的年代值，而这个年代值似乎对整个基因组都是一样的。但是，基因组并非一个整体的遗传单位。这意味着每个个体基因组的每个部分都有自己的历史，因此每个部分和其他基因组也有不同的共同祖先。这是因为每个人都携带每条染色体的两份拷贝，其中一份拷贝会独立地传递给孩子。因此，每一条染色体都有独特的历史模式，或自身系谱。此外，在卵细胞和精子形成之时，每一对染色体都以错综复杂的分子舞蹈相互交换片段，这种方式又称为重组。因此，不仅群体中每条染色体都有自己的系谱，每条染色体的每个片段也有。因此，艾德用人类参考基因组计算出来的共同祖先的年代，无论是与尼安德特人的共同祖先在83万年前，还是与桑河人的共同祖先在70万年前，这些数字都只代表了基因组所有部分的平均值。

事实上，当我们将两个现代人的DNA区域进行相互比较时，很容易发现有些区域的共同祖先在几万年前，而有些区域的共同祖先在150万年前。当我们比较现代人基因组与尼安德特人基因组时，也会发现这种结果。如果有人能在我的一条染色体上散步，并将它与尼安德特人的染色体以及正在阅读这本生命基因之书的读者的染色体进行比较，那么染色体漫步者会发现，有时候我与尼安德特人更相似，有时候读者与尼安德特人更类似，有时读者和我更相似。艾德的平均值只意味着，在比对读者、我与尼安德特人的基因组时，读者和我之间有着更多更相似的基因组区域。

83万年只是现代人类DNA序列与尼安德特人化石所携带的DNA序列拥有共同起源的平均时间，意识到这点十分重要。

这些DNA序列最早存在于一个种群身上，后来该种群的后代成了尼安德特人及现代人类的祖先。但这并不是现代人类和尼安德特人彼此分开的那个时间点，分离肯定是后来才发生的。因为我们追溯了现今人类的DNA序列历史和尼安德特人的DNA序列历史，发现这两个世系首先会进入现代人类和尼安德特人最后的祖先群（之后分离形成的两个种群就源于此），然后再进入这个祖先群当时的变异之中。所以83万年是一个复合时间，它包括尼安德特人和现代人类成为不同种群的时间，还包括它们共同祖先群遗传变异的时间。

对我们而言，祖先的种群仍然很神秘，虽然我们认为它曾居住在非洲，后来其后代有一些离开那里，成为尼安德特人的祖先，而那些留下来的人则成了当今人类的祖先。用DNA序列来估计这两个种群的分开时间很棘手，比用DNA序列来估计它们共同祖先的时间要难得多。例如，如果尼安德特人和现代人类的祖先群间存在很多变异，若我们在祖先群中积累的DNA序列差异多于尼安德特人和现代人类分道扬镳之后的差异，那就说明这两个群体的分离时间相对新近。我们可以估计基因组不同片段的演化时间，以此推测差异性，并粗略估计出祖先种群的变异水平。为估计种群的分开时间，我们还需要知道世代时间，也就是每个个体产下后代的平均年龄。但对于这个时间，我们显然一无所知。我们竭尽所能把这些不确定性都纳入考虑，得出的结论是，这两个种群大约在44万至27万年前的某个时候就分开了。当然，我们可能还是低估了许多不确定性。不过，当今人类的祖先与尼安德特人的祖先至少在30万年前便已分道扬镳。

估算尼安德特人与现代人类的差异之后，我们要回到原来的问题：当现代人类的祖先离开非洲，并在欧洲遇到失散已久的尼安德特人"表兄弟"之后，他们之间发生了什么。为了了解那些现代人类和尼安德特人之间是否存在基因交换，艾德将那5个现代人的基因组与黑猩猩的基因组进行比对，并且戴维和尼克也重复了他们自己的分析。我相信，这次结果是可靠的，我之前暗自怀疑的尼安德特人与欧洲人、中国人之间的特别相似之处应该会消失。

7月28日，我收到了来自戴维和尼克的两封长邮件。这很好地见证了戴维对科学的热情，因为他的妻子尤金妮娅（Eugenie）刚刚于7月14日生下他们的第一个孩子，他仍马不停蹄地着手分析工作。尼克对5个现代人类基因组进行了10种可能的两两比较。在每种情况下，他均确定了两个个体之间同一染色体存在差异的SNP。他在任一对基因组之间均发现了大约20万个这样的差异。这么多SNP足够让我们准确地确定尼安德特人更接近于哪个人。

尼克发现，尼安德特人与桑河人的匹配值为49.9%，与巴布亚人样本的匹配值为50.1%。这都在预料之中，毕竟尼安德特人从未出现在非洲，因此相较于其他人，尼安德特人与非洲人的关系不会更密切。他使用桑河人与法国人的SNP时发现，尼安德特人与法国人的匹配值为52.4%。我们现在拥有大量数据，所以这些值的不确定性只有0.4%。因此很明显，与桑河人的基因组相比，法国人与尼安德特人更为相似。他采用法国人和约鲁巴人的SNP进行比较时发现，相应的匹配值为52.5%。采用中国人与桑河人及中国人和约鲁巴人的SNP时，相应的匹配值分别为52.6%和52.7%；采用巴布亚人与那两个非洲人的SNP时，匹配值分别是51.9%和52.1%。采用法国人、中国人和巴布亚人相互间的SNP进行分析时，得到的匹配值在49.8%～50.6%间变化。因此，在所有不涉及非洲人的比较中，匹配值均为50%左右。但每当把非洲人和非洲以外的人进行比较时，尼安德特人与非洲以外的人匹配的SNP，比尼安德特人与非洲人匹配的SNP多2%。所以无论他们曾住在哪里，尼安德特人对非洲以外的人，确实有小而明显的遗传贡献。

我读了一遍那两封电子邮件，然后又读了一遍。这一遍我读得很仔细，试图找出任何分析上的问题，但一无所获。我靠在办公椅上，茫然看着凌乱的书桌，上面堆满了过去几年的论文和笔记，一层摞一层。电脑屏幕上显示着戴维和尼克得到的结果，直勾勾地盯着我。这次不是由于某种技术错误，而是尼安德特人真的为现代人类贡献了DNA。这真的超级酷。这是我过去25年一直梦想得到的答案。关于人类起源的问题已经争议了几十年，我们现在有确凿的证据来回答这个问题，而且答案出人意料。并非所有现今人类的基因组信息均可追溯到非洲新近的祖先，这与严谨的"走出非洲"假说相矛盾，而我的导师艾伦·威尔逊曾是"走出非洲"的主要构建者之一。这些证据也与我自己长期以来坚信的理论背道而驰。尼安德特人没有完全灭绝，他们的DNA仍存在于今天的人类中。

我茫然地盯着桌子，意识到我们结果的出乎意料并不只是因为与"走出非洲"的假设相矛盾，还因为它也不支持"多地区起源"假说。与"多地区起源"假说的预测相反，我们不只在欧洲人中发现了尼安德特人的遗传贡献，在中国人和巴布亚新几内亚人中也看到了相应的证据。这怎么可能呢？我开始心不在焉地整理桌子。起初动作很慢，但越来越振奋。我丢掉多年积累的项目材料，桌上的几摞书之间灰尘飞扬。我需要开启新的篇章。我需要一张干净的桌子。

　　整理有时能帮助思考。清理完毕后，我在地图上画出箭头，直观地标示出现代人类走出非洲，并和尼安德特人在欧洲相遇的可能路径。我可以想象他们与尼安德特人生下小孩，接着这些孩子融入现代人类，但我想不明白尼安德特人的DNA是如何到达东亚的。这很可能是现代人类随后迁移，然后将尼安德特人的DNA带入中国。如果真是这样，那么相较于欧洲人和尼安德特人的相似程度，中国人和尼安德特人之间的相似度应该更低。但事实并非如此。然后我意识到：根据我想象的箭头，现代人类走出非洲后经过了中东！这应该是现代人类与尼安德特人相遇的首个地方。如果这些现代人类与尼安德特人杂交，然后成了今天所有非洲以外的人的祖先，那么每个非洲以外的人所携带的尼安德特人DNA量应该都相同（见图18.1）。这种情况应该有可能存在。但经验告诉我，有时我的直觉正好是错误的。幸运的是，我知道，如果我错了的话，像尼克、戴维和蒙蒂这样用数学思维验证理论的人会纠正我。

　　我们在每周五的会议上以及紧张的联盟电话会议中讨论了戴维和尼克的研究结果。现在我们中的一些人相信，尼安德特人与现代人类有杂交，但也有人仍然不愿意相信，并且他们试图去指出戴维和尼克的分析可能错在何处。我意识到，如果让联盟内的每个人相信这些结果都那么困难的话，要让全世界人都信服就更难了，尤其是许多古生物学家并未在化石记录中发现过现代人类与尼安德特人杂交的证据。这其中包括不少古生

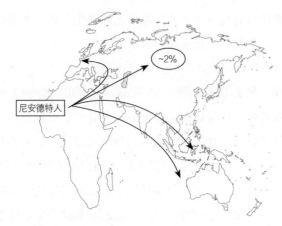

图18.1　尼安德特人的杂交设想图。如果离开非洲的早期现代人类和尼安德特人杂交后，继续在世界上非洲以外的各地繁衍，那么他们将把尼安德特人的DNA携带到尼安德特人从未居住过的区域。例如，中国人的DNA中有约2%来自尼安德特人。

物领域内很受尊敬的人，如伦敦自然历史博物馆的克里斯·斯特林格和加州斯坦福大学的理查德·克莱因（Richard Klein）。虽然我认为这些古生物学家在解释化石记录时非常谨慎，但是仍可能在研究过程中受先前遗传结果的影响。包括我们在内的许多研究团队已经表明，现今人类所有的遗传变异，均是来自非洲的新近遗传变异。我们在1997年的那篇论文中表明，尼安德特人没有给现今人类贡献任何线粒体DNA。这篇论文的影响同样深远。虽然密歇根大学的米尔福德·沃尔波夫和华盛顿大学–圣路易斯大学的埃里克·特林考斯等古生物学家在化石中发现了杂交的证据，以及一些遗传学家也曾试图指出现代人类的基因变异可能来自尼安德特人，但这些论点不足以动摇学界的普遍认识。至少他们没有给我造成强烈的冲击。以前从不需要借助尼安德特人的遗传贡献来解释当今世界人类的形态或遗传变异模式。但是现在不同以前，我们可以直接透过尼安德特人基因组来研究。我们看到了遗传贡献，虽然很少。

不过，我觉得还需要得到更多证据才能让世界信服我们的结果。科学并非只是客观、不偏不倚地寻找到科学家无法想象的、颠扑不破的真理。事实上，科学研究是一项社会工作，其中位高权重的人和具有影响力的学者所主张的教条，经常决定了科学"常识"。要打破这些常识，我们必须开展更多关于尼安德特人基因组的分析，不同于戴维和尼克计算SNP等位基因的方法。如果更多的独立证据也表明，从尼安德特人到现代人类确实存在基因流动，那么说服全世界大多数人就会变得更加容易。因此，寻找其他的可行分析成了我们每周电话会议新的恒定主题。

有点出乎意料的是，可行的建议来自我们联盟外部。在2009年5月的冷泉港会议上，戴维遇到了拉斯穆斯·尼尔森（Rasmus Nielsen）。拉斯穆斯是一名丹麦的群体遗传学家，曾于1998年与蒙蒂·斯拉特金一起完成博士论文。他现在是加州大学伯克利分校的群体遗传学教授。拉斯穆斯告诉戴维，他和他的博士后翟巍巍按区域搜寻了当今人类的基因组，发现非洲之外的变异比非洲之内的更大。虽然这很有可能，但这种模式通常是我们想象不到的，因为从较大种群中分离出来的小分支，一般只包含祖先种群中的一部分变异。如果发现了这样的区域，那么有许多种解释，但有一种可能让我们非常感兴趣。与现代人类分开之后，尼安德特人在非洲之外独立生活了数十万年，一定积累了不同于现代人类的遗传变异。如果他们随后贡献了基因组片段给非洲以外的人，那么采用拉斯穆斯的方法很可能找到这些基因组区域，因为这些区域的遗传模式，正好是非洲之外的变异比非洲之内的更多。使用手头的尼安德特人基因组，我们现在可以检查这些区域是否有一部分基因来自尼安德特人，因为在拉斯穆斯研究的区域中，非洲以外的DNA序列更接近于尼安德特人。2009年6月，我邀请拉斯穆斯和巍巍加入尼安德特人基因组分析联盟。

拉斯穆斯专注研究那些很早便与非洲人分开的不同寻常的欧洲区域。他一共发现了17个这样的区域。艾德把15个位于这些区域的尼安德特人DNA序列寄给拉斯穆斯。后者于7月回了信，结果令人吃惊。在这15个区域中，有13个区域含有存在于欧洲人，但不存在于非洲人中的尼安德特人变异。后来，拉斯穆斯进一步细化了分析结果，并主要集中在DNA序列超过10万个核苷酸的12个区域。他发现在其中的10个区域中，尼安德特人携带的突变仍能在如今的欧洲人身上找到。这确实是一个惊人的结果！除了解释为基因从尼安德特人传到非洲以外的人，我想象不出其他可能。虽然这只是科学家常挂在嘴边的定性结果，无法凭此计算出尼安德特人对欧洲人或亚洲人的DNA贡献，不过它生动地证明了遗传贡献的存在。这种方法虽然与定量分析不同，但它独立验证了戴维和尼克的方法，而且得到了同样的结论。

我们继续思考其他检测基因流的方法。戴维一如既往地想出了绝妙的点子。他的想法很简单：现今人类基因组的一些区域与尼安德特人的相似，因为突变很少，可能是由于突变率低，或由于突变会导致个体死亡。如果我的某个基因组区域也因为同样的原因而与尼安德特人相似，那么我的这个区域也可能与现今其他人类的相近，因为它很少改变。但如果我的基因组区域与尼安德特人相似是因为我的祖先从尼安德特人那里继承了该区域，那么我的这个基因组区域就没有理由和其他人的类似。事实上，由于尼安德特人的演化史不同于现代人类，我的这个区域应该与其他人的更为不同。

戴维着手把这些想法用于实际分析。他把人类参考基因组中的欧洲人部分分成片段，然后把这些片段与尼安德特人基因组和其他欧洲人基因组（即克雷格·文特尔的基因组）进行比较，找出差异数目。他发现，总的来说，如果人类参考基因组的欧洲片段与尼安德特人的越接近，那么它们与克雷格的基因组也就越接近。这表明，这些片段中积累的突变，决定了人类参考基因组的欧洲片段与尼安德特人和克雷格基因组的差异。但他发现，在与尼安德特人非常相似的欧洲人片段中，这种关系逆转了，即这些欧洲人基因片段与尼安德特人的越相近，它们与克雷格基因组的差异就越大。虽然根据其他分析，我已相信有基因流发生，但当戴维于2009年12月访问我们实验室并展示这些结果时，我才确信能够说服世人：尼安德特人的DNA片段还留存在当今人类之中。不管怎样研究这些数据，我们都得出了同样的结果。

现在我们可以把注意力转向研究现代人类与尼安德特人以何种方式、在什么时候和什么地方发生密切互动。第一个问题是，基因流的方向：是现代人类贡献DNA给尼安德特人，还是尼安德特人贡献DNA给现代人类，或两者兼而有之？虽然有人可能认为，当两个人类群体相遇时，基因在两个方向上都是平行流动的，可现实生活中很少有这样的例子，往往是一方占据着社会主导地位。其中一种常见模式：占主导地位的雄性和占非主导地位的雌性交配并产生后代，孩子仍留在母亲所在的非主导群体之中。因此，基因流会从占社会主导地位的群体流向占非主导地位的群体。明显的例子就是美国南部的白人奴隶主，以及非洲和印度的英国殖民主义者。

我们倾向于认为，现代人类比尼安德特人强大，因为尼安德特人最终消失了。但我们的数据却表明，基因流是从尼安德特人流向现代人类的。例如，戴维的最新结果表明，欧洲人与尼安德特人非常相似的DNA区域，与其他欧洲人中的那些区域非常不一样。这意味着，在进入现今欧洲人基因库之前的某个时候，这些区域和其他欧洲人的那些区域已经开始分别积累差异。现在假设这种情况同样发生在尼安德特人中。如果贡献是往另一个方向（从现代人类流向尼安德特人），那么这些区域将只是欧洲人基因组的一般区域，差异的数量也应该是其他欧洲人基因组的平均值。基于以上这些分析和其他方面的原因，我们认为所有（或几乎所有）的基因流都是从尼安德特人流入现代人类的。

这并不意味着尼安德特人和现代人类的孩子一定从未由尼安德特人养育。瑞士群体遗传学家洛朗·埃克斯科菲耶一直以来对我们研究组的数据很感兴趣。2008年，他发表了一篇关于基因流动的论文，文中发生基因流动的双方，其中一方扩张，另一方没有扩张甚至还萎缩了。在这种情况下，种群之间交换得到的基因变异更可能保存在不断扩张的种群中，而非在不断萎缩的种群中。如果基因交换发生在种群发展的"前哨"，而且这个种群正呈现扩张之势，那么交换得来的变异在种群中出现的频率可能会非常高。埃克斯科菲耶曾生动恰当地将这种现象称为"等位基因冲浪"：等位基因进入汹涌的种群扩张浪潮中，使其出现频率激增。这意味着杂交可能在两个方向上均发生过，但我们没有在尼安德特人中发现这一现象，因为现代人类和尼安德特人相遇之后，后者的人口规模已经缩减。

我们之所以无法检测到从现代人类到尼安德特人的基因流，另一个更为现实的原因：凡迪亚洞穴中的尼安德特人生活在3.8万年前，那时还没有发生杂交。也许我们永远不会知道尼安德特人与现代人类交配的细节，但这并不困扰我。对我来说，晚更新世的"谁与谁发生性关系"是次要问题。重要的是，尼安德特人真的对当今人类有基因贡献，这可是关乎当今人类遗传起源的问题。

确认了戴维和尼克的研究结果之后，我们开始探讨：非洲以外的人，其基因组有多少来自尼安德特人。这个结果无法通过SNP匹配比值直接估计，因为尼安德特人和非洲以外的人的匹配数量取决于许多其他的可变因素：其中一个是尼安德特人和现代人类的共同祖先生活在什么年代，另一个是他们发生杂交的时间，第三个则是尼安德特人曾经的群体规模。蒙蒂·斯拉特金通过模拟尼安德特人和现代人类的群体历史，估计了尼安德特人DNA在现今人类中的比例。其研究结果表明，欧洲人或亚洲人继承了约1%～4%的尼安德特人DNA。戴维和尼克做了不同的分析，他们探索的本质问题是：欧洲人和亚洲人距离百分百的尼安德特人有多远——答案是1.3%～2.7%。因此，我们的结论是：非洲以外的人的DNA，其中有不到5%来自尼安德特人。这个比例虽小，但清晰可辨。

　　这一轮工作的最后一个问题：除了遗传给欧洲人，尼安德特人又是如何把DNA遗传给了中国人和巴布亚人。据我们所知，尼安德特人从没到过中国，也一定没有去过巴布亚新几内亚，所以我们推断，尼安德特人一定是在更偏西边的某个地方与中国人和巴布亚人的祖先相遇。

　　在每周的电话会议期间，我们围坐在我莱比锡办公室的扬声电话旁。我先把中东的想法压住不表，好让联盟成员用敏锐的头脑去探索所有可能性。蒙蒂想出了一个复杂场景来解释我们看到的变异模式。首先，他认为尼安德特人的祖先原来生活在非洲的某个角落，后来离开了非洲，在大约40万至30万年前，在欧亚大陆西部演变成尼安德特人。接着，在20万年后或更晚的时候，在尼安德特人祖先在非洲起源的地方，现代人类祖先出现了。如果非洲的各种群在这段时间里依然保持分开，那么从尼安德特人的祖先离开、直到现代人类的祖先开始蔓延扩大，等位基因频率的差别就一直存在；然后，现代人类出现之后，不仅走出了非洲，还穿越了非洲，并且与古老的非洲人杂交，获得了早期人类的变异。那么，结果正如我们所看到的那样，相较于非洲人，尼安德特人与非洲以外的人更为相似。

　　虽然这种情况在理论上是可能的，但前提是，非洲的种群，数万年来保持稳定分开。正如蒙蒂自己指出的，这似乎不可能，因为人类很容易到处移动。更严峻的问题是过往的复杂程度。为了重建过去，最好考虑最简单的模式，即便其他许多更复杂的情况也有可能发生。采用偏好最简单解释的原则，即所谓的简约性（Parsimony）原则。例如，有人假设尼安德特人和现代人类的祖先起源于亚洲，然后现代人类的祖先去了非洲，没有在欧亚大陆留下后裔，随后再次扩张，并取代了尼安德特人。这个假设的确与所有的观察资料吻合，但该假设涉及许多的种群流动和种群灭绝。相对来说，尼安德特人起源于非洲的假说就简单得多。因此相较于非洲起源假说，亚洲起源场景就没那么简约，因此不是当前最好的解释。即便非洲亚结构场景为我们的数据提供了可能的解释，但它依旧不成立，因为有一个更简单、更明显的解释。事实上，这个解释太明显了，我们几个人都不约而同地想道：那就是中东场景（Eastern scenario）。

第十九章
替代人群

迄今为止，最早出现在非洲以外的现代人类残骸，发现自以色列的卡梅尔山脉。在名为斯虎耳（Skhul）和卡夫扎（Qafzeh）的两个洞穴中发现的骨头，已有超过10万年的历史。而在离这两个洞穴仅数千米的另两处遗址：塔崩洞（Tabun Cave）和基巴拉洞（Kebara Cave）中，考古学家找到了大约有4.5万年历史的尼安德特人骨头。不过这些发现并不意味着尼安德特人和现代人类在卡梅尔山一起生活过5万多年。事实上，许多古生物学家认为，当气候变暖，来自南方的现代人类曾居住于此。然后当气候变冷，现代人类迁走，来自北方的尼安德特人迁入。也有人认为，斯虎耳和卡夫扎洞穴的现代人类都死亡了，没有留下任何后代。但即便如此，他们也可能有亲戚。虽然尼安德特人和现代人类并非一直都是邻居，但这两个群体应该已有上千年的联系，并且气候变化或许改变了他们接触的区域，有时在北方，有时在南方。简而言之，这就是中东场景。

让–雅克·于布兰是一名法国科学家，于2004年加入我们研究所，担任人类演化系的主任。我跟许多古生物学家讨论过，尤其在与让–雅克·于布兰讨论后得知：对于10万至5万年前发生杂交的现代人类和尼安德特人而言，中东是一个很有吸引力的地方。原因之一是，中东是目前我们已知的世界上唯一一个尼安德特人和现代人类可能长时间接触的地方。另一个原因是，这两个群体在这一时期都未明显占据这个地方。例如，他们使用的石头工具是相同的。事实上，由于工具相同，想知道这个中东考古遗址在这一时期是属于尼安德特人还是现代人类的，唯一的方法就是察看是否仍然留存有骨头。

截至5万年前，这种接触都维持恒定，但之后一切都变了。那时，现代人类已经在非洲之外站稳脚跟，并开始迅速在整个世界旧大陆扩散，短短几千年内便到达了澳大利亚。他们也似乎改变了与尼安德特人互动的方式。欧洲对化石记录研究得很详细，结果表明，一旦现代人类出现在那个区域，尼安德特人立即或不久之后便消失了。同样的情况也发生在世界各地：只要现代人类出现，那里原本的早期人类迟早都消失了。

为了将这些雄心勃勃扩张的现代人类与10万至5万年前游荡在非洲和中东的现代人类区别开来，我喜欢称前者为替代人群（replacement crowd）。他们已经发明了一种更先进的工具文明。这个时期被考古学家称为奥瑞纳文化（Aurignacian，指法国旧石器时代前期），以不同种类的燧石工具为特征，包括各种各样的刀具。在奥里尼雅克期的遗址中，经常能发现由石头做成的矛和箭的尖端。考古学家认为，这些代表了最早的投掷武器。如果这都是真的，这些可以让人类远距离射杀动物和敌人的发明，也可以在现代人类与尼安德特人及其他早期人类相遇时充当武器，打破两个种群之前的平衡，使现代人类占据优势。奥里尼雅克期的文化也催生了首个洞穴艺术和第一批动物俑，其中包括半人半兽的神话人物。这些都表明他们已具有丰富的精神生活，想与群体中的其他人沟通。这些出现在"替代人群"中的行为，在尼安德特人以及斯虎耳和卡夫扎的早期现代人类中，只偶尔出现或根本没有出现过。

我们不知道替代人群从哪里来。事实上，他们甚至有可能是那些原来生活在中东的人类的后代，只是积累了足够"替代"其他人群的发明和倾向。但更可能的是，他们来自非洲的某个地方。无论如何，替代人群一定在中东待过一段时间。

随着替代人群进入中东，他们很可能将现代人类纳入了他们的群体。而这些现代人类可能已经与尼安德特人杂交，并由此使得尼安德特人的DNA流入替代人群，然后遗传给如今的我们。这样的模型似乎比较复杂，不够简约。更直接的模型应该是替代人群与尼安德特人发生杂交，但该模型面临的主要问题是，如果替代人群愿意与尼安德特人在中东一起养育孩子，那么后来当他们在欧洲中部和西部遇到尼安德特人并取而代之时，为什么没这么做。如果他们这样做了，欧洲人应该比亚洲人拥有更多尼安德特人DNA。因此这种间接的假想场景表明，也许替代人群从来没与尼安德特人发生杂交。相反，他们是从其他现代人类那里获得尼安德特人的遗传贡献，而在斯虎耳和卡夫扎洞穴中发现的遗骸正是这些现代人类的。这些非常早期的现代人类具有与尼安德特人非常相似的文化。他们与尼安德特人毗邻而居数万年，相对于"取而代之"，他们可能更倾向于与尼安德特人杂交。

　　这种间接的模型显然只是纯粹的推测。我们在欧洲人中没有看到更多的尼安德特人遗传贡献，可能是因为遗传贡献太少，所以我们无法检测到。也可能是替代人群在中东和尼安德特人杂交之后，人口数量大增。如果是后者的话，基于埃克斯科菲耶所描述的"冲浪"，这就意味着我们可以检测到这一事件的发生，而检测不到后续没有伴随相同程度的种群扩增事件。也可能是后来有其他现代人类从非洲迁移到欧洲，"稀释"了尼安德特人对欧洲人的遗传贡献。我希望将来可以有直接证据验证这些可能。我认为我们应该研究斯虎耳和卡夫扎洞穴遗骸的DNA，看看他们是否和尼安德特人杂交过，或许比例还挺高。然后看他们携带的尼安德特人DNA片段，是否和如今欧洲人和亚洲人身上的相同。

　　目前，最简单（最简约）的情况是，替代人群在中东的某个地方与尼安德特人相遇、杂交，并养育由此结合而生下的孩子。那些部分是现代人、部分是尼安德特人的孩子，成为替代人群的成员，携带尼安德特人的DNA，其后代也成为携带基因活化石的人。今天，这些身体内部含有尼安德特人DNA的残骸已经到达南美洲最南端的火地岛（Tierra del Fuego），以及太平洋的复活岛。尼安德特人的DNA存于当今的许多人之中。

　　分析到这里时，我开始担心研究结果的社会影响。当然，科学家需要向公众传递真相，但我觉得公布的方式应该最大限度地减少研究结果被滥用的概率。特别是在涉及人类历史和人类遗传变异时，我们需要扪心自问：我们的研究结果是否助长了社会偏见？我们的研究结果会被种族主义者歪曲并为他们服务吗？我们的研究结果是否会被故意或无意地以其他方式滥用？

　　我可以想象一些反应。通常，"尼安德特人"并不是一种尊称，我想知道是否有人会将尼安德特人DNA与侵略行为或者欧洲之外的其他殖民扩张行为相关联。不过，我并不认为这是多大的威胁，这种针对欧洲人的"反向种族歧视"不会很激烈。比较严重的问题是，这意味着非洲人缺少尼安德特人DNA。他们不是"替代人群"的一部分吗？他们的历史在某种程度上是否不同于非洲以外其他人的历史？

　　仔细反思这些问题之后，我意识到事情的真相并非如此。最合理的情况是，所有现代人类，不管是否生活在非洲，都是替代人群的一部分。虽然许多古生物学家和遗传学家，包括我自己，都认为替代人群在向全世界散布的过程中，并未与其遇到的其他人群进行杂交。然而现在我们已经确定发生过一次杂交，因此有理由猜想还发生过多次杂交。由于我们没有世界其他地区的古老基因组，所以对于来自其他古代人类的贡献毫不知情。非洲的情况更是如此，非洲人的遗传变异远大于其他地方人类的变异，所以从他们的群体中找出其他古代人类的遗传贡献更是不易。然而，当替代人群在非洲扩散后，他们很可能与那里的古代人类杂交，并将对方的DNA纳入自己的基因库。我决定向记者指出这一点，并在发布会中明确表示，我们没有理由相信非洲人的基因组中不含古DNA，可能所有人类都有。而事实上，一些关于非洲现今人类基因组的新近分析也提供了相关证据。

　　一天晚上，劳累一整天后，再加上5岁的儿子特别闹腾，我感到特别疲倦。孩子睡着后，一个疯狂的问题困住了我：如果今天的所有人都携带1%～4%尼安德特人的基因组，那么可以想象，在精子和卵子产生和结合的过程中，DNA片段随机搭配，是否可能产生一个奇怪的结果：一个孩子出生时就完全或几乎完全是尼安德特人？如今存于人类中的许多尼安德特人DNA片段是否有可能正好都聚集在我的精细胞和琳达的卵细胞中，并最终造就了我们桀骜不驯的儿子？他或我在多大程度上与尼安德特人相像呢？

　　我决定简单地计算一下。拉斯穆斯确定的那些尼安德特人DNA片段长约10万个核苷酸，而且平均大约有5%的非洲以外的人携带了其中一条尼安德特人DNA。如果所有的尼安德特人片段都是这个长度，并且如果完整的尼安德特人基因组由这样的片段构成，那么需要约3万条这样的片段。事实上，许多尼安德特人的DNA片段都比这个长度短，出现频率也低于5%，即便把它们全都加起来也无法组成完整的基因组。但我想故意有所偏差地计算，看看我儿子是否有可能是纯种的尼安德特人。在这样的假设下，他含有一条特别的尼安德特人DNA片段的概率，就像彩票的中奖率一样为5%。他的一对染色体均携带尼安德特人片段的概率就像连中两次彩票，也就是5%乘以5%，即0.25%。如果要把他从琳达那里得到的基因组和从我这里得到的基因组拼成完整的尼安德特人基因组，他必须连续抽中3万条片段，每个片段各抽中两次，即连中6万次！这个概率当然无穷小。事实上，这个数字是一个零和小数点后面76 000个零，再加上一些数字。所以不仅我儿子是纯种尼安德特人的可能性很小，在地球约80亿人口中，也不可能诞生一个纯种的尼安德特人孩子。所以我只好打消我儿子在某种程度上是尼安德特人的念头。值得庆幸的是，我也排除了未来有一个尼安德特人走进我们实验室并为我提供血液样本的可能，因为如果真的有这种可能，那么我们从古老骨头中测序尼安德特人基因组的所有努力都变得毫无必要。

然而，明确我们基因组DNA片段中哪些是来自尼安德特人的，并找出尼安德特人基因组的所有部分是否散布于今天的人类之中，都是我们重要的研究目标。这些片段的大小和数目将告诉我们：在尼安德特人DNA对替代人群有所遗传贡献的背后，有多少例真正直接杂交生产的孩子，以及遗传贡献发生在什么时候。当然，许多遗漏的部分可能也非常有趣，因为它们或许包含了现代人类替代人群和尼安德特人之间关键差异的遗传本质。

我就这一想法进行深思。在计算了我儿子的基因组后，我意识到别人也会感兴趣自己基因组的哪部分来源于尼安德特人。每年都有人写信给我，说他们（或他们的亲人）的一部分是尼安德特人。他们还经常附上照片，照片上的人往往都略显矮胖，而且愿意为我们的研究提供血液样本。现在，我们已经有一个尼安德特人基因组，所以可以将我们的尼安德特人DNA序列与当今任何一个人的DNA序列进行比较，并在这个人的基因组中找到与尼安德特人足够接近的片段，并确认这些片段遗传自尼安德特人。毕竟，已经有许多公司提供这种服务，帮人们分析其祖先来自何处。例如，美国人通常想知道他们的祖先有多少基因来自非洲人、欧洲人、亚洲人或美国原住民。未来这种分析还可以涉及尼安德特人。我很好奇，但同时也很担心。与"尼安德特人"有所关联可能会被视为耻辱。如果他们知道，自己基因组中与脑细胞运作有关的基因来自尼安德特人，他们是否会很不爽？将来夫妻间的争吵是否会带出"你从不把垃圾带出去，因为调控你大脑的基因来自尼安德特人"？如果一群人碰巧带有较高的尼安德特人基因变异频率，那么这群人是否都将遭受这种歧视？

我觉得我们应该控制研究结果的这类应用。为此，我能想到的唯一办法，就是为尼安德特人血统检测的使用申请专利。这样做的话，任何想通过测试来赚钱的人，都需要从我们这里获得许可，如此一来便可以对向客户提供信息的方式设立门槛。我们也可以收取许可费用，实验室和马普学会能为尼安德特人的项目投资赚回一些钱。我与以前的研究生克里斯蒂安·基尔格（Christian Kilger）谈了这一想法。他现在在柏林，是专门代理生物技术专利的律师。我们一起讨论了联盟的研究团队如何分配可能得到的专利收入。

考虑到可能产生某些争议，我在星期五的周会上向研究团队提出了这个计划。不过很快我就发现自己完全误判了形势。有些人强烈反对专利的想法，特别是马丁·基歇尔和乌多·斯滕泽尔。我非常尊重他们的专业能力，但是他们反对为尼安德特人基因组这样的天然存在之物的使用申请专利。总之，虽然这是研究团队内少数人的看法，但他们的反对意见像宗教热情那样执着。另一些人则持截然相反的观点。例如艾德·格林。他曾参观过最大的商业系谱公司——位于加利福尼亚的23andMe。他持开放态度，认为未来应该要与这些公司合作。激烈的辩论从会议室蔓延到食堂、实验室和桌旁。我邀请克里斯蒂安·基尔格和马普学会的专利律师来解释什么是专利，以及它们的具体运作。他们竭尽全力地解释，专利仅限制尼安德特人基因组的商业使用，甚至只限制以系谱检测为特定目的的使用，而不会以任何方式限制尼安德特人基因组的科学应用。但这并没有改变任何反对看法，也未终结激烈的争辩。

　　我不想团队为了这个问题而长期分裂。我也不想不顾少数派的意见而仓促决定。我们还没有提交论文，我们小组必须同心协力。因此，提出这个问题两个星期后，我在星期五的周会上宣布，我决定放弃专利。我收到一封来自克里斯蒂安的电子邮件，他以"错失良机"结尾，我深有同感。这是一次绝佳的机会，不仅可以资助未来的研究，还可以对商业公司如何使用我们的研究结果发挥积极影响。事实上，在我写这本书时，23andMe已经开始提供尼安德特人系谱检测服务，其他公司肯定也会跟进。但团队凝聚力推动我们项目前进。这种力量太过宝贵，实在不值得冒险破坏。

第二十章
人类的本质

　　我们的莱比锡研究所是一个迷人的地方。每个研究者都以某种方式研究作为人类的意义，但都以事实为导向，从实验的角度出发来接近这个非常模糊的问题。其中一条特别有趣的研究主线由迈克·托马塞洛主导。他是比较和发展心理学系的主任，其研究团队的主要研究兴趣是人类和猿类认知发展的差异。

　　为测量这些差异，迈克的研究团队对这两个群体进行了相同的"智力"测试。他们对于猿类和人类的孩子如何与同伴协作特别感兴趣，例如孩子们如何搞明白复杂的装置，并从中得到玩具或糖果。迈克发现，10个月大时，人类幼儿和幼猿之间几乎检测不到任何认知差异。然而，在大约一岁的时候，人类幼儿开始出现一些幼猿做不到的聪明举动：他们通过指向自己感兴趣的物体吸引他人的注意。更神奇的是，随着年龄的增长，大多数人类孩子发现指向东西很有趣，他们会指向灯、花或是猫，不是因为他们想要灯、花或猫，而仅仅是为了引起妈妈、爸爸或其他人的注意。这种让他人注意到自己的行为对他们有极大的吸引力。在大约一岁的时候，他们已经发现其他人与自己的世界观和兴趣并没有那么不同，并开始采取行动吸引他人的注意。

迈克认为，这种强制吸引他人注意力的行为，是儿童发展过程中表现出来的首个认知特点之一，为人类所特有。[1]这当然是孩子开始发展的最早迹象之一，也是心理学家所说的"心理理论"（Theory of Mind），该理论认识到人能够知道别人与自己有不同的看法。不难想象，人类具有巨大的社会活动能力，可以操纵别人，从事政治活动和开展其他各种各样的协作，从而促生大而复杂的社群，并换位思考和操纵他人的注意力和兴趣。我相信，迈克和他的团队已经指出了一些本质问题，是这种认知能力使得人类的历史轨迹完全有别于猿类以及其他许多如尼安德特人这样已经灭绝的人类。

迈克还指出另一个区分人类孩子与幼猿的非常重要的潜在习性：与猿类的孩子相比，人类的孩子更会模仿他们的父母以及其他人的行为。换句话说，人类的孩子会耍"猴戏"，而幼猿却不会。而且人类的父母和其他成年人会反复纠正和改变孩子的行为，而猿类的父母则不会。在许多社会中，人类甚至将这种行为变成一种组织化的活动，即教学。事实上，在人类与他们的孩子一起参与的活动中，教学活动占了很大比重，不管是以含蓄还是以明确的方式。人类通常还通过学校使教学制度化。相比之下，我们没有在猿类中观察到教学行为。我觉得这点很有吸引力，人随时向别人学习的习性，可能源自分享自己所关注事物的行为。这种行为首先表现为，当他/她还是个蹒跚学步的孩子时，他/她就指着灯，因为想让爸爸注意到灯。

这种专注教和学的行为可能对人类社会产生了根本影响。幼猿必须通过反复试验才能学会每一个技能，因为没有父母或其他成员主动教它们，而人类的行为是建立在上一代积累的知识基础上，所以更为有效。正如一个工程师若要改进一辆汽车，他不需要从头开始发明，只需依靠前人的发明，包括20世纪的内燃机以及古代的车轮。有了祖先积累的智慧，他只需增加一些设计修改，而后续几代工程师将理所当然地沿用这些改良，并在此基础上继续改造车子。迈克称这为"棘轮效应（ratchet effect）"①。这显然是人类许多文化和技术成功的关键。

我之所以如此着迷于迈克的工作，是因为我相信人类分享自己所关注事物的习性，以及向别人学习复杂事物的能力都有遗传基础。事实上，有充分的证据表明，遗传特性是这些人类行为的必备基础。过去曾有人做过一些我们现在认为不合乎伦理的实验：他们将新出生的猿和自己的孩子一起放在家里养育。虽然猿学会了许多人类才会做的事，例如用两个简单的词构建句子、使用家用电器、骑自行车和抽烟等，但是它们没有习得真正复杂的技能，也没有像人类一样参与一定规模的交流活动。就本质而言，它们没有成为有认知能力的人类。因此很明显，要完全掌握人类文化，必须有一定的生物基础。

这并不是说只要有相应的基因便可掌握人类文化，而是说基因是必要的基础。我们可以想象一个实验，如果人类孩子在没有与其他人接触的情况下长大，这个孩子很可能永远不会形成与人类相关的大部分认知特征，包括对他人兴趣的认知。这

①　借用经济学词汇，原意指人的消费习惯形成后具有不可逆性。结合上文，这里引申为对社会进步逻辑的一种概括。

个不幸的孩子可能也不会发展出人类最精细复杂的文化特征：语言。而该特征正来源于我们想要与他人分享关注的倾向。因此我相信，社会输入对于人类认知的发展形成也是必需的。然而，无论猿在多小的时候进入人类社会，也不论与人类结合得多么紧密，无论接受多少教育，它们还是只能学会初步的文化技能。所以单单进行社会训练是不够的，遗传上的准备也是掌握人类文化必不可少的条件之一。同样地，我相信，一个被黑猩猩养大的人类新生儿不会成为有认知力的黑猩猩。成为真正的黑猩猩当然也得有必要的遗传基础，而人类并不具备。但由于我们是人类，我们更感兴趣于人类何以成为人，而不是黑猩猩何以成为黑猩猩。我们不应该为"以人类为中心"的兴趣而羞愧。事实上，我们的"狭隘"也由客观因素造成。因为是人类，而非黑猩猩，主宰了地球和生物圈的大部分地方。人类的成功仰赖于文化和科技的力量：我们的人口因此大量增加，向地球上未有人涉足的地方开疆拓土，影响甚至威胁生物圈的各个方面。是什么造就了这种独特的发展？这是一个令人着迷的问题，甚至是科学家如今面临的最为紧迫的问题之一。比较现代人类与尼安德特人的基因组让我们能够发现这个发展过程中的关键遗传基础。事实上，正是受这种好奇驱动，我多年来仍沉浸在得到尼安德特人基因组的技术细节之中。

根据化石记录，尼安德特人出现在40万至30万年前，一直存活到大约3万年前。在此期间，他们没怎么改进过技术。在不短的尼安德特人史中，他们一直在产出同样的技术，尽管他们的历史比现代人类长3～4倍。只有在后期接触到现代人类之后，某些地区的尼安德特人才改进了技术。几千年来，欧洲和亚洲西部地区气候变化，尼安德特人生活的区域或扩大或缩小，但他们的扩张从没有跳离开放水域，从未延伸到世界上其他不适合居住的区域。他们的扩张方式和之前的其他大型哺乳动物类似。事实上，他们与600万年前生活在欧洲，以及200万年前生活在亚洲和非洲的其他已灭绝的人类相似。

当现代人类在非洲出现，并以替代人群的形式散播到世界各地时，这一切突然都变了。在接下去的5万年间（正好是尼安德特人存在时间的1/4～1/8），替代人群不仅定居在地球上每一寸适合居住的土地上，他们还开发出新技术，甚至去了月球乃至更远的地方。如果这种文化和技术爆炸有遗传基础（我当然相信有），那么通过比较尼安德特人的基因组和当今人类的基因组，科学家最终应该能够找到对应之处。

受此梦想鼓舞，2009年夏天，乌多绘制出所有的尼安德特人片段图谱之后，我便迫不及待地开始寻找尼安德特人与现代人类的关键差异。但我也意识到，必须直面这些差异的客观呈现。基因组学的隐晦小秘密是，我们不知道如何将一个基因组转化成一个活生生的个体。如果我测序自己的基因组，并把它交给遗传学家，他可以通过选取我基因组中的变异比对世界各地的人类基因的地理变异模式，说出我或我的祖先大约来自哪里。然而，他却无法说出我是聪明还是愚蠢，或高或矮，或其他我之为人所具备的功能。事实上，尽管大多数的基因组研究主要是为了对抗疾病，但是对于绝大多数疾病，如阿尔茨海默氏症、癌症、糖尿病或心脏病等，根据目前的了解程度，我们只能给出某人患病的模糊概率而已。所以我意识到，在现实条件下，我们无法直接识别出尼安德特人与现代人类之间遗传基础的差异，我们无法找到确切的证据。

不过，尼安德特人基因组是一个工具，可以让我们开始研究尼安德特人和现代人类分离的原因。不仅是我们能使用该工具，未来的所有生物学家和人类学家也能使用。第一步显然是编写现代人类祖先的所有遗传变化目录，而这种遗传变化发生在现代人类与尼安德特人祖先分开之后，数量会很多。虽然大多数变化没有造成大影响，但我们感兴趣的关键遗传事件就隐藏其中。

制作首版现代人类独特的遗传变化目录是一项关键任务，由马丁·基歇尔和他的导师珍妮特·凯尔索承担。理想情况下，这样的目录应该包括所有或近乎所有现代人类与尼安德特人祖先分开之后发生的遗传变化。这份目录还应列出尼安德特人与黑猩猩及其他猿类基因组相似的位置，而在这些位置上，所有人类的基因组（无论他们居住在何处）与尼安德特人和猿类都不同。然而，2009年，完成和修正这个目录仍受到了许多局限。首先，我们只测序了60%的尼安德特人基因组，因此目录的完整性只有60%。其次，即使我们在人类参考基因组中发现了一个差异，而在这个位置上，尼安德特人基因组与黑猩猩基因组相似，但这并不意味着当今所有人类的基因组都与人类参考基因组相似。事实上，在大多数这样的位置上，不同的人会有所不同，但对于人类间的遗传变异，我们的知识还不完整，所以无法区分真正的变异和假的变异。幸运的是，有几个同期进行的大项目，其目的是描绘人类之间的遗传变异程度，其中包括千人基因组计划：该项目的目标是，检测存在于1%或更多人类个体基因组的所有变异。但这个项目刚刚启动。第三个明显的局限是，我们的基因组是3个尼安德特人的序列组合，其中大部分位置都是同一个尼安德特人的序列。然而，我不认为这是一个多大的问题。只要有一个尼安德特人基因组某个位置上的变异是与猿类相似的祖先型版本，那么，那些未经测序的尼安德特人如果携带存在于现今人类的新衍生型变异，就无大碍。至少有一个尼安德特人携带了祖先型变异。这就告诉我们，大约在40万年前，当尼安德特人与现代人类分道扬镳之后，这个变异一直存在。这使得它能成为一个潜在的候选，可以定义哪些变异最普遍地出现在现代人类中。

珍妮特和马丁把人类参考基因组与黑猩猩、红毛猩猩以及猕猴的基因组进行比较，找出它们所有的差异位置。接着，他们将这4个基因组与我们的尼安德特人DNA序列进行比较，仔细比较那些已经完全确定是来自尼安德特人的DNA序列。他们发现，尼安德特人序列包含了3 202 190个在人类谱系中发生核苷酸变化的位置。其中，在绝大多数位置上，尼安德特人的核苷酸与我们的很像。这并不奇怪，毕竟相较于猿类，我们与尼安德特人更为密切相关。但在其中12.1%的位置上，尼安德特人的核苷酸看起来更像大猩猩。然后他们检查了猿和尼安德特人中的祖先型基因变异，看看是否仍存在于现今人类中。在大多数情况下，他们在现今人类中同时发现了祖先型变异及新的变异。这并不奇怪，因为这些新的突变都是最近发生的。但是，目前我们可以说，一些新的变异存在于现今所有人类中，而在这些位置上，我们还发现了特别有趣的东西。

最吸引人的是那些变异可能造成的功能性改变。首先，也是最重要的是，蛋白质中氨基酸的变化。蛋白质由基因组中的DNA片段序列编码而成，我们将这种片段称为"基因"。蛋白质由20种不同的氨基酸串联而成，在人体内执行多项任务，如调节基因的活性、构建组织、控制新陈代谢等。因此，蛋白质的改变对于某个生物的影响，要超过我们找出的那组突变中的任意一个。这种潜在的有意义的突变，可以使蛋白质中的一个氨基酸被另一个取代，或改变蛋白质的长度。与不会引起巨大改变的核苷酸替换相比，这种突变在演化过程中的发生概率往往比较低。最终，马丁给我列出了78个氨基酸发生改变的核苷酸位置。就我们所知，在这些位置上，所有现今人类的基因组彼此相似，但都与尼安德特人和猿类的基因组不同。等到尼安德特人基因组和千人基因组计划完成之后，我们预计这份清单上的突变将有所增减。所以，我们根据经验推测，自现代人类与尼安德特人分开之后，所有现代人类体内氨基酸的改变总数不超过200。

将来，当我们对每个蛋白质如何影响身体和心智有了更全面的了解之后，生物学家可以将功能附加到蛋白质的某些特定氨基酸上，以此来确定它是否以同样的方式在尼安德特人中发挥作用。不幸的是，这样全面的基因组和生物学知识可能要等到很久之后才能得到，那时我已经和尼安德特人一样过世多时。但是，一想到尼安德特人的基因组（以及将来我们或其他人改进过的版本）对这项工作至关重要，我便稍感安慰。

不过目前，这78个氨基酸位点只提供了非常少且粗略的信息。如果只看这些变化，我们几乎无法知晓携带新突变的首个个体发生了什么生物学改变。然而，我们注意到：其中5个蛋白质带了不止一个，而是两个氨基酸差异。如果这78个突变随机分散在由基因组编码的2万个蛋白质中，这种情况绝不可能是偶然发生的。因此，在新近的人类历史中，这5个蛋白质的功能可能发生了改变。它们甚至可能失去了原来的功能和重要性，以至于现在可以自由积累变化，不再受限于其功能强加给它们的约束。无论哪种可能，我们必须仔细研究这5个蛋白质。

第一个携带两个变化的蛋白质，与精子的活力有关。我对此并不惊讶。在人类和相近的非人类灵长类动物中，有关男性生殖和精子运动的基因经常发生变化，可能是由于雌性与多个不同配偶交配时，不同雄性的精子细胞会直接竞争。这种公开竞争意味着，只要使精子细胞较其竞争者更容易让卵子受精，比如说让精子游得更快，那么这种遗传变化就会在种群中散播开去。这种变化被认为是正向选择（positive selection），因为它使携带此突变的个体更有机会获得下一代。事实上，不同雄性的精子细胞在一个雌性体内（可谓肉搏战）的直接竞争越多，正向选择作用就越强。所以，物种内的乱交水平，以及在基因中检测到的与雄性繁殖能力有关的正向选择程度，两者之间存在相关性。在黑猩猩中，处于发情期的雌性往往可与周围适龄的所有雄性发生交配。所以较大猩猩而言，黑猩猩含有更多关于基因正向选择的证据。因为在大猩猩群体中，处于支配地位的雄性银背（指背部颈下方有银白色毛的雄性成年大猩猩）独自占有群体内的所有雌性。由于年幼或级别低的雄性无法参与竞争，成年银背大猩猩的精子随时都可使卵子受精。或更确切地说，在群体内建立等级结构的早期阶段，这种竞争已经发生。令人惊奇的是，粗略估计体型和睾丸大小的关系，便能反映出雄性受精竞争力上的差别。黑猩猩有大睾丸，也很滥交；体型更小的倭黑猩猩也携带令人印象深刻的精子库；相较之下，体型巨大的银背大猩猩，睾丸却很小。无论是测量睾丸大小，还是与男性生殖相关的正向选择的基因证据，都发现人类的生殖状态处于极端滥交的黑猩猩和一夫一妻的大猩猩之间。这说明我们的祖先可能与我们不太一样，他们在对配偶施以忠诚而得到感情回报，以及性伴侣的引诱之间摇摆不定。

对于马丁列表上携带两个变化的第二个蛋白质的功能，我们暂时还未知。这也反映了，我们对基因作用的知识匮乏得可怜。第三个蛋白质参与了分子合成，而细胞产生蛋白质时需要这些分子。我不知道这意味着什么，并怀疑该基因实际上有着我们所不知道的额外功能。考虑到我们对基因功能的知识有限，额外功能不是不可能存在。但剩下的两个带有两个氨基酸变化的蛋白质均出现在皮肤中——其中一个与细胞的相互吸附有关，特别是伤口愈合。另一个则出现在皮肤的表皮层，在某些汗腺及毛根中。这表明，在人类最近的演化过程中，皮肤上的一些东西发生了变化。也许未来的研究将表明，前一个蛋白质使猿的伤口比人类的伤口愈合得更快，而后者则与我们缺乏毛发有关。但目前还不清楚其中的原委。关于基因对身体各功能运作的影响，我们还是太过无知。

马丁和珍妮特的目录，未来的全版将建立在完整的尼安德特人基因组以及更多关于现代人类遗传变异的知识之上，其中将包括人类基因组在大约40万年前到5万年前之间发生改变的位置。在40万年前，我们的祖先与尼安德特人分开，然后散播开去成为现代人类；到了5万年前，"替代人群"散布全球。自此之后，因为人类已散布至所有大陆，所有人类没有再进一步变化。基于我们利用已有的部分尼安德特人基因组所得到的数字，估计在尼安德特人基因组中，大约一共有10万个不同于当今人类的DNA序列位点。从遗传基因的角度来看，这就大致完整回答了使现代人类"现代"的问题。如果假想一个实验，让某个现代人中的这10万个核苷酸返回到祖先状态，那么，这个个体与尼安德特人和现代人类的共同祖先在遗传学方面非常相似。未来，人类学最重要的研究目标之一：研究这份目录，找到与现代人类思考和行动相关的遗传变化。

第二十一章

公布基因组

在科学领域内，很少有结果是不可更改的。事实上，往往在付出大把努力地深入了解之后，人们通常可以预见即将发生的进展，而且能让研究变得更加完善。然而有些时候有必要制定标准，确定发表结果的时间。2009年秋天，我觉得时机已成熟。

从多个方面看，我们要写的论文都将是一个里程碑。首先，它是首个测序出的已灭绝人类的基因组。当然，2009年春天，丹麦哥本哈根的埃斯科·威勒斯莱夫（Eske Willerslev）研究团队发表了从一绺头发中得到的因纽特人基因组。但那绺头发只有4 000年历史，并保存在永久冻土中，其中80%的DNA都是现代人类的。他们通过论文标题表示，已经测序了一个"已灭绝的古因纽特人"。我很想知道，今天的因纽特人会怎么想"因纽特人已经灭绝"这种表达。但尼安德特人是真的古老，且真的已经灭绝，是不同于现代人类的人类群体。而且无论他们生活在哪里，尼安德特人作为所有现代人类最近缘的亲属，有着重要的演化意义。我也认为，我们已为未来的很多研究奠定了技术基础。永久冻土中的尸体保存条件良好，而我们所使用的骨头并没有以特别的方式保存，更类似于在世界许多地方的洞穴中发现的大量人类遗骸和动物骨头。我希望我们所开发的技术现在可以从许多这样的遗骸中得到完整的基因组。我们的发现最容易引起争议之处：尼安德特人为欧亚大陆的现代人类贡献了部分基因组。但由于我们已经通过三种不同的方法，三次都得出了相同的结论，所以我觉得已经明确地解决了这个问题。虽然今后的研究工作一定会弄清遗传贡献是在何时、何地以及如何发生的，但目前可以肯定的确有遗传贡献。现在是时候向世界展示我们的成果了。

我的野心是写出一篇尽可能让大众都理解的文章，不仅是遗传学家，还包括考古学家、古生物学家和其他人，他们都会对我们的研究感兴趣。事实上，为了发表我们的研究成果，我受到了来自各方各面的压力。《科学》的编辑一直在催问我什么时候提交文章；记者不停给我以及团队的其他成员打电话，询问我们什么时候发表结果。我的科学报告也越来越注重技术细节问题，而非基因组对我们的启示。这令我越来越不安，因为大家都意识到我们一定会报道有趣的结果。尽管有压力，我仍觉得在发表之前保密结果至关重要。我很担心那50个知情者中，会有人告诉记者我们在当今人类中发现了尼安德特人基因流的证据。如果发生了这样的事，这个消息会很快传遍各家媒体。

另外一件经常令我担心的事情是，其他研究团队会先于我们公布尼安德特人序列。这第二个担心主要来源于一个特定的人：我们以前的合作伙伴，现今的竞争对手——伯克利的埃迪·鲁宾。我们知道他已经获得了尼安德特人骨和其他必要的研究资源。考虑到过去4年参与这一项目的每一份辛劳付出，我无法想象一觉醒来，报纸的头条说有人发现尼安德特人为当今人类贡献了基因，而他们研究用到的数据也许只是我们的1/10，分析得也很仓促。那时我们会是什么感觉。所以一反常态，我发现自己晚上睡觉时经常感到焦虑不安。

在每周的电话会议中，我无法掩饰自己的忧虑。我开始反复重申，无论记者如何咄咄逼人，任何人都不允许向新闻界透露关于我们结果的任何内容。幸运的是，没有一个联盟成员违背我的要求，这证明了整个团队的忠诚。我也开始加紧督促联盟里的每一个人，让他们把自己从事的工作写出来。这对他们来说并不容易。科学家寻找解决问题的办法时，被求知欲驱使向前，但一旦发现了解决办法，他们会觉得写作太过单调乏味，因而不会发表具体过程。这当然非常糟糕。不仅因为资助我们研究的公众有权了解结果，其他科学家也需要知道我们获得结果的相关细节，以便在此基础上改善。事实上，这就是为什么当科学家获得任命和晋升时，衡量他们能力的标准并非是已经开展了多少有趣的项目，而是他们已经完成了多少项目，发表了多少成果。有些联盟成员很快就递交了论文，有些很久才递交初稿，有些则根本没写。我想尽办法给这些杰出的同事施加压力，让他们写完稿子。最后我想了一个主意：利用他们的虚荣心。

像大多数人一样，大多数科学家也想让他人认可自己。他们关心的是论文被其他出版物引用的频次，以及受邀演讲的次数。论功行赏很难在我们这个项目中实施，因为共有数个团队和50多名科学家为我们的项目做出了贡献，他们在论文中都会以作者身份出现。况且每个人的分析工作都各不相同，非常需要创造力，也很辛苦，所以很难把功劳归于某个人。尽管如此，每个人都朝着共同的目标忘我地工作，所以得给每个人分配一些贡献才算公平。可是如何才能做到这一点，并在此过程中激励他们更快更好地写出稿子呢？

正如许多典型的大型科学论文那样，我们论文中展示的大多数结果将以补充材料的形式发表在杂志网站上，而不是刊登在纸质杂志上。大量的补充材料包含了许多技术细节，只有专家才感兴趣。通常情况下，补充材料的作者与论文的作者一样，出现的顺序也相同。这次我决定改变一下。我建议补充材料的每一部分都由独立的作者编写，包括相应的通讯作者，这样读者有问题的时候可以直接请教他们。如此系统的做法可以让读者对谁做了哪些实验和分析一目了然，也能使每个人对自己撰写部分的质量负起责任，任何赞誉或指责可以直接追溯到个人。为进一步提高质量，我们指定了一个不参与编写工作的联盟成员，专门仔细阅读这些补充内容，检查其中的错误和瑕疵。这种方法非常有效。大家都递交了补充材料，最终扩充到19章，共174页。我的任务是修改这些部分，并撰写刊登在杂志上的主文。永远精力充沛的戴维·赖克为主文的撰写提供了很大帮助。为了修改主文，我们通过很多电子邮件交换意见。最终，艾德·格林于2010年2月1日将所有材料提交给《科学》。

3月1日，我们收到三位审稿人的意见。大约三周之后，我们收到了第四位审稿人的意见。对于审稿人来说，在手稿中找到许多问题很常见。不过这次，他们并没有多说什么。我们花了两年时间来发现工作中的缺陷，这使我们能够找到自己研究中的大部分弱点。不过，我们就文本内容的修改与编辑来来回回交换了许多次意见。最后，文章于2010年5月7日发表，包含174页补充材料。[1]这篇文章"更像是一本书而非科学论文"，一位古生物学家如是说。

我们文章发表的那天，向科学界提供基因组序列的两大主要机构——英国剑桥的欧洲生物信息研究所和美国加州大学圣克鲁斯分校维护的"基因组浏览器"，将尼安德特人基因组开放给所有人免费使用。此外，我们把从尼安德特骨中测得的所有DNA片段提供给公共数据库，包括那些我们认为是源于细菌的DNA。我希望每个人都能检查我们所做的每一个细节。如果可以的话，我希望他们能做得更好。

随着论文的发表，媒体一如预期般狂热。然而，我以前与记者打过交道，觉得有些厌倦，所以我让艾德、戴维、约翰内斯以及联盟里的其他人去应付新闻媒体。事实上，我们论文发表的那天，我计划在田纳西州纳什维尔的范德堡大学举行一次大型演讲。这次旅行在很久之前就已计划好了，刚好让我远离喧嚣。但狂热的追逐者还是对纳什维尔非常友好的东道主产生了影响。当他们得知有言语奇怪的人打电话到我住的旅馆找我之后，他们想到的是反对人类起源演化研究的宗教激进主义者，所以很担心我的安全。他们让警察追踪电话，发现电话来自大学校园。不知何故，他们更加紧张，所以直接派了两个便衣警察跟着我，穿梭于校园各地。这是我第一次带着保镖做报告。我感激他们对我安全的关心，而且他们的关注让我感到自己很重要。但这两个穿着黑色套装、戴着耳机的高大壮汉警惕地看着每个走近我的人，这使得演讲过后我与在场教师和学生的交流略显尴尬。

碰巧，这篇尼安德特人的文章于2010年冷泉港基因组会议前一周发表，所以我直接从纳什维尔前往长岛。4年前我正是在那里宣布了我们的计划。我非常开心，现在可以在同一个礼堂展示我们的主要发现。我在结束报告时说："我希望未来，尼安德特人的基因组能为科学家所用。"巧合的是，这个"未来"在我从舞台上走下来的5分钟后便实现了。

我后面的演讲者是斯坦福大学的研究生科里·麦克莱恩（Corey McLean）。落座时，我的脑海中闪过一个模糊的念头：我并不羡慕他，在一个吸引了许多人注意的演讲刚刚结束后，要想再吸引听众并非易事。但很快我就为自己这种傲慢的心态而后悔了。科里的演讲非常精彩。他分析了人类和猿类的基因组，共找到了583个大片的DNA区域。这些区域在人类基因组中已经丢失，但依然存在于猿类基因组中。然后他研究了这些区域中都有哪些基因，并发现了一些人类已经丢失的有趣基因。其中一个是编码阴茎骨中的蛋白质的基因。阴茎骨是猿的阴茎结构，会使雄性很快射精。但是这些阴茎骨不存在于人类中，所以我们能够享受长时间的性爱。科里找到的这个丢失的基因，就是性行为发生变化的根源。人类丢失的另一部分基因编码了一种限制神经元分裂程度的蛋白质，这种蛋白质可能与人类大脑变大有关。这很奇妙！但最让我高兴的是，在尼安德特人基因组公开使用的短短几天内，科里就检查了尼安德特人的基因组，他想看看现代人类与尼安德特人共同丢失的基因是什么。这正是我所希望的：我们的研究结果作为一种工具而为别的科学家所用。通过这个工具，他们能找出人类在演化过程中发生变化的时间点，并借此拓展自己的研究。科里发现，尼安德特人也丢失了阴茎骨，所以我们立刻了解到了化石记录无法告诉我们的尼安德特人私密解剖结构。尼安德特人也没有与脑量有关的DNA区域。这一发现在我们的预料之中，因为我们通过化石记录已经知道，尼安德特人的大脑和我们的一样大。但是其他一些未经研究的区域并未消失在尼安德特人中，将来就要研究它们是否真的不存在于现今人类之中。如果真的不存在于现今人类之中，那么它们是否是造成现代人类和尼安德特人不同的原因？

我会后没有找到科里，很多人都想和他讨论，很多人也想和我讨论，但我隔天还是找到了他，并告诉他我多么欣赏他的工作。他的研究让我如此激动，我甚至情不自禁地拥抱了他。据我所知，他是第一个将我们的基因组用于自己研究的人。

这篇尼安德特人基因组的论文在科学界引起的反应，远超我发表过的任何其他文章。几乎每个人都给予了正面评价。最好的评价来自威斯康星麦迪逊大学的约翰·霍克斯（John Hawks）。他是米尔福德·沃尔波夫门下的古生物学家，是"多地区连续"假说的构建者之一。他经常在博客上很有见解地讨论人类学的新文章和想法，这使得他在人类学领域很有影响力。"这些科学家给全人类献上了一份大礼，"他在博客中写道，"尼安德特人基因组给了我们一张由表及里的自画像。我们可以看到并且从中得知，人之所以为人的遗传变化本质——它使我们作为全球性的物种出现……这就是人类学应该做的研究。"我们的团队当然很高兴，只有艾德试图保持冷静，他给整个联盟写邮件："谁能给约翰·霍克斯一些氧气？"

只有一例非常负面的反应引起了我的注意，它来自著名的古生物学家埃里克·特林考斯。我知道对于遗传学研究是否能为人类学做出真正的贡献，他一直持否定态度，所以我在发表论文的前几天就把论文寄给了他，这样在记者询问他看法之前，他可以有时间研读。我希望，阅读完我们的论文之后，他会相信我们做得很好。我们甚至交换了两封电子邮件。我认为他对论文中的内容存在一些误解，所以试图在邮件中向他解释。虽然我努力了，但收到巴黎记者的一封电子邮件时，我很失望。她给我发了埃里克·特林考斯评论我们论文的节选，并询问我的回应。她引用他的话说："简而言之，丰富的化石解剖证据表明，尼安德特人和早期现代人类之间有基因交流，这是由于尼安德特人种群在大约4万年前被那些扩张中的现代人类种群吸纳了。换句话说，新的DNA数据和分析没有增加什么值得讨论的新东西……这些新文章的大部分作者对文献很无知，也不了解化石资料、现今人类生活的多样性、行为学与考古背景下人类的演化改变……总之，结果的取得仰赖非常昂贵的支出，分析技术也很复杂，但是对现代人类起源及尼安德特人的研究推进得很少，在某些方面甚至出现了倒退。"

让我惊讶的是，埃里克真的认为，测完尼安德特人基因组之后，我们知道的会比之前少。我最后说："对于特林考斯博士认为这项研究不会增进我们对尼安德特人的认知，我非常难过。"虽然他有这样的反应，但我相信别人会看到，遗传学和生物学研究相辅相成。

许多人对尼安德特人基因组很感兴趣。其中最令人吃惊的是，一些美国的宗教激进组织也对尼安德特人基因组非常感兴趣。我们的论文发表几个月后，我遇见了加州伯克利理论演化基因组学中心的博士研究生尼古拉斯·J. 马茨克（Nicholas J.

Matzke）。我和其他作者都不知道，我们的论文在创造论者中引起了很大讨论。尼克向我解释说，有两种创造论者。第一种是"年轻地球创造论者"，他们相信地球、天空和所有生命都是由上帝在1万至5 700年前直接创造的。他们认为尼安德特人就是"人"，认为尼安德特人是通天塔倒塌后散落在地球上的另一个已灭绝的"种族"。因此，年轻的地球创造论者对于我们发现尼安德特人与现代人类存在杂交是没有疑问的。第二种是"古老地球神创论者"，他们承认地球很古老，却反对演化是以自然而非神圣的方式发生的。一个主要的古老地球派别是"理性信仰"（Reasons to Believe），由休·罗斯（Hugh Ross）领导。他认为现代人类是在5万年前被专门创造出来的，而尼安德特人不是人类，是动物。罗斯和其他古老地球神创论者不喜欢尼安德特人与现代人类有杂交这一发现。尼克给我发了一个广播节目的誊本，罗斯在该节目中评论了我们的工作，说杂交是可以预见的："因为创世纪是关于早期人类开启异常邪恶行为的故事"，所以上帝可能不得不"强制人类散播到地球各处"，从而阻止这种好比"动物兽性"的杂交。

很明显，我们论文所辐射的读者范围比想象的广，但大多数人并不为他们的祖先曾与尼安德特人交配而震惊。事实上，许多人似乎产生了一些有趣的想法，就像以前有过的那样，一些人甚至自愿检查是否含有尼安德特人血统。到了9月初，我开始注意到一个现象：写信给我的大部分都是男性。我重新查阅邮件，发现一共有47人写信给我，认为他们自己是尼安德特人，其中46人都是男性！我把这件事情告诉我的学生，他们认为也许男性比女性对基因组研究更感兴趣。但事实并非如此。有12位女性曾写信给我，并非因为她们认为自己是尼安德特人，而是因为她们觉得自己的配偶是尼安德特人！有趣的是，没有一位男性写信声称自己的妻子是尼安德特人（不过，之后有位男性这样做了）。我开玩笑说，一些有趣的遗传模式在此发挥了作用，我们需要调查一番。但我们明显看到，传统文化思想影响了人们对尼安德特人外表的想象。流行的传言是，尼安德特人高大、健壮、肌肉发达、有点粗野，甚至有点头脑简单。在男性中，这些特征可以接受，甚至是正面的，但是在女性身上，没有人会认为这些特征具有吸引力。当《花花公子》杂志打电话来约访我们的工作时，我冒出了这个想法。我接受了他们的采访，因为这可能是我唯一一次出现在《花花公子》上的机会。该杂志最终写了4页长的故事，名为《尼安德特人之爱：你愿意与这样的女人睡觉吗？》，附上的插图里有一个健壮且非常脏的女人站在雪山上挥舞长矛。这个绝对缺乏吸引力的形象或许解释了，为什么几乎没有男性想与尼安德特人结婚。

　　另一个引起人们极大兴趣的问题：非洲之外的人携带了一些尼安德特人的DNA，这意味着什么？显而易见，这再一次说明，尼安德特人的名声并不好。《青年非洲》(*Jeune Afrique*) 是一家覆盖非洲法语区政治和文化议题的新闻周刊。它报道了我们的发现，并在文章的结尾就我们的结果定下了以下基调："但有一件事是肯定的：鉴于尼安德特人的长相和猿类很相似，那些仍然认为撒哈拉以南的非洲人不如白人进步的人，其实什么都不懂。"[2]

　　总的来说，我发现人们更多以自己的世界观来解读我们的工作，而不是关注我们知道了三四万年前发生的事。例如，很多人问：对于离开非洲的人类而言，尼安德特人的DNA片段有什么好处？虽然这是一个相关的问题，但它仍然使我警惕。因为提问的逻辑是，由于这些片段存在于那些认为自己优于其他人群的欧洲人或亚洲人中，所以这些DNA片段一定有积极作用。我研究的零假设（null hypothesis，即调查科学问题时首先假设的基本概念），一般是遗传改变不产生任何功能性后果，然后才会在后续研究中试图推翻这个假设。例如，在这个项目中，我们研究人类的变化模式。到目前为止，我们没有看到任何导致功能差异的变化，所以我对这些问题的回答是：我们无法推翻零假设。也许我们看到的是，在遥远过去的群际关系中，自然行为留下的痕迹。诚然我们还没有认真研究这点。而事实上，在尼安德特人基因组发表的一年里，别人发现了一些东西。

彼得·帕勒姆（Peter Parham）是全世界顶尖的主要组织相容性复合体（MHC）专家。MHC是人类基因组中最复杂的遗传系统。很多年前，我在乌普萨拉做博士研究时就以此为研究主题。MHC编码移植抗原，这种蛋白质几乎存在于我们体内的所有细胞中。其功能是结合病毒和其他感染细胞的微生物的蛋白质片段，并把它们运送到细胞表面，使得它们被免疫细胞识别。然后免疫细胞会杀死这些受感染的细胞，从而限制感染扩散到全身。MHC并非因为其正常的抗感染功能而被发现，而是免疫系统针对皮肤、肾脏或心脏等移植组织的强烈排斥反应。移植组织的排斥反应，可能是因为由MHC基因编码的移植抗原蛋白的变异太多而引起的，这些抗原蛋白有几十种甚至几百种。因此，当一个人从一个不相关的个体接收移植器官时，由于捐献者携带不同的移植抗原变体，所以接受者的免疫系统会把移植器官当成外来物而攻击它。为了对抗这种反应，接受者必须进行终身免疫抑制治疗，即便移植器官来自与接受者遗传差异不是很大的亲人。而在基因完全相同的双胞胎之间进行移植时，不会发生免疫并发症。这是因为他们携带相同的MHC基因，所以移植的抗原也相同。移植抗原变化为何如此大，该问题仍未充分研究清楚。正是因为个体中存在许多不同的变体，免疫系统才可以更好地区分受感染的细胞和健康的细胞。

彼得·帕勒姆查看尼安德特人DNA片段中编码移植抗原的MHC基因部分。艾德·格林这时已经是加州大学圣克鲁斯分校的老师，他帮助彼得找到了许多这样的片段。由于这些基因的异常变化，我们起初并未将它们考虑在内。在我们的文章发表一年后，他们在一次会议上报告，有种特殊的MHC基因变体在现代欧洲人和亚洲人中很常见，在非洲人中没有发现，却在尼安德特人基因组中再次发现。事实上，他们声称，欧洲人携带的这种基因有50%来自尼安德特人，中国人带有的这种基因有72%来自尼安德特人。考虑到这些人的全部基因组最多只有6%来自尼安德特人，这种MHC变体出现的频率大幅增加也表明，它们有助于新来的替代人群存活下去。彼得认为，由于尼安德特人在首次遇到现代人类之前，已经在非洲之外生活了20多万年，他们的MHC基因变体可能可以与欧亚大陆的本土疾病对抗，而这些疾病从未在非洲出现。因此，一旦现代人类从尼安德特人那里获得这些基因，这种优势便使得MHC基因的频率增加。2011年8月，彼得和他的同事在《科学》上发表论文描述这些发现。[3]

2010年12月3日，在我们的文章发表7个月之后，我收到一封来自劳拉·扎恩的电子邮件。她是《科学》的编辑，负责我们那篇文章。她告诉我，我们的文章获得了美国科学促进协会的纽科姆·克利夫兰奖。在我的职业生涯中，我曾获过一些科学奖项，也因此增加了自信。但这个奖项对我来说还是很特别。纽科姆克利夫兰奖设立于1923年，每年颁发给发表在《科学》上的最佳研究文章或报告。最初又名1 000美元奖，后来奖金增至2.5万美元。最让我高兴的是，该奖项授予文章的所有作者，所以这一荣誉代表这篇论文是我们联盟的共同成果。正如琳达那天晚上告诉我的："在《科学》上发表论文是一件大事，但在《科学》上发表了当年最佳论文？大部分人恐怕更是做梦都想不到。"

我把这个消息告诉了另两位主要作者戴维和艾德，我们决定一起于2011年2月前往华盛顿特区的美国科学促进会接受这个奖项。我们决定用奖金再在克罗地亚组织一次会议，于2011秋季召集联盟的全体成员，讨论尼安德特人基因组未来的分析方向。我希望这次会议重现2009年杜布罗夫尼克会议的激烈讨论。事实上，当我收到来自劳拉·扎恩的电子邮件时，我就知道要在联盟会议上讨论的已经不仅仅是尼安德特人的基因组了，我们还要讨论世界上另一个地方、另一个灭绝人类的基因组。

第二十二章

不同寻常的手指

2009年12月3日，我在冷泉港实验室参加了一个关于老鼠基因组的会议。我在那里报告了我们团队过去几年一直努力研究的人工驯养大鼠项目。早饭后，我从餐厅走到演讲厅，手机突然响起，是约翰内斯·克劳泽从莱比锡打来的，他听起来异常兴奋。我问他发生了什么事，他则问我是否已经安坐下来。当我说不是的时候，他让我最好坐下来听听他要告诉我什么。我坐了下来，很担心发生了什么可怕的事情。

他问我是否记得我们从俄罗斯的阿纳托利·杰列维扬科（Anatoly Derevianko）那里得到的一块小骨头（见图22.1）。阿纳托利是俄罗斯科学院西伯利亚分院的院长，也是俄罗斯最杰出的考古学家之一。他早在20世纪60年代就开始了自己的事业，不仅在俄罗斯学术界很有影响力，而且与政治界的交往也颇为密切。过去几年，我们一直和他合作，而且我越来越欣赏他，也把他当成朋友。阿纳托利有着非常灿烂的笑容，他总是颇有礼貌，对合作持开放态度。他是一个非常有经验的野外

图22.1 阿纳托利·杰列维扬科和同事们。照片来源：本采·维奥拉（Bence Viola），马普演化人类学研究所。

考古学家，充满活力。他能在新西伯利亚研究所旁的大型湖泊中畅游几千米，令众人惊叹。虽然他和我的朋友——具有俄罗斯血统的埃及古物学教授罗斯季斯拉夫·霍尔特尔相貌很不同，但阿纳托利与他一样善于交际且有情有义。我发现这种特质在俄罗斯人中很典型，很庆幸自己能和他合作。

几年前，阿纳托利参观了我们的实验室，给了我们几小块装在塑料袋里的骨头。它们出土于一个名叫奥克拉德尼科夫的洞穴，该洞穴位于俄罗斯、哈萨克斯坦、蒙古和中国交界的西伯利亚南部的阿尔泰山脉。这些来自奥克拉德尼科夫洞穴的骨头太过零碎，所以无法确认来自哪种人类。但我们提取DNA后发现，其中含有尼安德特人的线粒体DNA。我们与阿纳托利一起于2007年在《自然》发表了一篇论文，把之前普遍认为的尼安德特人生活区往东延伸了至少2 000千米。[1]在我们之前，没人证实过，在乌兹别克斯坦以东还出现过尼安德特人。

2009年春，我们又收到了阿纳托利寄来的另一块骨头片段。这是他的团队于2008年在丹尼索瓦洞发现的。丹尼索瓦洞位于阿尔泰地区的一个峡谷中，峡谷北部连接西伯利亚干草原，南部毗邻中国与蒙古。由于这块骨头非常小，我没有非常重视它，只想着将来有时间时，再看看它是否含有DNA。也许它是尼安德特人的骨头，这样我们就能够衡量最东部的尼安德特人线粒体DNA的变异程度。

约翰内斯现在已经有时间从这块骨头中提取DNA了。付巧妹是一名年轻又才华横溢的中国研究生，她用这块小骨头制作了一个文库，并使用我们实验室英国研究生阿德里安·布里格斯开发的方法，从文库中捞出线粒体DNA。他们得到了大量线粒体DNA，共计30 443个片段，能够精准地组合完整的线粒体基因组。事实上，线粒体的每个位置平均可测到156次，对于古老的骨头而言，这已经是非常高的精度了。这是个好消息，但并不是约翰内斯请我坐下的原因。他把丹尼索瓦骨的线粒体DNA序列与先前测完序的6个完整的尼安德特人线粒体DNA序列进行对比，也和现今世界各地的人的线粒体DNA序列进行比对。结果发现，尼安德特人与现代人类平均有202个核苷酸位点差异，而丹尼索瓦人与现代人类的核苷酸位点差异平均为385个——几乎是前者的两倍！通过演化树分析发现，丹尼索瓦人的线粒体DNA谱系分支出来的时间，早于现代人类和尼安德特人谱系的共同祖先。约翰内斯假设人类和黑猩猩于600万年前分开，然后测定核苷酸的替换率。他计算出，尼安德特人线粒体与人类的谱系大约在50万年前分开（正如我们先前所展示的），而丹尼索瓦骨的线粒体DNA与人类的谱系大约在100万年前分开！我简直不能相信约翰内斯告诉我的事情。这块骨头既不是现代人类，也不是尼安德特人的！它完全属于另一种人类。

我的脑子开始转个不停。100万年前，哪个灭绝人类种群与人类谱系分开？直立人（*Homo erectus*）？但非洲之外最古老的直立人化石发现于格鲁吉亚，大约有190万年的历史。所以，直立人应该已经离开非洲，他们与现代人类谱系大约在200万年前分开。或者是海德堡人（*Homo heidelbergensis*）？但海德堡人被认为是尼安德特人的直接祖先，那么，他们和现代人类谱系分开的时间与尼安德特人相同。所以这块骨头的来源完全未知吗？属于一种新的已灭绝人类吗？我让约翰内斯告诉我关于这块骨头的一切。

这块骨头的确很小，与两粒放在一起的米差不多大。它来自小指的最后一块指骨（见图22.2），是小拇指最外面的一部分，很可能来自一个年轻人。约翰内斯用牙钻从骨中取下30毫克，然后从这少量的骨质中提取DNA，付巧妹则用这些提取出的DNA建立文库。由于她和约翰内斯得到了大量线粒体DNA，所以这块骨头中的DNA肯定保存得特别好。我告诉他，我会在三天后回到莱比锡，到时候我们见面，再决定该怎么办。

挂了电话后，我无法再专心听取关于不同品系的大鼠基因组如何产生差异的报告。时值冬天，纽约地区阳光明媚，没有下雪。一上午我都在冷泉港下的海滩上冒着寒风散步，想着那个几千年前在西伯利亚山洞里死去的年轻人——虽然只留给我们那一小点骨头，但足以向我们昭示未知人种的存在。这个人种离开非洲的时间先于尼安德特人的祖先，但晚于直立人的祖

图22.2　阿纳托利·杰列维扬科和米哈伊尔·顺科夫（Michael Shunkov）于2008年在丹尼索瓦山洞里发现的小指头骨。照片来源：马普演化人类学研究所。

先。我们能找出这个人种吗？

回到莱比锡后，我和约翰内斯以及其他人坐在一起，讨论下一步工作。尼安德特人的基因组分析已经接近尾声，所以我们有时间来想想这些令人吃惊的发现。我们首先想到的是，约翰内斯重建的DNA序列是否有错。付巧妹和约翰内斯得到了数千个线粒体DNA片段，污染率远不到1%。由于线粒体DNA看起来与现代人类线粒体DNA完全不同，所以它不可能受到现今人类的DNA污染。在我早期的职业生涯中，我曾经担心几千甚至几百万年前的线粒体DNA片段已经整合到了细胞核的染色体中，使得这种细胞核线粒体DNA化石有时会被误认为是线粒体DNA序列。幸运的是，线粒体DNA是环状的，使我们能够区分细胞核中的线粒体DNA化石和真的线粒体DNA序列。约翰内斯从重叠片段中重建的DNA序列是一个环状分子。所以我并未看到出错的地方。不过，约翰内斯和巧妹还将各自从剩下的骨样本粉末中进行独立的DNA提取，并重复之前的步骤。这样做更严谨，我肯定他们会得到同样的结果。

我开始思考：这个不寻常的个体可能是什么人种。如果洞穴里有更多骨头，就可以帮助我们了解清楚。阿纳托利·杰列维扬科只给了我们一部分骨头，所以在新西伯利亚肯定还有更大的骨头。也许那里还有其他骨头可以告诉我们这个人的相貌，或者我们可以从中提取更多DNA。很显然，我们需要去一趟新西伯利亚。

我马上发邮件给阿纳托利，说我们发现了一些意想不到和令人兴奋的结果，想尽快当面告诉他。我表示非常有兴趣进一步分析该骨头的其他部分，还可能对它进行碳测年。阿纳托利第二天回复了我，表示想知道更多关于结果的细节。我告诉了他一些要点，并决定于2010年1月中旬造访新西伯利亚，同行的还有约翰内斯和本采·维奥拉。本采是一名具有匈牙利血统的考古学家，性格活泼。他专门从事亚洲中部和西伯利亚的古生物研究。我过去经常与他合作，刚刚成功说服他从维也纳来到莱比锡，加入我们研究所，与我们以及其他古生物学家一起工作。还有一位同行者是维克多·韦博（Victor Wiebe）。他于20世纪80年代在新西伯利亚完成博士学位，从那时起便认识阿纳托利和其他几位学者。他已经与我一起共事12年了。他将在这次旅行中充当不可或缺的翻译。35年前我在瑞典服兵役，期间曾学过俄语，但此时我只记得问讯战俘时才会用到的粗鲁问句，根本不适合科学讨论。

我们在莫斯科短暂停留，然后通宵飞到新西伯利亚，于1月17日清晨抵达。机场航站楼的数字显示器显示为上午6:35，温度为-41℃。拿到行李后，我打开袋子，穿上所有衣服。航站楼外的空气非常干燥。当我们快速走向汽车，粉末般的雪花在脚边打转。吸气时，我鼻子两侧的隔膜几近冻结。

我们花了一个小时开车前往阿卡杰姆戈罗多克。阿卡杰姆戈罗多克是一座于20世纪50年代专门为科学追求而建的城市。在其鼎盛时期，这里居住着65 000多名科学家及其家属。苏联解体后，许多科学家离开阿卡杰姆戈罗多克，大多数机构也走向没落。但到了2010年，俄罗斯政府和几家大公司已经在这个城市投资了近十年，使整座城市弥漫着一种小心谨慎的乐观气氛。

我们住在黄金谷酒店（Golden Valley Hotel），翻修自一幢典型的苏联九层式公寓楼。我曾入住这家酒店。对于那次入住，我印象最深的是酒店没有热水，所以我不得不每天早上步行半小时，穿过桦树林去附近一个名为欧海（Ob Sea）的水库游泳。然而，此时正值冬天，现在我有点担心酒店的供暖系统如今是否可用。但是我的担心完全是多余的。我和约翰内斯进入房间后发现，不仅水龙头有热水，暖气片也很热，房间里的温度更是高得无法忍受——约40℃。由于没有可把暖气调低的阀门，我们只好打开窗户，让外面低了近80℃的空气流通进来。我们留在房间时得一直开着窗户。

我们是星期天到的，第二天才和阿纳托利会面。所以小睡一会儿后，我们4人决定去散散步。我们惊奇地发现一家冰激凌小商店仍开门营业。我想这是我唯一一次有机会在-35℃的室外吃冰激凌，于是走近小店。当卖冰激凌的女人知道我不是本地人后，她催促我快吃完，因为一旦冰激凌与周围温度相同，就会变得如石头般坚硬而无法下口。快速吃完冰激凌后，我们穿过寒冷的树林来到那片海滩。两年前，我曾在温暖的夏日清晨到此游泳。除了我们，这里一个人也没有。天空晴朗，但苍白的太阳没有一丝暖意。幸运的是没有起风。我们穿得很单薄，即便只有一丝丝空气钻入衣服，我们也会不禁打起寒战。事实上，此时我的脚趾已冻麻，所以我们很快回到过热的酒店房间内。

第二天，我们在阿纳托利的办公室中见到了他。作为考古学和人种学研究所的所长，他的办公室非常宽敞。领导丹尼索瓦洞挖掘工作的考古学家米哈伊尔·顺科夫及他的一些同事也在场。约翰内斯介绍了他和巧妹的发现，在场的每个人都吃了一惊。这是一个新的灭绝人种吗？也许它只出现在西伯利亚或阿尔泰山脉？一些濒危植物和动物物种的确只出现在阿尔泰地区，因此这样的想法当然合理。我们在阿纳托利的办公室里享用了美味的俄罗斯冷盘和伏特加，兴奋地讨论我们的发现。一段时间之后，气氛变得既活跃又轻松。我指出，问题的最终答案可以在核基因组中找到。如果能对剩下的大块手指样本进行采样，那么我们就可以测得他的核基因组序列，然后了解他与当今人类以及刚测序完基因组的尼安德特人的关系。起初我没有听明白阿纳托利对我们请求使用更多骨头的回答，我以为是我糟糕的俄语和醉酒的状态模糊了我的听觉。维克多向我翻译后，我仍感困惑。阿纳托利明确解释道，他已经没有骨头了，因为在大约一年前，他便把它给了我的"朋友"。我很莫名其妙，疑惑地看着维克多、本采以及约翰内斯。我的什么朋友？他们当中已经有人得到了吗？但他们看起来像我一样震惊。然后阿纳托利给予澄清：他把骨头给了我的"朋友"埃迪——伯克利的埃迪·鲁宾。

　　我不知道自己对此反应如何，也不知道说了什么。我知道埃迪一直想在我们之前得到尼安德特人骨并测得其基因组。但现在我们才了解到，他一年前已经得到了一块特别的骨头。那块骨头比我们手上的大得多，而且包含了如此多的内源性DNA。无须任何技术诀窍，也无须通过测序仪数百次的运行，他们便可在数周内测序出其核基因组序列。而我们还需数周才能给《科学》提交尼安德特人的研究论文，更不用说将其刊出了。一再侵扰我的最坏担心似乎即将成为现实：在我们发表之前，伯克利的埃迪将会发表一篇文章展示另一种已灭绝人种的基因组，而且序列的覆盖率比尼安德特人的基因组还高。界时，谁会在乎这么多年来，为了研发提取技术、为了增加内源性DNA、为了从大量细菌DNA中分离出尼安德特人DNA，我们付出了多少辛苦努力呢？虽然从长远来看，为了从上百个保存不佳的骨头中得到DNA，这些细节都非常重要。但在获得一个已灭绝人种的基因组方面，埃迪会做得更快更好，仅仅因为他非常幸运。

　　我努力恢复冷静，说了一些言不由衷的话。但我只能含糊地说一些科学合作事宜。我们很快结束会议，然后离开，并计划稍后在阿卡杰姆戈罗多克社会中心的科学人之家与我们的接待方共进晚餐。走回酒店房间的路上，我不再感到寒冷。约翰内斯试图安慰我。他告诉我，我们应该忘掉竞争，继续做最好的研究。当然他是对的，但是我们不应该再拖延下去。现在，我们必须比以往任何时候行动得更加迅速。

正如我以前和阿纳托利一起用餐一样，这次晚餐依旧洋溢着热情友好的气氛。食物很棒：先是鲑鱼、鲱鱼、鱼子酱，之后是几道美味的主菜。整个晚上我们都在享用美味的伏特加。俄罗斯的习俗是，参加宴会者轮流就一些普通的感谢主题作祝酒词，如合作、和平、我们的老师、学生、爱和女人等。我第一次在苏联旅游时，非常讨厌这个习俗。因为在一大群人面前咕哝说出不喜欢的对象时，我无比尴尬。随着时间的推移，我已经习惯了这个习俗，甚至开始欣赏它，因为晚宴上的所有参与者（包括那些因社会地位低而无法发言的，更不用说主导谈话的人）能因此而在一小段时间里受到大家的关注。

毫无疑问，在内心深处，我实际上是一个非常多愁善感的人，所以才会逐渐欣赏这个习俗。酒精往往突显了这一特点。这些祝酒词与感情有关。我说道，首先，为我们非常富有成果的合作与和平而干杯。我指出，我在瑞典长大，从小就被告之，欧洲很可能会发生大战争。由于瑞典是中立国，我服役期间，受训时面对的潜在敌人被官方隐晦地命名为"超级大国"，但是很明显，我们在战争游戏中跟囚犯对话时用的是俄语。但战争没有到来。我们不需要把对方视作敌人，相反，我们作为朋友坐在这里，一起工作，一起发现惊人的东西。在酒精的催化下，我被自己的话所感动。约翰内斯是晚宴上最年轻的人之一，所以他选择了适宜的时机向老师行祝酒词。他说自己在科学之路上有两位教父：一位是我，把他引入分子演化和古DNA领域；另一位是阿纳托利·杰列维扬科，通过阿尔泰和乌兹别克斯坦的两次实地考察，把他引入考古学。听完他的话，我热泪盈眶，也意味着我醉得不轻。我特别感动，因为这些都是我们平常不会向彼此分享的实话。

晚宴过后，我们沿着阿卡杰姆戈罗多克的主干道走回酒店。夜晚很冷很暗，冰冷的空气几乎不含任何湿气，星星明亮得不可思议。但我并没有注意到这些。那天早上的紧张让我以比平时更快的速度喝下伏特加。事实上，我觉得自十几岁以来就没这么醉过。但当我们摇摇晃晃走在满是积雪的街道上时，本采告诉了我一些事情，瞬间让我清醒且欣喜若狂。来访之前，阿纳托利给了他一颗牙齿。它是阿纳托利于9年前在丹尼索瓦洞发现的臼齿（见图22.3），很可能来自一个少年，但是牙齿本身很大。本采说，他以前从来没有见过类似的牙齿，看上去不像是尼安德特人和现代人类的牙齿。事实上，他说，如果他事先不知道它是在那儿找到的，他会认为它来自一些更为古老的人类祖先，也许是非洲的直立人，或能人（*Homo habilis*），甚至是南方古猿。这是他见过的最神奇的牙齿。尽管我们处于醉酒状态，但可以确信它与手指骨来源于同一个人，而且我们认为它属于我们以前从未见过的人种。阿尔泰地

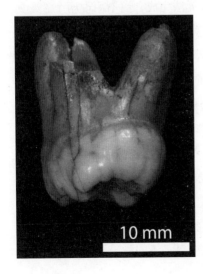

图22.3 丹尼索瓦人的臼齿。照片来源：本采·维奥拉，马普演化人类学研究所。

区一直传闻山上住着名为"奥玛斯（Almas）"的雪人。我们一边向旅馆走去，一边大声叫喊找到了奥玛斯！我们开玩笑说：如果我们对牙齿进行碳测年，说不定会发现它只有几年历史，也就解释了为何它包含有这么多DNA。也许这些长得像雪人的生物仍然生活在俄罗斯和蒙古的边境。我记不清那天晚上我如何找到旅馆，如何进入房间，然后上床睡觉。

第二天早上，我们很费力地爬起床，赶出租车到机场。我们都没怎么说话，直到航班起飞前往莫斯科一两个小时后。这时，严重的宿醉让我直冒冷汗，处境惨淡的绝望感开始慢慢侵袭我。也许伯克利的埃迪已经写出了一篇关于丹尼索瓦骨的论文。圣诞节过后，我们开始写有关丹尼索瓦线粒体DNA结果的论文，现在必须尽快完成，实乃当务之急啊。我们该提交到哪里呢？《科学》的编辑对于我们尼安德特人基因组的文章，已经等得急不可耐了，给他们另一篇不同主题的文章只会让他们认为我们连一个项目都无法完成，更不用说两个了。所以我们决定联系《自然》。在莫斯科机场滞留的那一长段时间里，我写了一封电子邮件给亨利·吉（Henry Gee）以及马格达莱娜·斯克波（Magdalena Skipper），前者是负责《自然》古生物学的高级编辑，后者是负责基因组学的编辑。我告诉他们，我们已经快要完成一篇文章："基于完整的线粒体DNA序列，我们描述了一个新的古人类，它与人类线粒体分开的时间是人类线粒体与尼安德特人线粒体分开时间的两倍。"我很清楚，论文的出版周期可能会耗上好几个月。评审和编辑犹豫不决几个月之后，甚至可能会直接退回，而在此之后我们需要再把它提交到另一份杂志，并忍受另一番同样漫长的过程。这次我不想再经历这种情况，所以我告诉他们这其中存在直接竞争，如果他们能迅速处理论文，我们会十分感激。1小时15分钟后，亨利·吉回复道："多么令人兴奋！做出预测是非常困难的，尤其是关于未来。如果你把它投给我们，我们将给予这篇文章最高级别的优先处理。"

回到莱比锡后，我们很快完成了手稿，把论文的题目定为"一个来自西伯利亚南部的未知人种的完整线粒体基因组"，然后投到《自然》。这是一篇独一无二的文章，是第一次在没有遗骸的情况下，只用DNA序列数据去描述一个新的灭绝人种。由于他的线粒体DNA与现代人类及尼安德特人的线粒体DNA如此不同，我们相信发现了一种新的灭绝人种。事实上，经过讨论后，我们一致决定把他描述为一个新的物种，将其命名为阿尔泰人（*Homo altaiensis*）。

然而，提出一个新的物种名让我有些不安，很快我重新考虑这件事情。对我来说，把生物物种归为种、属、目等的分类学是无聊的学术活动，尤其在"讨论"灭绝人类时。学生给我的手稿中，常用林奈的拉丁文命名法来命名已知的群体。例如，"为了更好地了解黑猩猩（*Pan troglodytes*）的遗传变异模式，我们测序了……"我总是删掉其中的拉丁名，有时甚至故意问他们，用"*Pan troglodytes*（黑猩猩）"来代替"chimpanzees（黑猩猩）"，是想强调什么？我不喜欢分类学的另一个原因是，它易引起还未找到解决方法的科学争议。例如，如果研究人员称尼安德特人为"*Homo neanderthalensis*"，这意味着，他们视其为一个不同于"智人"的独立物种。这必然会激怒多地域主义者，他们认为尼安德特人是现今欧洲人的祖先。如果研究人员称尼安德特人为*Homo sapiens neanderthalensis*，这就意味着他们视其为一个亚种，等同于*Homo sapiens sapiens*（晚期智人），而这必然会激怒"走出非洲"假说的坚定支持者。尽管我们现在表明（但尚未出版）尼安德特人与现代人类之间有杂交，我还是宁愿逃避这些争论。对于物种目前没有一种完美的定义，我知道关于尼安德特人的分类战仍将继续。许多人会说，同一物种是一群生物，它们彼此之间可以交配，并产生有繁殖能力的后代，不同物种的个体之间则无法产生可育后代。那么从这个角度来看，尼安德特人与现代人类是同类物种。然而，这个概念有其局限。例如，北极熊和灰熊在野外相遇时，可以（偶尔可以）产生可育后代。然而，北极熊和灰熊不仅外貌和行为不同，生活方式和生活环境也不相同，把它们看成同一个物种，即便不是完全荒谬，似乎也很武断。尼安德特人给许多现代人类贡献了大约2%~4%的基因，我们并不知道这是否意味着他们与现代人类是相同或不同的物种。在我们的论文中，我一直没有用拉丁名命名尼安德特人，但讽刺的是，我现在却要用拉丁名命名一个新物种。

尽管我对无益的分类之争充满担心，但我觉得这次有理由让我偏离原则。丹尼索瓦人个体线粒体DNA与现代人类线粒体DNA的差异大约是现代人类线粒体DNA与尼安德特人线粒体DNA差异的两倍。这可能使他们更类似于海德堡人。但这其中也掺杂了些许虚荣心。没有多少人能有机会命名一个新的人类物种。我之所以想这么做，更进一步的原因是，这是第一次完全基于DNA数据来命名一个人类物种。然而，最终还是由我们团队以及《自然》的亨利·吉来敲定。亨利·吉指出，如果我们不主动为这个人种命名，别人将抢先命名，而他们可能会想出一个我们不喜欢的名字。所以，与阿纳托利及发掘那个关键手指骨的团队经过缜密的商议，我们决定将其暂时命名为"阿尔泰人（*Homo altaiensis*）"。

《自然》信守承诺，迅速处理了我们的论文。提交论文11天后，我们收到4位匿名审稿人的意见。他们都称赞了文中提及的技术，但他们在新物种的命名上存在分歧。有两人表示担心，认为我们实际测序的可能是晚期直立人。他们认为，如果直立人与非洲种群一直都有接触，那么他们的线粒体DNA差异，不会同200万年前第一次走出非洲时那样大。我对此表示怀疑。但第四位审稿人救了我们。他或她说："一旦从分类学角度确定了这一名称，以后将无法撤回。因此，我相信，这样的临时命名是不明智的。"我一读到这句话，就意识到了我们的愚蠢。

同时，约翰内斯已经从丹尼索瓦的DNA文库中捕获了大量线粒体DNA。我们恍然大悟，这意味着我们能够测序大量的丹尼索瓦人的核基因组，可以确定他与尼安德特人和现代人类的关系，或许还能知道他是否是新物种。我们重写了稿子，并删除了涉及新物种的内容。我们表示，"需要核对DNA序列，以此确定丹尼索瓦人、现代人类以及尼安德特人的关系"。我们把稿子发回给《自然》，4月初正式刊载。[2]后来发生的事情表明，我们应该庆幸没有将其命名为一个新物种。

第二十三章
尼安德特人的亲戚

　　约翰内斯用丹尼索瓦手指骨构建文库，然后我们开始尽快测序核DNA。结果惊人。当乌多将它们与人类基因组进行比对并绘制图谱时，发现70%的DNA片段都能匹配上。而且从线粒体DNA的结果来看，现代人类DNA污染的概率非常低。这意味着有超过2/3的DNA来自这个死去的个体！相比之下，保存最好的尼安德特人遗骸只含有4%的DNA，而且大多数遗骸的DNA比例都低于1%。所以这块骨头保存得非常完好，就如同亨德里克·波伊纳测序的猛犸象样本，以及哥本哈根的埃斯科·威勒斯莱夫测序的因纽特人样本那样。但那两个标本都是动物死后立刻被冻在了永久冻土层深处，这就解释了为什么在这些标本中，大部分DNA都不是细菌的。但我无法解释，为何丹尼索瓦洞的个体可以保存如此多的DNA。不管原因是什么，基因组分析变得容易多了。事实上，我们最大的问题和在尼安德特人中遇到的一样：如何清除文库中的微生物DNA片段，而非如何捞出一些内源性DNA片段。现在的主要问题比较好解决：我们能得到多少核基因组？和之前一样，我们不想使用骨头片段的最外层表面。首先，把骨头全都用完是很不负责任的，因为我们不知道伯克利的埃迪及其小组使用了多少样品。再者，如果骨头被处理它的人污染了，污染的部分将是骨头表面。所以约翰内斯用骨内的部分得到了两个提取物。马丁·基歇尔用这些DNA提取物制备的文库进行尝试，计算出我们可以得到的基因组覆盖率要高于已有的尼安德特人基因组。

当约翰内斯用提取物制备文库时，他运用了阿德里安·布里格斯发明的处理核苷酸化学损伤的创新方法，化学损伤会使DNA的C变为U。阿德里安已经表明，在古DNA分子的末端发现了许多U，他也找出了如何移除受损末端的办法。虽然采用这种方法他会失去大约一半古代分子两端的一两个核苷酸，但他也去除了DNA序列中绝大多数的错误。由于不再需要考虑C变成T这种常见错误，与人类基因组片段比对和绘制图谱的工作变得更加容易。约翰内斯用该方法制作了两个大文库。在这些文库中，不仅约70%的DNA片段来自丹尼索瓦个体，而且这些DNA片段携带的错误也比尼安德特人DNA片段的少得多。这是真正的进步，但我还是很紧张，因为我知道埃迪的团队可能正在着手同一个项目，甚至正在润色一份介绍该基因组的不错的手稿，所以我试图尽可能快地推进一切。我要求测序团队把其他项目放在一边，尽可能快地测序这些文库。

我对阿纳托利给我们的那颗奇怪牙齿也很好奇，只有DNA结果才能告诉我们它是否与手指骨一样，来自同一人种。约翰内斯如同牙医诊治病人一般，小心翼翼地在牙齿上钻了一个小洞，从粉末中得到提取物，然后用这些提取物的DNA制备文库。接着，他从文库中得到线粒体DNA片段。此外，我们快速测序了文库中的随机DNA片段，看看有多少DNA属于这个个体。

结果有好也有坏。好消息是，他能够重建整个线粒体基因组：它和手指骨之间存在两点差异，这意味着牙齿来自和手指骨相同人种的另一个体。坏消息是，牙齿中的内源性DNA比例只有0.2%。我们现在更加迷惑不解，为何手指骨包含如此多的内源性DNA。我推测，这个个体死后，手指迅速干燥，这可能限制了死亡细胞中的酶对DNA的降解，并抑制了细菌的生长。我开玩笑说，也许这个人死的时候，他的小指指向空中，因此在细菌有机会繁殖之前，小指早已干瘪。

现在我们已经知道，牙齿与手指来自同一类人种。本采重新充满能量，全心投入分析该人种的形态特征的工作中。虽然我不是牙齿方面的专家，但还是觉得它大得惊人：它比我的臼齿大50%。本采指出，除了非常大之外，它与大部分尼安德特人的臼齿也不同：牙冠上多了一些特征，也少了一些特征；此外，其牙根也很特别。尼安德特人的牙根往往是密集或结合在一起的，但这颗臼齿的牙根却分得很开。本采得出结论，牙齿形态表明，丹尼索瓦的种群与尼安德特人和现代人类都明显不同。事实上，由于丹尼索瓦人的牙齿缺乏尼安德特人在大约30万年前便已演化出的特征，他推测，在此之前，丹尼索瓦人的祖先便已与尼安德特人分开。这个结论与线粒体DNA告诉我们的结果相一致。但我对形态特征的解释总是持谨慎态度，有些人甚至会说我怀疑过度了。也许在与现代人类或尼安德特人分开之后，丹尼索瓦人得到了看起来很古老的牙齿。但是，只有核基因组才能告诉我们完整的故事。

在测序仪开始产出大量丹尼索瓦人的核DNA序列时，我们正在处理审稿人的意见，加紧完成尼安德特人的论文，因此没有太多时间立即研究丹尼索瓦序列。但是我的设想是，一旦得到序列，我们就可以迅速地进行分析。过去四年里，我们已经开发了电脑程序来分析尼安德特人基因组，现在这些程序可以直接用于分析丹尼索瓦个体的基因组。不过，我仍然担心埃迪会远远超过我们，所以我决定缩减尼安德特人基因组分析联盟的规模，只留下核心成员。我希望建立更高效的研究团队，要求他们全力以赴地投入到丹尼索瓦基因组分析中。最重要的是，我们需要戴维·赖克、尼克·帕特森、蒙蒂·斯拉特金和他的团队（见图23.1）。我们最初称自己为"X战警"团

图23.1　蒙蒂·斯拉特金、阿纳托利·杰列维扬科以及戴维·赖克，于2011年在丹尼索瓦洞的一个会议上。照片来源：本采·维奥拉，马普演化人类学研究所。

队，因为我们还不知道丹尼索瓦个体是什么人种。本采当时告诉我们，手指骨来自一个少年，也许只有3～5岁。我们已经测序了他经母系遗传得到的线粒体DNA，因此，"X战警"这样一个充满男子气概的漫画人物名称并不合适。我想到了"X女孩"，但这听起来太像日本漫画了。最后，我决定用"X女人"——就这么决定了。很快，X女人联盟开始了每周的电话会议。

乌多将丹尼索瓦人的DNA片段与人类基因组和黑猩猩基因组进行比对，并标出它们的位置。由于我们使用阿德里安的方法消除了大部分的错误，这项工作变得比较容易，但乌多提醒我，这只是初步结果。尽管如此，我们仍把数据分发给了X女人联盟。我们给《自然》提交线粒体DNA论文的最终修正版本后不久，尼克·帕特森给我发了份对关于乌多的图谱的初步分析报告。我读分析报告的时候很感激那位审稿人说服了我们不要给这个新物种命名，因为尼克发现了两件事。

首先，他发现，相较于现今人类的基因组，丹尼索瓦手指骨的核基因组与尼安德特人基因组的关系更为密切。事实上，现代人类之间最大的差异，存在于我们已测序的巴布亚新几内亚人与非洲桑河个体之间，而丹尼索瓦手指骨的核基因组与尼安德特人的基因组的差异比这个例子还稍微多一些。这个结果与线粒体DNA结果单独绘出的画面非常不同，我立即怀疑：亚洲的一些更古老人类的基因流，把线粒体DNA引入丹尼索瓦个体。毕竟我们已经表明，现代人类已与尼安德特人发生过杂交，所以基因流似乎是一个合理的猜测。但还有些事情需要我们仔细考虑。

尼克的另一个发现更出人意料。为了与尼安德特人进行比对，我们已经测序了 5 个现代人的基因组，其中相较于中国人、欧洲人和那两个非洲人个体，丹尼索瓦个体与巴布亚人共有更多的衍生型SNP等位基因。可能的解释是，丹尼索瓦个体的亲戚与巴布亚人的祖先有杂交。考虑到从西伯利亚到巴布亚新几内亚的距离，我觉得这个结论可能为时过早。还可能是因为我们的结果存在系统误差。乌多再次提醒我，他的基因组DNA片段图谱只是初步的。计算机的分析中可能存在一些问题，导致丹尼索瓦人和尼安德特人的基因组以及丹尼索瓦人和巴布亚人的基因组之间产生额外的相似性。如此一来，尼克的两个发现可能都出错了。

　　一周后，艾德仔细分析了新数据。他发现，我们已测序的DNA中很少有Y染色体片段，所以X女人真的是一个女人；或者说，是一个小女孩，因为其骨头很小。缺乏Y染色体片段也表明，男性核DNA的污染率很低。当他研究丹尼索瓦DNA序列与现代人类和尼安德特人的基因组的差异时，和尼克一样，艾德发现，相较于现代人类，丹尼索瓦人基因组与尼安德特人基因组共有更多的衍生型SNP等位基因。所以这表明，丹尼索瓦女孩和尼安德特人的共同祖先首先从包含现代人类的谱系上分开，然后各走各道。换句话说，相较于现代人类，丹尼索瓦女孩和尼安德特人的关系更为密切。在莱比锡的星期五会议，以及与尼克、戴维、蒙蒂及其他人漫长的电话会议中，我们讨论了这些数据，又发现了一些问题。相较于现代人类，丹尼索瓦人的核基因组与尼安德特人的更为接近，但为何丹尼索瓦人的线粒体DNA却如此不同？难道丹尼索瓦女孩的新近祖先中，包括了尼安德特人和晚期直立人这样更为古老的人种？还是她可能是现代人类和古老人类的杂交后代？我们研究每一种可能性，但似乎没有一个是靠谱的。

乌多花了几个月时间把所有片段与每个比较基因组进行精细比对，绘制出图谱。但是最终的图谱并没有改变原先的结果，我开始确信丹尼索瓦女孩所属的种群与尼安德特人有共同祖先。但这个种群与尼安德特人住得比较远，和如今的芬兰人与非洲南部的桑河人一样远。相较于非洲人，丹尼索瓦人的DNA序列与欧亚人的更为接近，但丹尼索瓦人DNA序列与尼安德特人的DNA序列最为接近。最好的解释是，丹尼索瓦女孩和尼安德特人有共同的祖先，所以当尼安德特人与现代人类杂交之后，欧亚人的祖先从尼安德特人那里继承的DNA序列与丹尼索瓦人DNA序列有些类似，因为尼安德特人与丹尼索瓦女孩有联系。

所以很明显，丹尼索瓦女孩所属的种群在尼安德特人遇到现代人类之前，便已与尼安德特人分开。我们应该如何称呼这个种群？我们当然不想给他们一个拉丁名，这样会把他们标记为亚种或物种。由于他们与尼安德特人的差异程度与我和桑河人的差异程度类似，所以给他们拉丁名是荒谬的。但我们需要给他们一个称呼。我们决定用分类学家所说的那些俗名，如"芬兰人""桑河人""德国人"或"中国人"。"尼安德特人"就是一个俗名，以德国尼安德山谷命名，"Thal"是德语中"山谷"一词的旧拼法。以此为例，我建议称他们为"丹尼索瓦人"。阿纳托利同意了，于是我们在电话会议上非正式地宣布了我的决定。从此，我们称包括X女人以及那个臼齿异常大的个体在内的种群为丹尼索瓦人。

还有一个令人兴奋的问题：相较于其他4个已经测序的个体，尼克发现那个丹尼索瓦女孩与巴布亚人共有的衍生序列变异（SNPs）更多。这是一个真正的发现，还是由于计算机程序的缺陷造成的错误，或是一个数据巧合？接下去的几个星期，我们讨论了可能导致这样结果的种种技术问题。但答案仍然模棱两可。也许巴布亚DNA序列中有一些什么特别的东西，使其更类似于丹尼索瓦人的DNA序列。对我而言，这意味着巴布亚人的祖先可能遇到了已知存在于西伯利亚的丹尼索瓦人，但是没遇到中国人的祖先，因为我们并未在中国人中看到假设的杂交迹象，但这一结果值得怀疑。当然，也许丹尼索瓦人还生活在西伯利亚以外的其他地方。我们认为最好的解决方案是测序更多的现今人类。这拖慢了论文的发表进程，但我们不想通过发表某些错误的东西来愚弄自己，因为这些错误可能是由于我们某些技术上的疏忽导致的。所以我们决定再测序七位来自世界各地的人的基因组。我们选择了一个非洲姆布蒂人（Mbuti）以及一位来自撒丁岛（Sardinia）的欧洲人，我们认为这两种人与丹尼索瓦人没任何关系。我们还测序了一位来自亚洲中部、距离阿尔泰地区不远的蒙古人；一位住在亚洲大陆、离巴布亚不太远的柬埔寨人；以及一位来自南美洲、作为美国原住民代表的美洲人（Karitiana），其祖先来自亚洲，也许曾遇到过丹尼索瓦人。最后，我们还决定测序两位美拉尼西亚人（Melanesia）的序列，包括第二位巴布亚人以及一位来自布干维尔岛（Bougainville）的人。

有了这些序列，尼克和其他人重新分析。他们的研究结果证实，丹尼索瓦人基因组与来自巴布亚和布干维尔岛的人关系特殊。与此相反，丹尼索瓦人与柬埔寨人、蒙古人，或南美洲人均没有共享衍生SNP。

马丁还发现另一件有趣的事。他发现一个迹象：相较于尼安德特人的基因组，丹尼索瓦人的基因组携带的祖先型（与猿类的相似）序列变异更古老。这表明，从古老人类传递到丹尼索瓦人祖先的基因流，可能带来了不同的线粒体DNA。但是尼克和蒙蒂还是担心我们可能忽视了一些人为因素。把尼安德特人和丹尼索瓦人基因组放在一起详细分析，这是否存在风险？因为它们都是古代的基因组，可能会共有一些错误，而这些错误是由于遗骸在土壤中沉积了几千年所造成的。甚至有人怀疑：流入巴布亚人的基因是否可能是一些深奥的技术问题造成的。

到了5月底，我变得越来越沮丧。在一通漫长的电话会议中，我们对于可能的技术问题进行了我认为不必要的讨论。会后，我带着极坏的脾气写了一封电子邮件给联盟的所有成员，说我觉得我们对科学界的主要贡献是丹尼索瓦人基因组序列本身，以及丹尼索瓦人牙齿的特殊形态。到目前为止，全世界只知道丹尼索瓦人的线粒体DNA序列，并由此知道现代人类和尼安德特人是最为亲密的亲属，而丹尼索瓦人是远亲。但是通过核基因组，我们现在知道真实的情况是，丹尼索瓦人和尼安德特人更为接近，现代人类则是远亲。我们需要尽快告诉世界，并让其他研究人员使用我们已经测序的基因组。如果我们不确定丹尼索瓦人是否与巴布亚人有杂交，我们就根本不需要在文章中讨论这个问题。我们可以在以后的论文中提及，那时会有时间更充分地探讨。

这是一个故意挑衅的建议，联盟中许多聪明人表示反对。阿德里安回复了一封电子邮件："我们可以发表与巴布亚人无关的文章，但存在以下风险：有人将自行分析，然后发现巴布亚人杂交的故事，并迅速发表。为何我们自己没有提及这一可能？外人可能会这么解读我们的这一做法：a）无力胜任；b）太过匆忙；c）碍于政治正确。这难道不是一个问题吗？"尼克对阿德里安的意见表示赞同，"必须处理巴布亚人的问题，否则我们看起来会像傻瓜和懦夫"。

因此我们继续努力，试图找出导致这个意想不到结果的技术问题。最终扭转局势的是尼克：他用公开可用的数据集分析了丹尼索瓦人基因组与其他基因组之间的关系。巴黎某个中心的人类多样性小组收集了世界各地53个人群共938个人的细胞系和DNA，对其中每个样品都以"金标准"进行了技术分析，精准地指出了基因组中 642 690个位点的核苷酸变化。尼克在尼安德特人和丹尼索瓦人基因组中找到了两者共有的衍生SNP，然后在这份精确的资料中找出这些SNP的频率。他发现，数据集中的17名巴布亚新几内亚人和10名布干维尔岛人的基因组，与丹尼索瓦人基因组的相近程度超过非洲以外的其他人。这与我们测序的基因组分析结果完全吻合。我们现在都相信，丹尼索瓦人和巴布亚人祖先之间确实发生了特别的事情。

利用丹尼索瓦人和尼安德特人的基因组数据，戴维和尼克估计，在非洲以外的人的基因组中，有2.5%来自尼安德特人，后来的基因流动使得丹尼索瓦人4.8%的DNA进入巴布亚人中。因为巴布亚人的基因组也携带了尼安德特人的成分，这意味着巴布亚人的基因组中有大约7%来自早期的人类。这是一项惊人的发现。我们研究了两种已经灭绝人种的基因组。在这两种情况下，我们均发现基因流向现代人类。因此，现代人类在世界范围内扩散的过程中，与早期人类有少量的混合很常见，而非意外。这意味着尼安德特人和丹尼索瓦人并未完全灭绝。他们的少数DNA存活在现代人类中。这也意味着丹尼索瓦人过去分布广泛，但奇怪的是，他们没有与蒙古、中国、柬埔寨或者亚洲大陆其他地方的现代人类进行杂交。一个合理的解释是，我们发现，在亚洲其他地方出现现代人类之前，迁出非洲的第一批现代人类间存在杂交的痕迹，他们一直沿着亚洲南部海岸移动。许多古生物学家和人类学家推测，现代人类早期沿海岸线迁移，从中东到印度南部、安达曼群岛、美拉尼西亚以及澳大利亚。如果他们与丹尼索瓦人在今天的印度尼西亚相遇并杂交，那么他们在巴布亚新几内亚和布干维尔岛的后裔，连同澳大利亚的原住民，都会携带丹尼索瓦人的DNA。我们没有在亚洲其他地方看到现代人类与丹尼索瓦人杂交的证据，也许是因为后来占据亚洲大陆的其他现代人类沿着内陆航线迁移，因此他们没有与丹尼索瓦人杂交。抑或是因为他们与丹尼索瓦人并没有相遇，因为当他们抵达亚洲大陆的时候，丹尼索瓦人已经灭绝。

发表了描述丹尼索瓦人基因组的文章后，我们部门的马克·斯托金与戴维一起进行了更为详细的东南亚人口遗传调查。他们发现丹尼索瓦人与美拉尼西亚人、波利尼西亚人、澳大利亚人以及菲律宾人有过杂交，但没与安达曼群岛以及其他地区的人进行杂交。因此，早期走出非洲的现代人类沿着南部路线迁移，然后遇见丹尼索瓦人，并和他们在东南亚大陆杂交。这个观点是合理的。

蒙蒂·斯拉特金用我们所有的DNA序列来测试各种种群模型。正如我所预料的那样，他发现能解释所有数据的最简单的模型是：尼安德特人与现代人类之间有杂交，随后丹尼索瓦人和美拉尼西亚人的祖先有杂交。但我们仍然需要解释非常奇怪的丹尼索瓦人线粒体DNA。有两种可能：其中一种可能，是丹尼索瓦人的祖先与另一个更为古老的人种进行杂交，进而把这种线粒体DNA引入丹尼索瓦人的祖先中。这是我私下比较赞同的想法。另一种可能是，由一种"不完全谱系分选"的过程造成。这个过程很简单，丹尼索瓦人、尼安德特人以及现代人类的共同祖先的种群，拥有三种线粒体DNA的早期版本；然后一次偶然的机会，其中一种线粒体DNA携带了大量与其他两者不同的差异，留存在丹尼索瓦人中，而另两种相似的线粒体DNA则分别存于尼安德特人与现代人类中。如果丹尼索瓦人、尼安德特人以及现代人的祖先种群足够大，许多线粒体DNA谱系可以在其中并存，这种情况是很有可能发生的。蒙蒂的种群模型显示，我们的数据可以通过丹尼索瓦人与其他未知人类群体的少量杂交，或"不完全的谱系分类"来解释。虽然这意味着我们无法更偏向哪一种解释，但对我而言，杂交看起来是更为合理的解释。毕竟，我们已经发现了两个古代人群和现代人类之间杂交的例子，所以我更加相信，在人类演化过程中，杂交非常常见。此外，如果丹尼索瓦人愿意与现代人类交配，那么他们也会与其他古代人群交配，这也是合理的。我开始相信，虽然在现代人类大致的传播过程中，替代人群使其他群体走向灭绝，但该过程并不是完全的替代，相反，一些DNA渗透到存活于现今的人群中。所以我开始从别处借词来描述这个过程："渗透替换。"我认为丹尼索瓦人DNA的传播就是一例"渗透替换"。

　　7月，我们开始写论文。由于在丹尼索瓦人骨中，70%的DNA都是内生的，所以测序丹尼索瓦人的基因组比测序尼安德特人的基因组少些麻烦。而且我们能够用丹尼索瓦人样本生产出质量更好的基因组序列，而且覆盖率更高（丹尼索瓦人是1.9，而尼安德特人是1.3）。更为重要的是，把去氨基的C去掉之后，序列中的错误减少了。丹尼索瓦人的基因组序列错误只有尼安德特人基因组中的1/5。我们于8月中旬把论文交给《自然》。我觉得这是一篇绝佳的论文，因为我们从一块大约1/4方糖大小的骨头中得到了基因组序列，并证明它来自一个未知的人群。这次研究也表明，分子生物学可以为古生物学提供崭新且意想不到的发现。

　　《自然》再次把我们的文章发送给四名匿名审稿人。我们收到的审评意见大相径庭，有嫉妒争论，也有深刻批判。正如我们早些时候关于线粒体DNA的那篇文章，其中一位审稿人的意见最终大幅提高了我们论文的质量。他或她指出，分析中的潜在问题是，我们将尼安德特人和丹尼索瓦人基因组放在一起分析，以此表明古老的基因流可能为丹尼索瓦人贡献了线粒体DNA。我觉得我们已经充分处理了这个问题，但审稿人让我们采取更安全的方式，并避免这样的分析。他或她的意见也让我们开展更多研究，试图证明美拉尼西亚人的基因流信号并非是由DNA保存、测序技术以及收集数据的差异造成的。当我们处理完意见并重新提交文章后，该审稿人欣然肯定了我们的努力。他或她说："通常，当某人就得出结论的基础分析方法提出问题时……作者们只会为自己做法的合理性辩解……但在这篇文章里，作者做了相反的事。他们非常重视我的意见，研究了我提出的问题，并着手修改，通过实质性的补充研究来处理我的问题。"我觉得自己像受到老师表扬的学生。审稿人甚至表明自己的身份：他是斯坦福大学的群体遗传学家卡洛斯·巴斯塔曼特（Carlos Bustamante）。我一直很尊敬他。

　　2010年11月下旬,《自然》接收了我们的论文。编辑建议我们推迟到1月中旬出版,这样可以避开圣诞节的影响,获得更多的新闻报道和关注。我们在联盟中讨论了这个问题。一些人同意编辑的建议。但我认为,鉴于存在潜在的竞争对手,我们一直以最快的速度工作,那么最后一步就更不应该拖延。所以我力排众议,敦促文章尽快出版。最终,文章于12月23日发表。[1]我相信这的确减少了它得到的关注,但我感觉很好,因为它与尼安德特人基因组在同一年发表。

　　我开车载着琳达、鲁内前往白雪皑皑的瑞典,到我们的小房子去欢度圣诞。我觉得这真是特殊的一年。我们取得的成就比我想象得还要多。但是,即便我们已经测序了尼安德特人的基因组,为其他已经灭绝的人类群体的基因组打开了一扇门,仍然还有很多未解之谜。其中的一个大秘密:丹尼索瓦人曾存在于何时。手指骨片段和牙齿都太小,我们无法使用放射性碳测年。我们对在丹尼索瓦洞同一岩层中发现的7块骨头片段进行了测年,它们大多布满切痕或其他人为痕迹。在这7块骨头当中,4块早于5万年前,而其他3块骨头在3万至1.6万年前。所以在5万年前,丹尼索瓦洞里就已经有人类,然后是在3万年前。我倾向于认为,古老的是丹尼索瓦人,年岁近的则是现代人类,但不能完全确定。顺科夫教授和阿纳托利在发现手指骨的同一岩层中找到了非常精细的石器以及打磨过的石手链。它们是丹尼索瓦人做的吗?这是一个奇怪的想法,但是考古学家认为这是有可能的。

　　另一个大谜团是,丹尼索瓦人的分布有多广。我们知道他们曾在西伯利亚南部出现过,但事实上他们曾与美拉尼西亚人的祖先相遇并留下后代,这表明他们过去的分布很广泛。也许他们曾经漫游整个东南亚，从温带甚至亚北极地区到热带。我想我们需要从中国的化石中寻找丹尼索瓦人的DNA。如果阿纳托利和他的团队能在阿尔泰山脉发现更为完整的残骸，那就更令人兴奋了。如果这些骨头含有丹尼索瓦人和其他人种分离的特征，那么我们就能够识别亚洲其他地方的化石是否属于丹尼索瓦人。

我的团队和其他人一直在探索这些奥秘。还有一些组织已经开始使用古DNA研究人类过去的流行病和史前文明。但在那一年的12月，我获得了科学生涯中前所未有的满足感。30年前，在我的家乡瑞典，当我还是研究生时，我将古DNA作为秘密爱好开始着手研究。4年多前，当我们宣布尼安德特人项目时，该项目就像科幻小说一般，但我们现在成功完成了这个项目。在我们舒适的瑞典小屋中，我和家人一起度过圣诞节。那个圣诞节假期，我过得比以前都轻松。

后　记

三年后，就在我写这本书的时候，我们仍然不知道阿纳托利寄给伯克利的另一块手指骨发生了何事。也许有一天可以用它鉴定年代，这样我们将知道丹尼索瓦女孩生活在何时。

阿纳托利和他的团队继续在丹尼索瓦洞挖掘出令人吃惊的骨头。他们发现了另一个巨大的臼齿，包含了丹尼索瓦人的DNA。他们竟然还发现了一块来自尼安德特人的脚趾骨。

戴维·赖克和他的博士后斯里拉姆·桑卡拉那曼（Sriram Sankararaman）利用遗传模型，测得尼安德特人与现代人类杂交的时间约为9万至4万年前。[1]这表明，尼安德特人与现代人类之间的杂交，使得尼安德特人的基因组与欧洲人和亚洲人的基因组之间有额外的相似性。而我们在2010年曾考虑过比较复杂的场景——非洲古代亚结构。

马蒂亚斯·迈耶是我们实验室的技术指导。他开发出了一种新的非常灵敏的提取DNA和制备文库的方法。采用这种方法，我们只需使用少量残留的丹尼索瓦人指骨片段，便能测序出她的整个基因组，覆盖度高达30倍。[2]最近，我们接着测序了从丹尼索瓦洞发现的尼安德特人脚趾骨的基因组，覆盖度高达50倍。测序这些古老基因组的准确度比大部分现代人的基因组都要高。

当我们将这个尼安德特人脚趾骨的基因组与丹尼索瓦女孩的基因组进行比对时，我们看到丹尼索瓦女孩的基因组中有一部分来自一个古人类，这个古人类比尼安德特人和丹尼索瓦人更早从人类谱系中分离出来。我们也看到丹尼索瓦人和尼安德特人有杂交。丹尼索瓦人不仅把少量的DNA贡献给了美拉尼西亚人，还贡献给了如今生活在亚洲大陆上的人类。2010年，我们在与低质量的基因组打交道时，无法看到这些过去发生过的杂交的微妙信号。但现在，更新世晚期几种古人类之间大量杂交的痕迹都清晰可辨，但大部分的比例都很小。

加上千人基因组计划的新数据，这两个高质量的古老基因组让我们可以创建一个近乎完整的基因组位点目录。这份目录可以说明当今所有人类与尼安德特人、丹尼索瓦人以及猿类的不同之处。该目录包含31 389个单核苷酸变化，以及少数核苷酸的125个插入点和缺失点。其中，蛋白质中含有96个氨基酸变化和3 000个调控基因开关的基因序列。这其中肯定有一些核苷酸差异被我们遗漏了，特别是基因组重复部分中的差异。但很显然，绘制出现代人类的遗传"配方"指日可待。下一个大型挑战是找出这些变化所导致的后果。

哈佛大学才华横溢的技术创新者——乔治·丘奇（George Church）认为，科学家应该使用我们的目录去改造人类细胞，使其回到原始状态，然后利用这些细胞重建或"克隆"尼安德特人。事实上，当我们在2009年的美国科学促进会会议上宣布已经完成尼安德特人基因组测序时，《纽约时报》就引用了乔治的话，"现有的技术可让尼安德特人复活，花费约为3 000万美元"。乔治补充道，如果有人愿意提供资助，他"可能就开启这个项目了"。在他看来，这样的项目存在着伦理问题，但可以使用非人类细胞——黑猩猩细胞——来避免这一苛责！

这个论点以及后来出现的言论，我觉得都和乔治的差不多，会引起争议。不过，他们指出了我们的困境。如果由于技术和伦理原因，我们不能开展乔治建议的那些研究，那么该如何研究人类特有的特征，例如语言或智力方面的表现？目前可延伸探索的方向是：一方面，把人类和尼安德特人基因组中的遗传变异引入人类和猿类的细胞，但是不用于克隆，而是在实验室培养皿中研究它们的生理机能；另一方面，把这类变异引入实验室的小鼠。我们在莱比锡的实验室已经朝这个方向迈出了第一步。英国牛津大学的托尼·莫纳克（Tony Monaco）的研究团队发现了一种名为FOXP2的基因，它与人类的语言能力有关。2002年，我们发现，在猿类和其他所有哺乳动物中，由FOXP2基因生成的蛋白有两个氨基酸位点差异。[3]小鼠的FOXP2蛋白与黑猩猩FOXP2的蛋白非常相似。受这一事实的鼓舞，我们决定把那两个人类氨基酸差异引入小鼠的基因组。沃尔夫冈·埃纳尔（Wolfgang Enard）为这项工作付出了多年心血，才使得首个带有人类FOXP2蛋白的小鼠成功出生。几年间，他也从一名有才华的大学生成长为博士后，再成为我们实验室的团队负责人。我们发现，在大约两周大时，与那些没有人类基因变异的幼鼠相比，幼鼠从巢中发出的叽叽声有很细微但很明显的差别。这个结果大大超出我的预期，也验证了我们的猜想：这两个人类氨基酸差异与声音通信有关。这一发现引出了后来的许多研究。那些研究都展示了，这两个差异如何影响神经元外延并与其他神经元相连，以及它们如何处理大脑中部分与运动学习有关的信号。[4]目前，我们正在与乔治·丘奇合作，希望将这些氨基酸差异引入人类细胞，然后等待这些细胞在试管中分化为神经元。

虽然尼安德特人和丹尼索瓦人都含有这两个FOXP2的变异[5]，不过，这些实验不约而同地指出，未来我们应该找出那些至关重要的变异，因为是它们使得现代人类与众不同。我们可以想象，把这样的变异以独立或组合的方式引入细胞系和小鼠中，使其生化途径或细胞的内部结构变得"人类化"或"尼安德特人化"，然后研究变异的影响。将来有一天，我们也许能够明白是什么令替代人群优于同时代的其他古代人群，以及为什么在所有的灵长类动物中，只有现代人类散播到世界的各个角落，并有意无意地塑造全球环境。我相信，这些问题是人类历史上最宏大的问题，而这些问题的答案，一部分就隐藏在我们已经测序的古老基因组中。

注 释

第一章

1. R. L. Cann, Mark Stoneking, and Allan C. Wilson, "Mitochondrial DNA and human evolution," *Nature* 325, 31–36 (1987).
2. M. Krings et al., "Neandertal DNA sequences and the origin of modern humans," *Cell* 90, 19–30 (1997).

第二章

1. S. Pääbo, "Über den Nachweis von DNA in altägyptischen Mumien," *Das Altertum* 30, 213–218 (1984).
2. S. Pääbo, "Preservation of DNA in ancient Egyptian mummies," *Journal of Archaeological Sciences* 12, 411–417 (1985).

第三章

1. S. Pääbo, "Molecular cloning of ancient Egyptian mummy DNA," *Nature* 314, 644–645 (1985).
2. S. Pääbo and A. C. Wilson, "Polymerase chain reaction reveals

cloning artefacts," *Nature* 334, 387–388 (1988).

3. R. L. Cann, Mark Stoneking, and A. C. Wilson, "Mitochondrial DNA and human evolution," *Nature* 325, 31–36 (1987).

4. W. K. Thomas, S. Pääbo, and F. X. Villablanca, "Spatial and temporal continuity of kangaroo-rat populations shown by sequencing mitochondrial-DNA from museum specimens," *Journal of Molecular Evolution* 31, 101–112 (1990).

5. J. M. Diamond, "Old dead rats are valuable," *Nature* 347, 334–335 (1990).

6. S. Pääbo, J. A. Gifford, and A. C. Wilson, "Mitochondrial-DNA sequences from a 7,000-year-old brain," *Nucleic Acids Research* 16, 9775–9787 (1988).

7. R. H. Thomas et al., "DNA phylogeny of the extinct marsupial wolf," *Nature* 340, 465–467 (1989).

8. S. Pääbo, "Ancient DNA—Extraction, characterization, molecular-cloning, and enzymatic amplification," *Proceedings of the National Academy of Sciences USA* 86, 1939–1943 (1989).

第四章

1. S. Pääbo, R. G. Higuchi, and A. C. Wilson, "Ancient DNA and the polymerase chain reaction," *Journal of Biological Chemistry* 264, 9709–9712 (1989).

2. G. Del Pozzo and J. Guardiola, "Mummy DNA fragment identified," *Nature* 339, 431–432 (1989).

3. S. Pääbo, R. G. Higuchi, and A. C. Wilson, "Ancient DNA and the polymerase chain reaction," *Journal of Biological Chemistry* 264,

9709–9712 (1989).

4. T. Lindahl, "Recovery of antediluvian DNA," *Nature* 365, 700 (1993).

5. E. Hagelberg and J. B. Clegg, "Isolation and characterization of DNA from archaeological bone," *Proceedings of the Royal Society B* 244:1309, 45–50 (1991).

6. M. Höss and S. Pääbo, "DNA extraction from Pleistocene bones by a silica-based purification method," *Nucleic Acids Research* 21:16, 3913–3914 (1993).

7. M. Höss and S. Pääbo, "Mammoth DNA sequences," *Nature* 370, 333 (1994); Erika Hagelberg et al., "DNA from ancient mammoth bones," Nature 370, 333–334 (1994).

8. M. Höss et al., "Excrement analysis by PCR," *Nature* 359, 199 (1992).

9. E. M. Golenberg et al., "Chloroplast DNA sequence from a Miocene Magnolia species," *Nature* 344, 656–658 (1990).

10. S. Pääbo and A. C. Wilson, "Miocene DNA sequences—a dream come true?" *Current Biology* 1, 45–46 (1991).

11. A. Sidow et al., "Bacterial DNA in Clarkia fossils," *Philosophical Transactions of the Royal Society B* 333, 429–433 (1991).

12. R. DeSalle et al., "DNA sequences from a fossil termite in Oligo-Miocene amber and their phylogenetic implications," *Science* 257, 1933–1936 (1992).

13. R. J. Cano et al., "Enzymatic amplification and nucleotide sequencing of DNA from 120–135-million-year-old weevil," *Nature* 363, 536–538 (1993).

14. H. N. Poinar et al., "DNA from an extinct plant," *Nature* 363, 677 (1993).

15. T. Lindahl, "Instability and decay of the primary structure of DNA," *Nature* 362, 709–715 (1993).

16. S. R. Woodward, N. J. Weyand, and M. Bunnell, "DNA sequence from Cretaceous Period bone fragments," *Science* 266, 1229–1232 (1994).

17. H. Zischler et al., "Detecting dinosaur DNA," *Science* 268, 1192–1193 (1995).

第五章

1. H. Prichard, *Through the Heart of Patagonia* (New York: D. Appleton and Company, 1902).

2. M. Höss et al., "Molecular phylogeny of the extinct ground sloth *Mylodon darwinii*," *Proceedings of the National Academy of Sciences* USA 93, 181–185 (1996).

3. O. Handt et al., "Molecular genetic analyses of the Tyrolean Ice Man," *Science* 264, 1775–1778 (1994).

4. O. Handt et al., "The retrieval of ancient human DNA sequences," *American Journal of Human Genetics* 59:2, 368–376 (1996).

5. 事实上，即使在我写这本书的当下，许多研究小组仍在没有清楚区分污染DNA与内生DNA的情况下，使用PCR技术研究从人类考古遗存中得到的线粒体DNA。其中一些测序结果几乎完全正确，但另外一些序列则是完全错误的。

第六章

1. I. V. Ovchinnikov et al., "Molecular analysis of Neanderthal DNA from the northern Caucasus," *Nature* 404, 490–493 (2000).

2. M. Krings et al., "A view of Neandertal genetic diversity," *Nature Genetics* 26, 144–146 (2000).

第八章

1. H. Kaessmann et al., "DNA sequence variation in a non-coding region of low recombination on the human X chromosome," *Nature Genetics* 22, 78–81 (1999); H. Kaessmann, V. Wiebe, and S. Pääbo, "Extensive nuclear DNA sequence diversity among chimpanzees," *Science* 286, 1159–1162 (1999); H. Kaessmann et al., "Great ape DNA sequences reveal a reduced diversity and an expansion in humans," *Nature Genetics* 27, 155–156 (2001).

2. D. Serre et al., "No evidence of Neandertal mtDNA contribution to early modern humans," *PLoS Biology* 2, 313–217 (2004).

3. M. Currat and L. Excoffier, "Modern humans did not admix with Neandertals during their range expansion into Europe," *PLoS Biology* 2, 2264–2274 (2004).

第九章

1. A. D. Greenwood et al., "Nuclear DNA sequences from Late Pleistocene megafauna," *Molecular Biology and Evolution* 16, 1466–1473 (1999).

第十章

1. H. N. Poinar et al., "Molecular coproscopy: Dung and diet of the extinct ground sloth Nothrotheriops shastensis," *Science* 281, 402–406 (1998).

2. S. Vasan et al., "An agent cleaving glucose-derived protein cross-links in vitro and in vivo," *Nature* 382, 275–278 (1996).

3. H. Poinar et al., "Nuclear gene sequences from a Late Pleistocene sloth coprolite," *Current Biology* 13, 1150–1152 (2003).

4. J. P. Noonan et al., "Genomic sequencing of Pleistocene cave bears," *Science* 309, 597–600 (2005).

5. M. Stiller et al., "Patterns of nucleotide misincorporations during enzymatic amplification and direct large-scale sequencing of ancient DNA," *Proceedings of the National Academy of Sciences USA* 103, 13578–13584 (2006).

6. H. Poinar et al., "Metagenomics to paleogenomics: Large-scale sequencing of mammoth DNA," *Science* 311, 392–394 (2006).

7. 详见本章注释5。

第十一章

1. J. P. Noonan et al., "Sequencing and analysis of Neandertal genomic DNA," *Science* 314, 1113–1118 (2006); R. E. Green et al., "Analysis of one million base pairs of Neanderthal DNA," *Nature* 444, 330–336 (2006).

第十二章

1. 我们的论文在《自然》发表之后，根据最近的编号系统，更恰当的编号应为Vi-33.16。

2. R. W. Schmitz et al., "The Neandertal type site revisited: Interdisciplinary investigations of skeletal remains from the Neander Valley, Germany," *Proceedings of the National Academy of Sciences USA* 99, 13342–13347 (2002).

3. A. W. Briggs et al., "Patterns of damage in genomic DNA sequences from a Neandertal," *Proceedings of the National Academy of Sciences USA* 104, 14616–14621 (2007).

第十三章

1. T. Maricic and Svante Pääbo, "Optimization of 454 sequencing library preparation from small amounts of DNA permits sequence determination of both DNA strands," *BioTechniques* 46, 5157 (2009).

2. J. D. Wall and Sung K. Kim, "Inconsistencies in Neandertal genomic DNA sequences," *PLoS Genetics* 10:175 (2007).

3. A. W. Briggs et al., "Patterns of damage in genomic DNA sequences from a Neandertal," *Proceedings of the National Academy of Sciences USA* 104, 14616–14621 (2007).

第十四章

1. R. E. Green et al., "The Neandertal genome and ancient DNA authenticity," *EMBO Journal* 28, 2494–2503 (2009).

第十五章

1. R. E. Green et al., "A complete Neandertal mitochondrial genome

sequence determined by high-throughput sequencing," *Cell* 134, 416–426 (2008).

第十六章

1. N. Patterson et al., "Genetic evidence for complex speciation of humans and chimpanzees," *Nature* 441, 1103–1108 (2006).

第二十章

1. M. Tomasello, *Origins of Human Communication* (Cambridge, MA: MIT Press).

第二十一章

1. R. E. Green et al., "A draft sequence of the Neandertal genome," *Science* 328, 710–722 (2010).
2. 作者自己的翻译。
3. L. Abi-Rached et al., "The shaping of modern human immune systems by multiregional admixture with archaic humans," *Science* 334, 89–94 (2011).

第二十二章

1. J. Krause et al., "Neanderthals in central Asia and Siberia," *Nature* 449, 902–904 (2007).
2. J. Krause et al., "The complete mtDNA of an unknown hominin from Southern Siberia," *Nature* 464, 894–897 (2010).

第二十三章

1. D. Reich et al., "Genetic history of an archaic hominin group from Denisova Cave in Siberia," *Nature* 468, 1053–1060 (2010).

后记

1. S. Sankararaman et al., "The date of interbreeding between Neandertals and modern humans," *PLoS Genetics* 8:1002947 (2012).

2. M. Meyer, "A high coverage genome sequence from an archaic Denisovan individual," *Science* 338, 222–226 (2012).

3. W. Enard, et al., "Molecular evolution of FOXP2, a gene involved in speech and language," *Nature* 418, 869–872 (2002).

4. W. Enard et al. "A humanized version of Foxp2 affects cortico-basal ganglia circuits in mice," *Cell* 137, 961–971 (2009).

5. J. Krause et al., "The derived FOXP2 variant of modern humans was shared with Neandertals," *Current Biology* 17, 1908–1912 (2007).

索　引

出版后记

　　《自然》杂志2018年9月刊的封面论文，来自本书作者斯万特·帕博与薇薇安·斯隆（Viviane Slon）关于尼安德特人的最新研究成果。他们提取了俄罗斯丹尼索瓦洞中的古人类化石的DNA，结果发现，这个生存在5万年前的小女孩，很可能是一位尼安德特人女性与一名丹尼索瓦人男性的杂交后代。之前已陆续有证据表明，尼安德特人在东迁过程中与丹尼索瓦人发生过混血，但可以说，最新的研究成果是发现了混血交配的直接证据。而这距离本书作者斯万特·帕博博士于1996年某天深夜接到的激动人心的电话，已经过去了二十多个年头。

　　帕博博士的这部著作（原版的第一版于2015年推出）与其说是介绍古人类DNA学科的前沿进展，更恰当的概括也许是一部带有自传性质的研究回忆录。每一位卓越的科学家都携带着一部科学史，因此，除了以自己的求学、科研、生活为线索而串联个体经历外，帕博博士作为古人类DNA领域的开拓者与亲历者之一，还为整个行业的起始与发展提供了宝贵的一手资料。对熟悉现代生物分子手段的读者而言，一定不难与作者在实验过程中遇到的苦恼烦心事产生共鸣，也定能深切体会在如此微观层面排除种种困难而重复验证所得成果的满足感；对从其他学科切入来研究人类历史的学者而言，本书丰富了研究途径，为探究历史的真相提供了另一视角的证据。

关于现代人起源的假说争论从未平息，各学科纵然采用着不同的研究手段，却也共享着一致的目标，那就是尽可能地接近真实的人类历史。对"现代人从何而来"的追问，既是学界与媒体的关注热点，也与每个人都息息相关。在现代欧亚人群的基因组中，平均有2%的基因来自于尼安德特人；发展迅疾的私人测序领域，也多会为测试者提供检测尼安德特人基因含量的选项。研究表明，现代人对尼古丁的依赖、阻塞性睡眠呼吸暂停、睡眠肢体过动症等表现与症状，都多多少少与我们和尼安德特人拥有的共同基因有关。

帕博博士所从事的古人类DNA研究，在学界早已产生了广泛且深入的影响，本次我们有幸通过出版《尼安德特人》，从简明的科普角度带领更多的读者朋友概览一个新兴研究学科的发展历程。再宏大的研究课题，也需要将解决步骤拆解到日常的实践工作之中，因此在本书中，我们还可以看到一个个立体、生动、各自怀揣着烦恼与快乐的科研工作者，也正是他们，构成了学科发展的各条分支与生息脉络。

服务热线：133-6631-2326　188-1142-1266
服务信箱：reader@hinabook.com

后浪出版公司
2018年9月